建设行业专业技术管理人员职业资格培训教材

材料员专业基础知识

中国建设教育协会组织编写

张友昌　主编
艾永祥　主审

中国建筑工业出版社

图书在版编目（CIP）数据

材料员专业基础知识/中国建设教育协会组织编写. —北京：中国建筑工业出版社，2007
建设行业专业技术管理人员职业资格培训教材
ISBN 978-7-112-09387-8

Ⅰ. 材… Ⅱ. 中… Ⅲ. 建筑材料-工程技术人员-资格考核-教材 Ⅳ. TU5

中国版本图书馆 CIP 数据核字（2007）第 128488 号

本套书由中国建设教育协会组织编写，为建设行业专业技术人员职业资格培训教材。本书主要内容包括建筑材料、建筑识图与构造、施工机具与周转材料、建筑施工基础知识等四部分。本书可作为材料员的考试培训教材，也可作为相关专业工程技术人员的参考用书。

* * *

责任编辑：朱首明 李 明
责任设计：董建平
责任校对：王 爽 孟 楠

建设行业专业技术管理人员职业资格培训教材
材料员专业基础知识
中国建设教育协会组织编写
张友昌 主编
艾永祥 主审

*

中国建筑工业出版社出版、发行（北京西郊百万庄）
各地新华书店、建筑书店经销
霸州市顺浩图文科技发展有限公司制版
北京市密东印刷有限公司印刷

*

开本：787×1092 毫米 1/16 印张：17¼ 字数：420 千字
2007 年 11 月第一版 2011 年 11 月第九次印刷
定价：30.00 元
ISBN 978-7-112-09387-8
（16051）

版权所有 翻印必究
如有印装质量问题，可寄本社退换
（邮政编码 100037）

建设行业专业技术管理人员职业资格培训教材编审委员会

主 任 委 员： 许溶烈
副主任委员： 李竹成　吴月华　高小旺　高本礼　沈元勤
委　　　员：（按姓氏笔画排序）
邓明胜　艾永祥　危道军　汤振华　许溶烈　孙沛平
杜国城　李　志　李竹成　时　炜　吴之昕　吴培庆
吴月华　沈元勤　张义琢　张友昌　张瑞生　陈永堂
范文昭　周和荣　胡兴福　郭泽林　耿品惠　聂鹤松
高小旺　高本礼　黄家益　章凌云　韩立群　颜晓荣

出 版 说 明

由中国建设教育协会牵头、各省市建设教育协会共同参与的建设行业专业技术管理人员职业资格培训工作，经全国地方建设教育协会第六次联席会议商定，从今年下半年起，在条件成熟的省市陆续展开，为此，我们组织编写了《建设行业专业技术管理人员职业资格培训教材》。

开展建设行业专业技术管理人员职业资格培训工作，一方面是为了满足建设行业企事业单位的需要，另一方面也是为建立行业新的职业资格培训考核制度积累经验。

该套教材根据新制订的职业资格培训考试标准和考试大纲的要求，一改过去以理论知识为主的编写模式，以岗位所需的知识和能力为主线，精编成《专业基础知识》和《专业管理实务》两本，以供培训配套使用。该套教材既保证教材内容的系统性和完整性，又注重理论联系实际、注重解决实际问题能力的培养；既注重内容的先进性、实用性和适度的超前性，又便于实施案例教学和实践教学，具有可操作性。学员通过培训可以掌握从事专业岗位工作所必需的专业基础知识和专业实务能力。

由于时间紧，教材编写模式的创新又缺少可以借鉴的经验，难度较大，不足之处在所难免。请各省市有关培训单位在使用中将发现的问题及时反馈给我们，以作进一步的修订，使其日臻完善。

中国建设教育协会
2007 年 7 月

序

由中国建设教育协会组织编写的《建设行业专业技术管理人员职业资格培训教材》与读者见面了。这套教材对于满足广大建设职工学习和培训的需求，全面提高基层专业技术管理人员的素质，对于统一全国建设行业专业技术管理人员的职业资格培训和考试标准，推进行业职业资格制度建设的步伐，是一件很有意义的事情。

建设行业原有的企事业单位关键岗位持证上岗制度作为行政审批项目被取消后，对基层专业技术管理人员的教育培训尚缺乏有效的制度措施，而当前，科学技术迅猛发展，信息技术日益渗透到工程建设的各个环节，现在结构复杂、难度高、体量大的工程越来越多，新技术、新材料、新工艺、新规范的更新换代越来越快，迫切要求提高从业人员的素质。只有先进的技术和设备，没有高素质的操作人员，再先进的技术和设备也发挥不了应有的作用，很难转化为现实生产力。我们现在的施工技术、施工设备对生产一线的专业技术人员、管理人员、操作人员都提出了很高的要求。另一方面，随着市场经济体制的不断完善，我国加入WTO过渡期的结束，我国建筑市场的竞争将更加激烈，按照我国加入WTO时的承诺，我国的建筑工程市场将对外开放，其竞争规则、技术标准、经营方式、服务模式将进一步与国际接轨，建筑企业将在更大范围、更广领域和更高层次上参与国际竞争。国外知名企业凭借技术力量雄厚、管理水平高、融资能力强等优势进入我国市场。目前已有39个国家和地区的投资者在中国内地设立建筑设计和建筑施工企业1400多家，全球最大的225家国际承包商中，很多企业已经在中国开展了业务。这将使我国企业面临与国际跨国公司在国际、国内两个市场上同台竞争的严峻挑战。同国际上大型工程公司相比，我国的建筑业企业在组织机构、人力资源、经营管理、程序与标准、服务功能、科技创新能力、资本运营能力、信息化管理等多方面存在较大差距，所有这些差距都集中地反映在企业员工的全面素质上。最近，温家宝总理对建筑企业作了四点重要指示，其中强调要"加强领导班子建设和干部职工培训，提高建筑队伍整体素质。"贯彻落实总理指示，加强企业领导班子建设是关键，提高建筑企业职工队伍素质是基础。由此，我非常支持中国建设教育协会牵头把建设行业基层专业技术管理人员职业资格培训工作开展起来。这也是贯彻落实温总理指示的重要举措。

我希望中国建设教育协会和各地方的同行们齐心协力，规范有序地把这项工作做好，确保工作的质量，满足建设行业企事业单位对专业技术管理人员培训的需要，为行业新的职业资格培训考核制度的建立积累经验，为造就全球范围内的高素质建筑大军做出更大贡献。

姚兵
24/7/07.

前　言

材料质量是工程质量的基础，不同工程项目、不同工艺阶段，对材料要求各不相同，材料本身质量的优劣，直接影响着工程质量；材料费还是工程中的重要开支，在工程造价中，一般要占建筑工程总成本的60％以上。因此加强材料管理，对提高工程质量，节约材料费用，减少材料消耗，降低工程成本，提高企业效益有着重要作用。

随着我国社会主义市场经济的建立和不断完善，我国建设事业改革的不断深入。材料员的工作内容已经发生根本性的改变。材料管理工作的重心已从企业管理为主转移到以项目部管理为主。为了满足社会主义市场经济条件下培养建筑施工企业现场材料管理人员需要，提高材料管理人员的管理水平，中国建设教育协会组织编写了本书。

本书是按照中国建设教育协会组织论证的"建设行业专业技术管理人员《材料员》职业资格培训考试大纲"的要求编写的。是建设、开发、施工企业材料员职业岗位培训教材之一。本教材的内容符合《材料员职业资格考试标准》和《材料员考试大纲》的有关要求，在编写过程中执行了国家现行的有关规范、规程和技术标准。比较全面的介绍了材料员作为工程管理人员应该掌握和了解的基本知识，包括建筑材料、建筑识图与构造、施工机具与周转材料、施工技术与管理等内容。全书较好地反映了施工企业现场材料管理人员应具备的基本知识，实用性较强，可作为培训用书，也可作为基层材料管理人员自学参考用书。全书由张友昌主编，方俊生、刘修坤、何辉、陈捷、郁永泉、宣国年、徐登翰、顾晓林也参与了编写工作，全书由艾永祥审阅。

在编写过程中得到了浙江省建设厅人事教育处、浙江省建设培训中心、浙江省建设行业人力资源协会的大力支持，在此表示感谢。

本书谬误之处在所难免，恳请提出宝贵意见为感。

目 录

一、建筑材料 1
  （一）材料的基本性质 1
  （二）气硬性无机胶凝材料 8
  （三）水泥 13
  （四）混凝土 22
  （五）建筑砂浆与墙体材料 39
  （六）建筑钢材 56
  （七）防水材料 69
  （八）木材及人造板材 82
  （九）建筑塑料 87
  （十）建筑装饰材料 91
  （十一）其他工程材料 108

二、建筑识图与构造 127
  （一）点、线、面的正三面投影，物体的三面投影 127
  （二）轴测图、断面图和剖面图 130
  （三）施工图符号 135
  （四）工程图常用图例 138
  （五）建筑工程图内容 144
  （六）建筑类型、等级和构造组成 169
  （七）基础和地下室 172
  （八）墙体 179
  （九）楼板 196
  （十）屋盖 204
  （十一）楼梯、台阶、坡道、电梯 207
  （十二）门窗 215
  （十三）阳台与雨篷 220

三、施工机具与周转材料 224
  （一）施工机械 224
  （二）施工机具 236
  （三）周转材料 239

四、建筑施工基础知识 246
  （一）土方和地基工程施工 246
  （二）基础工程施工 247
  （三）砌体工程施工 250

（四）钢筋混凝土结构工程施工 ································ 251
（五）防水工程施工 ······································ 255
（六）楼地面工程施工 ···································· 257
（七）门窗工程施工 ······································ 258
（八）抹灰工程施工 ······································ 259
（九）涂饰工程施工 ······································ 260
（十）建筑工程施工组织设计 ······························ 261
（十一）建设工程项目管理概述 ···························· 264
主要参考文献 ·· 268

一、建 筑 材 料

(一) 材料的基本性质

建筑材料是用于建造建筑物或构筑物的所有物质的总称。建筑材料种类繁多，为了便于研究和使用，通常从不同的角度加以分类。

按用于建筑物的部位分：基础材料、墙体材料、屋面材料、地面材料、顶棚材料等。

按材料的作用分：结构材料、砌筑材料、防水材料、装饰材料、保温绝热材料等。

按材料的成分分：无机材料、有机材料、复合材料等。

建筑材料的性质各异。通常我们将一些材料共同具有的性质，称为材料的基本性质。归纳起来，材料的基本性质有物理性质、力学性质、化学性质、耐久性质、装饰性质等方面。

1. 材料的物理性质

(1) 材料状态参数与结构特征

1) 材料的状态参数

(A) 密度 材料的密度是指材料在绝对密实状态下单位体积的质量，可用下式计算：

$$\rho = \frac{m}{V} \tag{1-1}$$

式中 ρ——材料的密度，g/cm^3；

m——材料在干燥状态下的质量，g；

V——材料在绝对密实状态下的体积，cm^3。

材料的绝对密实体积是指材料内固体物质所占的体积，不包括材料内部孔隙的体积。实际除个别材料（金属、玻璃、单矿物）外，大多数材料是多孔的。也就是说自然状态下多孔材料的体积 V_0 是由固体物质的体积 V 和孔隙体积 V_k 两部分组成的。

为了测定材料的绝对密实体积，按测定密度的标准方法规定，将干燥的试样磨成粉末（通过 900 孔/cm^2 筛）。称一定质量的粉末，置于装有液体的李氏瓶（图1-1）中测量其绝对体积。绝对体积等于被粉末排出的液体体积。

如果材料是比较密实的（如石子、砂子等），可不必磨成细粉，而直接用排水法求得其绝对体积的近似值。这样所得的密度称为视密度。

(B) 表观密度（俗称容重） 表观密度（又称体积密度）是指材料在自然状态下单位体积的质量。可用下式计算：

$$\rho_0 = \frac{m}{V_0} \tag{1-2}$$

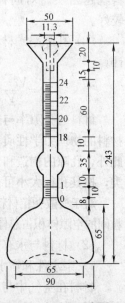

图 1-1 李氏瓶示意图

式中 ρ_0——表观密度，g/cm³ 或 kg/m³；
m——材料的质量，g 或 kg；
V_0——材料在自然状态下的体积，cm³ 或 m³。

材料在自然状态下的体积是指包含材料内部孔隙的表观体积。当材料的孔隙内含有水分时，其质量和体积均将有所变化。故测定表观密度时，应注明含水情况。在烘干状态下的表观密度，称为干表观密度。

(C) 堆积密度　堆积密度是指粉状、颗粒状或纤维状材料在堆积状态下，单位体积的质量。按下式计算：

$$\rho_0' = \frac{m}{V_0'} \tag{1-3}$$

式中　ρ_0'——堆积密度（g/cm³ 或 kg/m³）；
m——材料的质量（g 或 kg）；
V_0'——材料的堆积体积（cm³ 或 m³）。

材料在堆积状态下的体积不但包括材料的表观体积，而且还包括颗粒间的空隙体积。其值的大小不但取决于材料颗粒的表观密度，而且还与堆积的密实程度有关，与材料的含水状态有关。

在建筑工程中，计算材料用量、构件自重、配料计算、确定堆放空间以及运输量时，经常要用到材料的密度、表现密度和堆积密度等数据。

2) 材料的结构特征

(A) 密实度　材料的密实度是指材料体积内被固体物质所充实的程度，即材料的密实体积与自然体积之比。可按下式计算：

$$D = \frac{V}{V_0} \times 100\% = \frac{\rho_0}{\rho} \times 100\% \tag{1-4}$$

由上式可知，凡含孔隙的固体材料其密实度均小于 1。固体物质所占比率越高，材料就越密实。对同种材料来说，较密实的材料，其强度较高，吸水性较小，导热性较好。

(B) 孔隙率　材料的孔隙率是指材料中孔隙体积占材料总体积的百分率，可按下式计算：

$$P = \frac{V_0 - V}{V_0} \times 100\% = \frac{V_k}{V_0} \times 100\% = 1 - \frac{V}{V_0} \times 100\% = 1 - \frac{\rho_0}{\rho} \times 100\% \tag{1-5}$$

材料的孔隙率与密实度是从两个不同的方面反映了材料的同一性质。孔隙率的大小对材料的物理力学性质均有影响。一般来说，孔隙率越小，则材料的强度越高，容重越大。此外，孔隙的构造和大小对材料的性能影响也较大。孔隙按构造可分为连通孔与封闭孔两类，按其孔径大小可分为细微孔和粗大孔两类。

对于松散颗粒材料，如砂、石等的致密程度应用"空隙率"表示。空隙率是指散粒材料颗粒间的空隙体积占总体积的百分率。计算时，式中的容重应为堆积密度；密度应为视密度。

(2) 材料与水有关的性质

1) 亲水性和憎水性

材料在空气中与水接触时，根据其能否被润湿，可把材料分为亲水性材料和憎水性材料两类。

润湿，就是水被材料表面吸附的过程，它和材料本身的性质有关。如果材料分子与水分子间的相互作用力大于水分子本身之间的作用力，则材料表面就能被水所润湿。此时，在材料、水和空气三相的交点处，沿水滴表面所引的切线与材料表面所成的夹角（称为润湿角）θ角愈小，润湿性愈好，若θ角为零，则表示材料完全被水所润湿。一般认为，当润湿角θ<90°，如图1-2（a）所示，这种材料称为亲水性材料。反之，如果材料分子与水分子间的相互作用力小于水分子本身之间的作用力，那么表示材料表面不能被水所润湿，此时θ>90°，如图1-2（b）所示，这种材料称为憎水性材料。

大多数建筑材料，如砖、混凝土、砂浆、木材等都是亲水性材料，而沥青、石蜡等则属于憎水性材料。

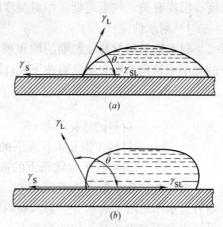

图1-2 材料润湿示意图
(a) 亲水性材料；(b) 憎水性材料

2) 吸水性

吸水性是指材料能在水中吸收水分的性质。其大小用吸水率表示。吸水率有质量吸水率和体积吸水率两种表示方法。可分别按下列公式计算：

质量吸水率（W_m）：

$$W_m = \frac{m_1 - m}{m} \times 100\% \tag{1-6}$$

式中 m_1——材料吸水达饱和时的质量，g；
m——材料烘干至恒重时的质量，g；
W_m——材料的质量吸水率，%。

体积吸水率（W_V）：

$$W_V = \frac{m_1 - m}{V_0} \times 100\% \tag{1-7}$$

式中 W_V——材料的体积吸水率，%；
V_0——材料在自然状态下的体积，cm^3。

注：常温下将水的密度看做$1g/cm^3$，所以材料所吸收的水的质量在数值上等于其体积。

材料的吸水性不仅取决于材料本身是亲水的还是憎水的，也与其孔隙率的大小和孔隙特征有关。一般说来，孔隙率越大，吸水率越大。如果材料具有细微而连通的孔隙，其吸水率就大。若是封闭孔隙，水分就难以渗入。粗大的孔隙，水分虽然容易渗入，但仅能润湿孔壁表面，而不易在孔隙内留存。所以具有封闭或粗大孔隙的材料，它的吸水率往往较小。

3) 吸湿性

材料在潮湿的空气中吸收水分的性质称为吸湿性。吸湿性大小可用含水率表示。

含水率即材料所含水的质量占材料干燥质量的百分率，可按下式计算：

$$W_H = \frac{m_1 - m}{m} \times 100\% \tag{1-8}$$

式中 m_1——材料含水时的质量，g；
m——材料干燥至恒重时的质量，g；
W_H——材料的含水率，%。

材料的吸湿性大小，除与材料本身的成分、组织构造等因素有关外，还与周围的湿度、温度有关。气温越低，相对湿度越大，材料的吸湿性也就越大。

4) 耐水性

耐水性是指材料在长期的饱和水作用下不破坏，其强度也不显著降低的性质。耐水性的大小用软化系数表示，可按下式计算：

$$K_\mathrm{p}=\frac{f_2}{f_1} \tag{1-9}$$

式中　K_p——材料的软化系数；

　　　f_2——材料在饱和水状态下的抗压强度，MPa；

　　　f_1——材料在干燥状态下的抗压强度，MPa。

材料的软化系数变化范围在0~1之间。软化系数值越大、耐水性越好。一般材料，随着含水率的增加，水分会渗入材料微粒间缝隙内，降低微粒之间的结合力。同时会软化材料中的不耐水成分，使强度降低。所以，用于严重受水侵蚀或潮湿环境中的重要建筑物，不宜采用软化系数小于0.85的材料。

5) 抗冻性

抗冻性是指材料在吸水饱和状态下，经受多次冻结和融化作用（冻融循环）而不破坏，同时也不严重降低强度的性质。材料的抗冻性用抗冻等级表示。

抗冻等级是在材料试件浸水饱和后，在-15℃的温度下冻结，再在20℃的水中融化（这样为一个冻融循环）。当试件承受反复冻融循环后，其质量损失不超过5%，强度损失不超过25%时，试件承受的最多冻融循环次数，即为该材料的抗冻等级。表示为F10、F15等。抗冻等级越高，则材料的抗冻性能越好。

对于寒冷地区、冬季设计温度低于-15℃的重要工程所用的结构材料、覆面材料，其抗冻性必须符合要求。抗冻性良好的材料，对于抵抗温度变化、干湿交替等破坏作用的性能也较强。所以，抗冻性常作为评价材料耐久性的一个重要指标。

材料的抗冻性大小与材料本身的组织构造、强度、吸水性、耐水性等因素有关。

6) 抗渗性

抗渗性是指材料抵抗水、油等液体压力作用渗透的性质。材料的抗渗性用渗透系数表示，材料的渗透系数越大，表明材料的抗渗性越差。

材料的抗渗性也可用抗渗等级 P_n 来表示。抗渗等级是以规定的试件，在标准的试验方法下所能承受的最大水压力来表示。如 P_2、P_4、P_6 等，分别表示材料能承受0.2MPa、0.4MPa、0.6MPa水压而不渗透。

材料的抗渗性大小主要取决于材料本身的孔隙率和孔隙特征。一般来说，绝对密实或具有封闭孔隙的材料，就不会产生透水现象。而孔隙率较大和孔隙连通的材料则抗渗性较差。地下建筑、水工构筑物和防水工程，均要求有较高的抗渗性。根据所处环境的最大水力梯度，提出不同的抗渗指标。

(3) 材料与热有关的性质

1) 导热性

材料传导热量的能力称为导热性，其大小用导热系数表示，即

$$\lambda=\frac{QS}{At(T_2-T_1)} \tag{1-10}$$

式中　λ——导热系数，W/(m·K)；
　　　Q——传导的热量，J；
　　　A——热传导面积，m^2；
　　　S——材料的厚度，m；
　　　t——热传导时间，s；
T_2-T_1——材料两侧温差，K。

导热系数是评定材料绝热性的重要指标。其值越小，则材料的绝热性越好。

材料导热系数的大小，受本身的物质构成、密实程度、构造特征、环境的温湿度及热流方向的影响。通常，金属材料的导热系数最大，无机非金属材料次之，有机材料最小；相同组成时，晶态比非晶态材料的导热系数大些；密实性大的材料，导热系数亦大；在孔隙率相同时，具有微细孔或封闭孔构造的材料，其导热系数偏小。此外，材料含水，导热系数会明显增大；材料在高温下的导热系数比常温下大些；顺纤维方向的导热系数也会大些。

2) 耐热性（亦称耐高温性或耐火性）

材料长期在高温作用下，不失去使用功能的性质称为耐热性。材料在高温作用下会发生性质的变化而影响材料的正常使用。

(A) 受热变质　一些材料长期在高温作用下会发生材质的变化。如二水石膏在65～140℃脱水成为半水石膏；石英在573℃由α石英转变为β石英，同时体积增大2%；石灰石、大理石等碳酸盐类矿物在900℃以上分解；可燃物常因在高温下急剧氧化而燃烧，如木材长期受热则会发生碳化，甚至燃烧。

(B) 受热变形　材料受热作用要发生热膨胀导致结构破坏。材料受热膨胀大小常用线胀系数表示。普通混凝土膨胀系数为10×10^{-6}，钢材为$(10\sim12)\times10^{-6}$，因此它们能组成钢筋混凝土共同工作。普通混凝土在300℃以上，由于水泥石脱水收缩，骨料受热膨胀，因而混凝土长期在300℃以上工作会导致结构破坏。钢材在350℃以上时，其抗拉强度显著降低，会使钢结构产生过大的变形而失去稳定。

3) 耐燃性

材料对火焰和高温的抵抗力称为材料的耐燃性。耐燃性是影响建筑物防火、建筑结构耐火等级的一项因素。《建筑内部装修防火设计规范》（GB 50222—95）按建筑材料的燃烧性能不同将其分为四类。

(A) 非燃烧材料（A级）：在空气中受到火烧或高温作用时不起火、不碳化、不微燃的材料，如钢铁、砖、石等。用非燃烧材料制作的构件称非燃烧体。钢铁、铝、玻璃等材料受到火烧或高热作用会发生变形、熔融，所以虽然是非燃烧材料，但不是耐火的材料。

(B) 难燃材料（B1级）：在空气中受到火烧或高温高热作用时难起火、难微燃、难碳化，当火源移走后，已有的燃烧或微燃立即停止的材料，如经过防火处理的木材和刨花板等。

(C) 可燃材料（B2级）：在空气中受到火烧或高温高热作用时立即起火或微燃，且火源移走后仍继续燃烧的材料，如木材。用这种材料制作的构件称为燃烧体，使用时应作防燃处理。

(D) 易燃材料（B3级）：在空气中受到火烧或高温作用时立即起火，并迅速燃烧，且离开火源后仍继续迅速燃烧的材料，如部分未经阻燃处理的塑料、纤维织物等。

材料在燃烧时放出的烟气和毒气对人体的危害极大，远远超过火灾本身。因此对建筑内部进行施工时，应尽量避免使用燃烧时放出大量浓烟和有毒气体的材料。国家标准中对用于建筑物内部各部位的建筑材料的燃烧等级作了严格的规定。

2. 材料的力学性质

（1）材料的强度

材料在外力（荷载）作用下抵抗破坏的能力称为强度。强度值是以材料受外力破坏时，单位面积上所承受的力表示。建筑材料在建筑物上所受的外力，主要有拉力、压力、剪力及弯曲等。材料抵抗这些外力破坏的能力，分别称为抗拉、抗压、抗剪和抗弯（抗折）等强度。强度的分类和计算公式见表1-1所列。

强度的分类、受力举例和计算公式　　　　表1-1

强度类别	举　例	计算公式	附　注
抗压强度（MPa） 抗拉强度（MPa） 抗剪强度（MPa）		$f=\dfrac{F}{A}$	f——材料强度（MPa） F——破坏荷载（N） A——受荷面积（mm²） L——跨度（mm） b、h——试件宽度和高度（mm）
抗弯强度（MPa）		$f=\dfrac{3FL}{2bh^2}$	

对于以强度为主要指标的材料，通常按材料强度值的高低划分成若干等级，称为材料的强度等级或标号。材料的强度与材料的成分、结构及构造等有关。构造紧密、孔隙率较小的材料，由于其质点间的联系较强，材料的有效受力面积较高，所以其强度较高。如硬质木材的强度就要高于软质木材的强度。具有层次或纤维状构造的材料在不同的方向受力时所表现出的强度性能不同，如木材的强度就有横纹强度和顺纹强度之分。

在工程的设计与施工时，了解材料的强度特性，对于掌握材料的其他性能，合理选用材料，正确进行设计和控制工程质量，是十分重要的。

（2）材料的硬度

硬度是材料表面能抵抗其他较硬物体压入或刻划的能力。不同材料的硬度测定方法不同。木材、混凝土、钢材等的硬度常用钢球压入法测定：如布氏硬度（HBS、HBW）、肖氏硬度（HS）、洛氏硬度（HR）等。但石材有时也按刻划法（又称莫氏硬度）测定，即将矿物硬度分为10级，其硬度递增的顺序为：滑石1，石膏2，方解石3，萤石4，磷灰石5，正长石6，石英7，黄玉8，刚玉9，金刚石10。一般硬度大的材料耐磨性较强，但不易加工，也可根据硬度的大小，间接推算出材料的强度。

（3）材料的耐磨性

耐磨性是材料表面抵抗磨损的能力，常用磨损率表示。可用下式计算：

$$N=\frac{m_1-m_2}{A} \tag{1-11}$$

式中　N——材料的磨损率，g/cm²；

m_1、m_2——材料磨损前、后的质量，g；

A——试件受磨面积，cm^2。

材料的耐磨性与硬度、强度及内部构造有关，材料的硬度越大，则材料的耐磨性越高，材料的磨损率有时也用磨损前后的体积损失来表示；材料的耐磨性也可用耐磨次数来表示。地面、路面、楼梯踏步及其他受较强磨损作用的部位，需选用具有较高硬度和耐磨性的材料。

(4) 材料的变形性

1) 弹性

材料在外力作用下产生变形，外力取消后变形即行消失，材料能够完全恢复到原来形状的性质，称为材料的弹性。这种完全恢复的变形，称为弹性变形。材料的弹性变形与荷载成正比。

2) 塑性

在外力作用下材料产生变形，在外力取消后，有一部分变形不能恢复，这种性质称为材料的塑性。这种不能恢复的变形，称为塑性变形。

钢材在弹性极限内接近于完全弹性材料，其他建筑材料多为非完全弹性材料。这种非完全弹性材料在受力时，弹性变形和塑性变形同时产生，外力取消后，弹性变形可以消失，而塑性变形不能消失。

3) 脆性

指材料受力达到一定程度后突然破坏，而破坏时并无明显塑性变形的性质。其特点是材料在接近破坏时，变形仍很小。混凝土、玻璃、砖、石材及陶瓷等属于脆性材料。它们抵抗冲击作用的能力差，抗拉强度低，但是抗压强度较高。

4) 韧性

指材料在冲击、振动荷载的作用下，材料能够吸收较大的能量，同时也能产生一定的变形而不致破坏的性质。对用作桥梁、地面、路面及吊车梁等材料，都要求具有较高的抗冲击韧性。

3. 材料的耐久性

材料长期抵抗各种内外破坏因素或腐蚀介质的作用，保持其原有性质的能力称为材料的耐久性。材料的耐久性是材料的一项综合性质，一般包括耐磨性、耐擦性、耐水性、耐热性、耐光性、抗渗性、抗老化性、耐溶蚀性、耐沾污性等。材料的组成和性质不同、工程的重要性及所处环境不同，则对材料耐久性项目的要求及耐久性年限的要求也不同。如潮湿环境的建筑物要求材料具有一定的耐水性；北方地区的建筑物所用材料须具有一定的抗冻性；地面用材料须具有一定的硬度和耐磨性。耐久性寿命的长短是相对的，如对花岗石要求其耐久性寿命为数十年至数百年以上，而对质量好的涂料则要求其耐久性寿命为10~15年。

影响耐久性的主要因素可分为两个方面：外部因素和内部因素。

(1) 外部因素

外部因素是影响耐久性的主要因素，主要包括：

1) 化学作用，包括各种酸、碱、盐及其水溶液，各种腐蚀性气体，对材料具有化学腐蚀作用。

2) 生物作用，包括菌类、昆虫等，可使材料产生腐朽、虫蛀等而破坏。

3) 机械作用，包括冲击、疲劳荷载、各种气体、液体及固体引起的磨损与磨耗等。

实际工程中，材料受到的外界破坏因素往往是两种以上因素同时作用。金属材料常由化学和电化学作用引起腐蚀和破坏；无机非金属材料常由化学作用、溶解、冻融、风蚀、温差、湿差、摩擦等其中某些因素或综合作用而引起破坏；有机材料常由生物作用、溶解、化学腐蚀、光、热、电等作用而引起破坏。

（2）内部因素

内部因素也是造成材料耐久性下降的根本原因。内部因素主要包括材料的组成、结构与性质。当材料的组成易溶于水或其他液体，或易与其他物质产生化学反应时，则材料的耐水性、耐化学腐蚀性较差；无机非金属脆性材料在温度剧变时，易产生开裂，即耐急冷急热性差；晶体材料较同组成的非晶体材料的化学稳定性高；当材料的孔隙率，特别是开口孔隙率较大时，则材料的耐久性往往较差。

（二）气硬性无机胶凝材料

能够通过自身的物理化学作用，从浆状体变成坚硬的固体，并能把散粒材料（如砂、石）或块状材料（如砖和石块）胶结成为一个整体的材料称为胶凝材料。

胶凝材料根据其化学组成可分为无机胶凝材料和有机胶凝材料；无机胶凝材料按硬化条件又可分为气硬性胶凝材料和水硬性胶凝材料。气硬性胶凝材料只能在空气中硬化、保持或发展强度，如石灰、石膏等；水硬性胶凝材料不仅能在空气中硬化，而且能更好地在水中硬化，保持并继续发展其强度，如各种水泥。

1. 石灰

（1）石灰的生产

制造石灰的原料有很多，分布也广，如石灰岩、白垩土、贝壳等，主要成分是碳酸钙。碳酸钙在高温下分解为氧化钙和二氧化碳。原料中常含有数量不等的碳酸镁，加热使碳酸镁也发生分解反应，生成氧化镁和二氧化碳。

原料中的 CO_2 逸出后，即得到主要成分为 CaO 和少量 MgO 的白色块状材料，称生石灰；密度 $3.1～3.4g/cm^3$，堆积密度 $800～1000kg/m^3$。其中 MgO 含量大于 5% 时，称镁质生石灰，MgO 含量小于或等于 5% 时，称钙质生石灰。

（2）石灰的熟化

生石灰与水反应生成氢氧化钙的过程，称为石灰的熟化或消解过程。

石灰在熟化时放出热量、同时体积膨胀 1.5～3.5 倍，煅烧良好、CaO 含量较高的石灰，熟化快、放热量大，体积增大也较多。熟化后的石灰称为熟石灰或消石灰。根据加水量不同，可将生石灰熟化成粉状的消石灰、浆状的石灰膏和液体的石灰乳。

生产石灰时，如遇煅烧温度不足或温度过高，会生成欠火石灰或过火石灰，欠火石灰中碳酸钙未能完全分解，不能熟化，过火石灰黏土杂质熔融，裹在石灰颗粒表面，使其熟化缓慢。如过火石灰颗粒用于工程中再吸潮熟化，体积膨胀，则会造成结构表面的凸起和开裂，甚至全面的破坏。为保证石灰充分熟化，生石灰必须保持 7d 以上的陈伏期，陈伏期间，石灰浆表面应留有一层水，与空气隔绝，以避免石灰碳化。

（3）石灰的硬化

石灰浆体在空气中逐渐硬化并产生一定的强度，是由如下同时进行的过程来完成的。

1）结晶作用

石灰浆体中的水分在空气中蒸发，或被附着面吸收，因而$Ca(OH)_2$从过饱和溶液中逐渐析出胶体颗粒，并凝聚成空间网，再度失水，转变为结晶结构网，体现强度。

2) 碳化作用

石灰浆体在空气中吸收CO_2气体，生成$CaCO_3$结晶并释出水分。

生成的$CaCO_3$结晶与$Ca(OH)_2$结晶互相共生，或与砂粒等其他物质共生，形成紧密交织的结晶网，从而使浆体达到一定的强度。

由于空气中CO_2含量较低，而且表面形成的碳化薄层阻止CO_2进入内部，又阻碍内部水分的蒸发，故石灰硬化过程较缓慢，其强度主要依靠结晶作用。

（4）石灰的技术标准

根据《建筑生石灰》(JC/T 479—1992)、《建筑生石灰粉》(JC/T 480—1992)、《建筑消石灰粉》(JC/T 481—1992)规定，按MgO含量多少，建筑石灰分钙质和镁质两类，分别又划分为优等品、一等品、合格品三个等级，其技术指标见表1-2、表1-3、表1-4所列。

建筑生石灰技术指标　　　　表1-2

项目	钙质生石灰			镁质生石灰		
	优等品	一等品	合格品	优等品	一等品	合格品
CaO+MgO含量≥(%)	90	85	80	85	80	75
未消化残渣(5mm圆孔筛余)≤(%)	5	10	15	5	10	15
CO_2含量≤(%)	5	7	9	6	8	10
产浆量≥(L/kg)	2.8	2.3	2.0	2.8	2.3	2.0

建筑生石灰粉技术指标　　　　表1-3

项目		钙质生石灰			镁质生石灰		
		优等品	一等品	合格品	优等品	一等品	合格品
CaO+MgO含量≥(%)		85	80	75	80	75	70
未消化残渣(5mm圆孔筛余)≤(%)		7	9	11	8	10	12
细度	0.9mm筛筛余≤(%)	0.2	0.5	1.5	0.2	0.5	1.5
	0.125mm筛筛余≤(%)	7	12	18	7	12	18

建筑消石灰粉技术指标　　　　表1-4

项目		钙质消石灰粉			镁质消石灰粉			白云石消石灰粉		
		优等品	一等品	合格品	优等品	一等品	合格品	优等品	一等品	合格品
CaO+MgO含量≥(%)		70	65	60	65	60	55	65	60	55
游离水(%)		0.4~2			0.4~2			0.4~2		
体积安定性		合格	—		合格	—		合格	—	
细度	0.9mm筛筛余≤(%)	0	0.5		0	0.5		0	0.5	
	0.125mm筛筛余≤(%)	3	10	15	3	10	15	3	10	15

（5）石灰主要技术性质

1) 可塑性好

生石灰消解为石灰浆时生成的氢氧化钙，其颗粒极微细，呈胶体状态，比表面积大，表面吸附了一层较厚的水膜，因而保水性能好，同时水膜层也降低了颗粒间的摩擦力，可塑性增强。

2）强度低

石灰是一种硬化缓慢、强度较低的胶凝材料，通常 1∶3 的石灰砂浆，其 28d 抗压强度只有 0.2~0.5MPa。

3）耐水性差

在石灰硬化体中大部分仍然是尚未碳化的 $Ca(OH)_2$，而 $Ca(OH)_2$ 是易溶于水的，所以石灰的耐水性较差。硬化后的石灰若长期受潮，会导致强度降低，甚至引起溃散，故石灰不宜用于潮湿环境中。

4）体积收缩大

石灰在硬化过程中蒸发掉大量的水分，引起体积显著收缩，易产生裂纹。因此，石灰一般不宜单独使用，通常掺入一定量的骨料（砂）或纤维材料（纸筋、麻刀等）以提高抗拉强度，抵抗收缩引起的开裂。

(6) 石灰的应用及储运要求

1）石灰的应用

石灰是一种价格低廉的胶凝材料，又有较好的技术性质，故在工程中使用广泛。

（A）制作石灰乳　将熟化好的石灰膏或消石灰粉，加入过量水稀释成的石灰乳是一种传统的室内粉刷涂料。目前已很少使用，主要用于临时建筑的室内粉刷。

（B）配制砂浆　利用石灰膏配制的石灰砂浆、混合砂浆，广泛用于建筑物地面以上部位墙体的砌筑和抹灰。应注意，为确保砌体和抹灰质量，一般不宜用消石灰粉（尤其是淋水消化时间较短的消石灰粉）来配制砌筑和抹灰砂浆。

（C）配制石灰土与三合土　消石灰粉与黏土拌合后称为石灰土，若再加砂（或炉渣、石屑等）即成三合土。石灰改善了黏土的可塑性，在强力夯实下石灰土和三合土的密实度增大，并且黏土中的少量活性氧化硅和氧化铝与 $Ca(OH)_2$ 反应生成水硬性的水化硅酸钙或水化铝酸钙，使三合土强度和耐久性得到改善。石灰土和三合土广泛用于建筑物基础和道路垫层。

（D）生产硅酸盐制品　将生石灰粉与含硅材料（砂、炉渣、粉煤灰等）加水拌合，经成型、蒸养或蒸压处理等工序可制得各种硅酸盐制品，如蒸压灰砂砖、硅酸盐砌块等墙体材料。

（E）制作碳化石灰制品　将生石灰粉与纤维材料（如玻璃纤维）或轻质骨料（如炉渣）加水搅拌成型，然后用二氧化碳进行人工碳化可制成轻质的碳化石灰制品（如石灰空心板等），它的导热系数较小，保温绝热性能较好，宜做非承重内隔墙板、顶棚等。

（F）磨细生石灰　若将块状生石灰直接磨细成粉状，即制得磨细生石灰。制成硅酸盐或碳化制品时，可不预先熟化、陈伏而直接使用，细度很高的生石灰粉，水化速度可提高 30~50 倍，且体积膨胀均匀，避免了局部膨胀造成的破坏。同时还由于成型后的颗粒膨胀作用，可提高制品强度（约 2 倍），加快了硬化速度，提高了工效，但也会相应提高成本。

2）石灰的储运

生石灰的吸水、吸湿性极强，所以运输和存放应注意防潮，不应与易燃易爆物品及液体共存、同运，以免发生火灾，引起爆炸。另外，石灰在存放过程中，极易吸收空气中的水分和二氧化碳，自行消化而失去活性，使其胶凝性降低，因此，过期石灰应重新检验其有效成分含量。石灰不宜储存过久，要做到随到随用，对于石灰膏可将陈伏期转化为储存期。

2. 建筑石膏

石膏既是一种有悠久历史的古老材料，又是一种很有发展前途的新型建筑材料。它是由天然石膏或一些主要由硫酸钙组成的工业副产品制得的气硬性无机胶凝物质。

根据石膏生产的热处理过程（即加热温度和脱水条件）不同，可制得α型、β型半水石膏和无水石膏的一系列变体，其结构和特性各不相同。而建筑工程中常用的是β型半水石膏，也称建筑石膏。

（1）建筑石膏的生产

建筑石膏是用天然二水石膏（$CaSO_4 \cdot 2H_2O$）又称生石膏或化工废渣（如磷石膏等）为原料，经煅烧脱水成为β型半水石膏（$CaSO_4 \cdot \frac{1}{2}H_2O$）又称熟石膏，再经磨细而制得的。

（2）建筑石膏的凝结硬化

半水石膏遇水时，将重新生成二水石膏。

由于二水石膏的溶解度（约为2.05g/L）比半水石膏溶解度（约为8.5g/L）小得多，所以二水石膏在溶液中很快达到饱和，析出胶体微粒，溶液浓度的不平衡，则使半水石膏不断溶解、水化，如此循环，直至半水石膏全部水化。同时二水石膏胶体迅速增多，水分减少，逐渐失去流动性，此时称为"初凝"。随着水分的消耗和结晶的增加，浆体塑性下降而开始产生强度，此时称为"终凝"。最后形成相互交错堆叠的结晶结构网，经过凝结、干燥硬化，变为坚硬的固体。实际上，建筑石膏的水化、凝结、硬化是一个连续、复杂的物理化学变化过程。

（3）建筑石膏的主要技术指标和特性

建筑石膏色白、密度2.6～2.75g/cm³、堆积密度为800～1000kg/m³。建筑石膏按其细度、凝结时间及强度指标分为三个等级，见表1-5所列。

建筑石膏的技术指标（GB 9776—88） 表1-5

等级		优等品	一等品	合格品
细度(0.2mm方孔筛筛余)≤(%)		5.0	10.0	15.0
凝结时间	初凝时间≥(min)	6	6	6
	终凝时间≥(min)	30	30	30
强度	抗折强度≥(MPa)	2.5	2.1	1.8
	抗压强度≥(MPa)	4.9	3.9	2.9

建筑石膏的特性，主要表现在以下几方面。

1）凝结硬化快

建筑石膏一般加水后在3～5min内即可初凝，30min左右即达到终凝。为满足施工操作的要求，往往需掺加适量的缓凝剂，如动物胶、亚硫酸纸浆废液，也可掺硼砂或柠檬酸等。

2）硬化后体积微膨胀

建筑石膏硬化后一般会产生0.5%～1.0%的体积膨胀，使得硬化体表面饱满，尺寸精确，轮廓清晰，干燥时不开裂，有利于制造复杂图案的石膏装饰制品。

3) 孔隙率大、表观密度小、强度低

建筑石膏水化的理论需水量为 18.6%，但为了满足施工要求的可塑性，实际加水量约为 60%～80%，石膏凝结后多余水分蒸发，导致孔隙率大、表观密度小、强度降低。抗压强度仅为 3～5MPa。

4) 具有良好的保温隔热和吸声性能

石膏硬化体中微细的毛细孔隙率高，导热系数小，一般为 0.121～0.205W/(m·K)，故隔热保温性能好，是理想的节能材料。同时石膏中含有大量微细孔，使其对声音传导或反射的能力显著下降，因此具有较强的吸声能力。

5) 具有一定的调节温度、湿度的性能

石膏的热容量大，吸湿性强，可均衡调节室内温度和湿度，营造一个怡人的生活和工作环境。

6) 防火性能优良

石膏硬化后的结晶物 $CaSO_4·2H_2O$ 遇火烧时，结晶水蒸发，吸收热量并在表面生成"蒸汽幕"，因此，在火灾发生时，能够有效抑制火焰蔓延和温度的升高。

7) 耐水性差

石膏硬化后孔隙率高，吸水性强，并且二水石膏微溶于水，长期浸水会使其强度下降，所以耐水性较差。通常其软化系数为 0.3～0.5。

8) 有良好的装饰性和可加工性

石膏不仅表面光滑饱满，而且质地细腻、颜色洁白、装饰性好。此外，石膏制品可锯、可钉、可刨，具有良好的加工性能。

(4) 建筑石膏的应用

建筑石膏性能优良，因而是一种良好的建筑功能材料，主要用于室内的抹灰和粉刷、制成各种石膏板及石膏装饰制品等。

1) 室内抹灰和粉刷

由于建筑石膏的优良特性，常被用于室内高级抹灰和粉刷。建筑石膏加水、砂及缓凝剂拌合成石膏砂浆，用于室内抹灰。石膏砂浆也作为油漆等的打底层，并可直接涂刷油漆或粘贴墙布、墙纸等。建筑石膏加水及缓凝剂拌合成石膏浆体，可作为室内粉刷涂料。

2) 石膏板

石膏板具有轻质、隔热保温、吸声、防火、尺寸稳定及施工方便等性能，在建筑中得到广泛的应用，是一种很有发展前途的新型建筑材料。常用石膏板有以下几种。

(A) 纸面石膏板　以建筑石膏为主要原料，掺入适量的纤维材料、缓凝剂等作为芯材，并以纸板作为增强护面材料，经加水搅拌、灌注、辊压、凝结、切断、烘干等工序制得。纸面石膏板分为普通型、耐水型和耐火型三种。纸面石膏板主要用于隔墙、内墙等，自重仅为砖墙的 1/5。耐水型可用于厨房、卫生间等潮湿场合，耐火型用于耐火性要求高的场合。安装时须采用龙骨安装固定。纸面石膏板的生产效率高，但纸板用量大，成本较高。

(B) 纤维石膏板　是以纤维材料（多使用玻璃纤维）为增强材料，与建筑石膏、缓凝剂、水等经特殊工艺制成的石膏板。纤维石膏板的强度高于纸面石膏板，规格基本相同，但生产效率低。纤维石膏板除可用于隔墙、内墙外，还可用来代替木材制作家具。

(C) 装饰石膏板。

（D）空心石膏板 以建筑石膏为主，加入适量的轻质多孔材料、纤维材料和水经搅拌、灌注、振动成型、抽芯、脱模、干燥而成。主要用于隔墙、内墙等，使用时不须龙骨。

（E）吸声用穿孔石膏板 以装饰石膏板或纸面石膏板为基板，背面粘贴或不贴背覆材料（贴于背面的透气性材料，可提高吸声效果），板面上有 $\phi6\sim\phi12mm$ 的圆孔，孔距为 $18\sim24mm$，穿孔率为 $8.7\%\sim15.7\%$。安装时背面须留有 $50\sim300mm$ 的空腔，从而构成穿孔吸声结构，空腔内可填充多孔吸声材料以提高吸声能力。用于吸声性要求高的建筑，如播音室、影剧院、报告厅等。

此外，建筑石膏也可用于生产水泥和各种硅酸盐建筑制品。

3. 石灰替代产品—砂浆宝

砂浆宝（Ⅱ型）—砌筑砂浆增塑剂（也可用于抹灰砂浆）是一种环保、节能的新型建材产品，可广泛使用于砌筑砂浆、内外墙抹灰、地面抹灰砂浆中。砂浆宝能全部替代传统石灰膏。它能有效减少施工中的裂缝、起壳、空鼓等现象，掺用砂浆宝后的砂浆，能显著改善砂浆的和易性，提高砂浆的抗压强度和粘结强度以及抗冻、抗渗性能，提高建筑物的耐久性。在砂浆中主要起到分散水泥，使水泥与砂子分布均匀，从而达到不沉淀、不泌水。

（三）水 泥

水泥是一种粉末状的水硬性无机胶凝材料。是最主要的建筑材料之一，可以和骨料及增强材料配制成各种混凝土和砂浆，被广泛应用于工业与民用建筑、交通、水利、国防等工程。

水泥的种类很多，按照主要的水硬性物质不同，水泥可分为硅酸盐水泥、铝酸盐水泥、硫铝酸盐水泥、铁铝酸盐水泥等系列；按用途和性能，又可分为通用水泥、专用水泥、特性水泥三大类。

1. 通用水泥

通用水泥是用于一般土木建筑工程的水泥，使用最多的为硅酸盐类水泥，如硅酸盐水泥、普通硅酸盐水泥、矿渣硅酸盐水泥、火山灰质硅酸盐水泥、粉煤灰硅酸盐水泥等。

（1）硅酸盐水泥

由硅酸盐水泥熟料、$0\sim5\%$ 石灰石或粒化高炉矿渣等混合材料、适量石膏磨细制成的水硬性胶凝材料，称为硅酸盐水泥。硅酸盐水泥分两种类型，不掺加混合材料的称为Ⅰ型硅酸盐水泥，代号为 P·Ⅰ；掺加不超过水泥量 5% 的混合材料的称为Ⅱ型硅酸盐水泥，代号为 P·Ⅱ。

根据国家标准 GB 17671—1999 规定，硅酸盐水泥技术性质应符合下列规定：

1）密度和堆积密度

硅酸盐水泥的密度，主要取决于熟料的矿物组成，一般在 $3.0\sim3.15g/cm^3$ 范围内，平均可取 $3.1g/cm^3$。硅酸盐水泥松散状态下的堆积密度一般在 $1000\sim1600kg/m^3$ 之间，平均可取 $1300kg/m^3$。

2）细度

细度是指水泥颗粒的粗细程度。水泥颗粒的粗细对水泥的性质影响很大。颗粒越细，表面积越大，水化速度越快，反应越完全，早期强度也越大，但硬化时体积收缩较大，水泥过细，易受潮，生产成本也较高。硅酸盐水泥细度用比表面积表示，其值应大于 $300m^2/kg$。

3) 凝结时间

为使水泥浆在应用时有充分的时间进行搅拌、运输、成型等施工操作，要求水泥的初凝时间不能过早。当施工完毕，则要求水泥尽快凝结、硬化、产生强度，因此终凝时间不能太长。国家标准规定，硅酸盐水泥初凝时间不得早于 45min，终凝时间不得迟于 390min。

4) 体积安定性

水泥硬化后，若产生不均匀的体积变化（如弯曲变形或开裂），称体积安定性不良。引起水泥体积安定性不良的原因，一般是由于熟料中游离氧化钙、游离氧化镁及石膏含量过多而引起的。

国家标准规定，用沸煮法检验水泥的体积安定性。水泥试样沸煮 3h 后，经观察或测定未发现裂纹、变形，则体积安定性合格。该法只能检验游离氧化钙引起的破坏，游离氧化镁和石膏的危害均不便于快速检验。国家标准中还规定，水泥熟料中游离氧化镁含量不得超过 5%，水泥中石膏含量以三氧化硫计不得超过 3.5%，以控制水泥的体积安定性。

体积安定性不合格的水泥，只能作废品处理，不能用于任何建筑工程中。

5) 强度和强度等级

水泥的强度是评定水泥强度等级的依据。

国家标准规定，水泥强度用水泥胶砂强度来评定。按国标《水泥胶砂强度检验方法（ISO法）》，将水泥和标准砂按 1：3、水灰比为 0.5 的配合比混合，按规定方法制成标准尺寸的试件，在标准条件下养护，测定其达到规定龄期（3d 和 28d）的抗折、抗压强度。硅酸盐水泥分 42.5、52.5、62.5 三种强度等级，各强度等级又分为普通型和早强型（R 型）两种类型。水泥在各龄期的强度指标见表 1-6。

硅酸盐水泥各龄期强度指标　　　　　表 1-6

强度等级	抗压强度(MPa)		抗折强度(MPa)	
	3d	28d	3d	28d
42.5	17.0	42.5	3.5	6.5
42.5R	22.0	42.5	4.0	6.5
52.5	23.0	52.5	4.0	7.0
52.5R	27.0	52.5	4.0	7.0
62.5	28.0	62.5	5.0	8.0
62.5R	32.0	62.5	5.5	8.0

硅酸盐水泥的强度主要决定于熟料的矿物组成和细度。四种主要矿物的强度各不相同，它们的相对含量改变时，水泥的强度及其增长速度也随之变化。水泥颗粒越细，强度增长则较快，最终强度值也较高。此外，试件的制作，养护条件等对水泥强度值也有一定的影响。

(2) 掺加混合材料的硅酸盐水泥

1）混合材料

在生产硅酸盐水泥的过程中，为改善水泥性质，调节水泥强度等级，增加水泥品种，提高产量、节约熟料、降低成本，而加入水泥中去的人工和天然矿物原材料，称为混合材料。

混合材料按其性能和作用，通常分为两类：填充性混合材料和活性混合材料。

（A）填充性混合材料　填充性混合材料又称非活性混合材料，在水泥中与水泥成分不起化学反应或化学作用很小，仅起填充作用的混合材料。常用品种有：黏土、石灰岩、石英砂、慢冷矿渣等天然矿物及各种对水泥无害的工业废渣。它可以起增加产量、降低成本和调节水泥强度等级的作用。

（B）活性混合材料　活性混合材料是指以化学性较活泼的 SiO_2 和 Al_2O_3 为主要成分的矿物质材料，掺在水泥中，与水调和后，能在 $Ca(OH)_2$ 溶液中发生水化反应，生成水化硅酸钙和水化铝酸钙，具有水硬性并有相当的强度。这类混合材料也称为水硬性混合材料。常用的是火山灰质的材料：如硅藻土、凝灰岩、火山灰、烧黏土、煤碴等和粒化高炉矿渣（又称水淬高炉矿渣）以及粉煤灰等。它们不但能提高水泥产量、降低水泥成本，而且可以减少有害的 $Ca(OH)_2$ 含量，提高水泥抗腐蚀性，降低水化热等，改善水泥某些性能。同时可调节水泥强度等级，扩大使用范围，还能充分利用工业废渣，净化生活环境。

2）普通硅酸盐水泥

凡由硅酸盐水泥熟料、6%～15%混合材料、适量石膏磨细制成的水硬性胶凝材料称普通硅酸盐水泥（简称普通水泥），其代号为 P·O。

掺填充性混合材料时，不得超过 10%，掺活性混合材料时，不得超过 15%，若同时掺填充性混合材料和活性混合材料时，总掺量不得超过 15%，其中的填充性混合材料不得超过 10%。

根据 GB 175—1999 规定，普通水泥的主要技术性质和指标如下：

（A）细度　以筛分法测定，要求 0.080mm 方孔筛上筛余量不得超过 10%。

（B）凝结时间　初凝时间不得早于 45min；终凝时间不得迟于 10h。

（C）体积安定性　用沸煮法测定必须合格（试件无变形或开裂）；熟料中 $MgO \leqslant 5\%$；水泥中 $SO_3 \leqslant 3.5\%$。

（D）强度和强度等级　用标准试验方法测得试件各龄期强度应符合表1-7要求。

普通硅酸盐水泥各龄期强度指标　　　　表 1-7

强度等级	抗压强度(MPa)		抗折强度(MPa)	
	3d	28d	3d	28d
32.5	11.0	32.5	2.5	5.5
32.5R	16.0	32.5	3.5	5.5
42.5	16.0	42.5	3.5	6.5
42.5R	21.0	42.5	4.0	6.5
52.5	22.0	52.5	4.0	7.0
52.5R	26.0	52.5	5.0	7.0

3) 矿渣硅酸盐水泥、火山灰质硅酸盐水泥、粉煤灰硅酸盐水泥

（A）矿渣硅酸盐水泥　由硅酸盐水泥熟料和20%～70%粒化高炉矿渣，加入适量石膏磨细制成的水硬性胶凝材料称为矿渣硅酸盐水泥（简称矿渣水泥），代号为P·S。允许用火山灰质混合材料、粉煤灰、石灰岩、窑灰中的一种材料代替部分粒化矿渣。但代替数量最多不超过水泥质量的8%，代替后水泥中粒化高炉矿渣不得少于20%。

（B）火山灰质硅酸盐水泥　由硅酸盐水泥熟料和20%～50%火山灰质混合材料，加入适量石膏磨细制成的水硬性胶凝材料称为火山灰质硅酸盐水泥（简称火山灰水泥），代号为P·P。

（C）粉煤灰硅酸盐水泥　由硅酸盐水泥熟料和20%～40%粉煤灰，加入适量石膏磨细制成的水硬性胶凝材料，称为粉煤灰硅酸盐水泥（简称粉煤灰水泥），代号为P·F。

根据GB 1344—1999标准规定，三种水泥的细度、凝结时间及体积安定性的要求与普通硅酸盐水泥相同。三种水泥分别有32.5、42.5、52.5三个强度等级及普通型、早强型两种类型，各龄期的强度指标见表1-8。

矿渣水泥、火山灰水泥、粉煤灰水泥各龄期强度指标　　　　表1-8

强度等级	抗压强度(MPa)		抗折强度(MPa)	
	3d	28d	3d	28d
32.5	10.0	32.5	2.5	5.5
32.5R	15.0	32.5	3.5	5.5
42.5	15.0	42.5	3.5	6.5
42.5R	19.0	42.5	4.0	6.5
52.5	21.0	52.5	4.0	7.0
52.5R	23.0	52.5	4.5	7.0

矿渣水泥、火山灰水泥及粉煤灰水泥与硅酸盐水泥相比，这三种水泥还具有如下特性：

（A）初期强度增长慢，后期强度增长快　由于掺入了大量混合材料，水泥凝结硬化慢，早期强度低，但硬化后期可以赶上甚至超过同强度等级的硅酸盐水泥。因早期强度较低，不宜用于早期强度要求高的工程。

（B）水化热低　由于水泥中水化放热高的熟料含量较少，且反应速度慢，所以水化热低。这些水泥不宜用于冬季施工。但水化热低，不致引起混凝土内外温差过大，所以此类水泥适用于大体积混凝土工程。

（C）耐蚀性较好　这些水泥硬化后，在水泥石中易被腐蚀的氢氧化钙和水化铝酸钙含量较少，使得抵抗软水、酸类、盐类侵蚀能力明显提高。用于有一般侵蚀性要求的工程比硅酸盐水泥耐久性好。

（D）蒸汽养护效果好　在高温高湿环境中，活性混合材料与氢氧化钙反应会加速进行，强度提高幅度较大，效果好。此类水泥适用于蒸汽养护。

（E）抗碳化能力差　这类水泥硬化后的水泥石碱度低、抗碳化能力差，对防止钢筋锈蚀不利。不宜用于重要钢筋混凝土结构和预应力混凝土。

（F）抗冻性、耐磨性差　与硅酸盐水泥相比抗冻性、耐磨性差，不适用于受反复冻融作用的工程和有耐磨性要求的工程。

三种水泥除有上述共同的特性外，矿渣水泥、火山灰水泥、粉煤灰水泥又有各自特性。

矿渣水泥耐热性较好。矿渣出自炼铁高炉，常作为水泥耐热掺料使用，矿渣水泥能耐400℃高温，一般认为矿渣掺量大的耐热性更好。矿渣为玻璃体结构，亲水性差，因此矿渣水泥的泌水性及干缩性较大。

火山灰水泥抗渗性较好，抗大气性差。因为火山灰水泥密度较小，水化需水量较多，拌合物不易泌水，硬化后不致产生泌水孔洞和较大的毛细管，而且水化物中水化硅酸钙凝胶含量较多，水泥石较为密实，所以抗渗性优于其他几种通用水泥。适用于有一般抗渗要求的工程。由于低碱度，处于干燥空气中，则因空气中 CO_2 作用于水化物，则易"起粉"。因此，火山灰水泥不适用于干燥条件中的混凝土工程。

粉煤灰本身属于火山灰质材料，所以粉煤灰水泥性质与火山灰水泥基本相同。但粉煤灰颗粒大多为球形颗粒，比表面积小，吸附水少。因此粉煤灰水泥拌合物需水量较小，硬化过程干缩率小，抗裂性好。但粉煤灰水泥与矿渣水泥、火山灰水泥相比早期强度更低，水化热低、抗碳化能力更差。

4）复合硅酸盐水泥

由硅酸盐水泥熟料、两种或两种以上规定的混合材料、适量石膏磨细制成的水硬性胶凝材料，称为复合硅酸盐水泥（简称复合水泥），代号为 P·C。水泥中混合材料总掺量按质量百分比应大于15%，不超过50%，且不应与 GB 1344 中的规定重复。

按照 GB 12958—1999 规定，复合水泥的细度、凝结时间和体积安定性与普通水泥要求相同。强度等级划分及各龄期强度要求不得低于表 1-9 的指标。

复合水泥各龄期强度指标　　　　　　　　表 1-9

强度等级	抗压强度（MPa）		抗折强度（MPa）	
	3d	28d	3d	28d
32.5	10.0	32.5	2.5	5.5
32.5R	15.0	32.5	3.5	5.5
42.5	15.0	42.5	3.5	6.5
42.5R	19.0	42.5	4.0	6.5
52.5	21.0	52.5	4.0	7.0
52.5R	23.0	52.5	4.5	7.0

（3）通用水泥的质量评定

通用水泥实物质量水平，主要是根据水泥强度等级、3d 抗压强度、28d 抗压强度变异系数及凝结时间划分的，主要分为优等品、一等品、合格品，见表 1-10 所列。

通用水泥质量等级评定指标　　　　　　　　表 1-10

项目	优等品		一等品	合格品
	硅酸盐水泥普通水泥	矿渣水泥火山灰水泥粉煤灰水泥复合水泥		
水泥强度等级不小于	42.5R		425R	符合通用水泥标准的技术要求
3d 抗压强度（MPa）不小于	30	26	同标准要求	
28d 抗压强度变异系数（%）不大于	3.5		4.0	
初凝时间不早于	3.5h	4h	4.5h	
终凝时间不迟于	6.5h	8h	同标准要求	

注：28d 抗压强度变异系数为 28d 抗压强度月标准差与 28d 抗压强度月平均值的比值。

此外，不符合标准要求的通用水泥又分有两个等级：

1）不合格品

（A）硅酸盐水泥、普通水泥，凡细度、终凝时间、不溶物和烧失量中任何一项不符合标准规定均为不合格品。矿渣水泥、火山灰水泥、粉煤灰水泥，凡细度、终凝时间中任何一项不符合标准规定均为不合格品。

（B）凡混合材料掺加量超过最大限量、强度低于商品强度等级规定的指标（但不低于最低强度等级的指标）时，均为不合格品。

（C）水泥包装标志中的水泥品种、强度等级、工厂名称和出厂编号不全者也属不合格品。

2）废品

凡初凝时间、氧化镁含量、三氧化硫含量、安定性中的任何一项不符合标准规定者，或强度低于该品种最低强度等级规定的指标时均为废品。

（4）通用水泥的选用和储运要求

1）通用水泥的选用

通用水泥常用品种的主要特性及适用范围见表1-11所列。

通用水泥常用品种的特性及适用范围　　　　　表1-11

名称	硅酸盐水泥	普通水泥	矿渣水泥	火山灰水泥	粉煤灰水泥
主要特性	1. 早期强度高（与同强度等级普通水泥比，3d、7d强度高3%～7%）； 2. 水化热大； 3. 抗冻性好； 4. 耐腐蚀性差	1. 早期强度较高（7d强度约为28d强度的60%～70%）； 2. 其他性能基本与硅酸盐水泥相同	1. 早期强度低，后期强度可等于同强度等级硅酸盐水泥 2. 水化热小 3. 抗腐蚀性好 4. 耐热性好 5. 抗冻性差 6. 干缩性大	1. 抗渗性好； 2. 耐热性差； 3. 其他同矿渣水泥的1、2、3、5、6	1. 抗裂性好； 2. 耐热性差； 3. 干缩性小； 4. 其他同矿渣水泥的1、2、3、5
适用范围	1. 高强度混凝土； 2. 预应力钢筋混凝土预制构件； 3. 现浇预应力桥梁等要求快硬高强的结构； 4. 受冻融作用的结构； 5. 喷射混凝土	1. 一般土木建筑工程的混凝土； 2. 钢筋混凝土、预应力混凝土的地上、地下与水中结构； 3. 受冻融作用的结构	1. 有耐热要求的混凝土结构； 2. 大体积混凝土结构、一般地上、地下水中的混凝土或钢筋混凝土结构； 3. 蒸汽养护的混凝土构件； 4. 有抗硫酸盐腐蚀要求的一般工程	1. 有抗渗要求的混凝土工程； 2. 其他同矿渣水泥的2、3、4	同矿渣水泥的2、3、4
不适用范围	1. 大体积混凝土工程； 2. 有软水作用或受化学腐蚀的工程； 3. 有海水侵蚀的工程	1. 早期强度要求较高的工程； 2. 严寒地区及处于水位升降范围内的混凝土工程	1. 处在干燥环境中的混凝土工程； 2. 有耐磨性要求的工程； 3. 其他同矿渣水泥的1、2	1. 处在干燥环境中的混凝土工程； 2. 有抗碳化要求的混凝土工程； 3. 其他同矿渣水泥的1、2

2）通用水泥的储运要求

通用水泥有效期自出厂之日起为三个月，即使储存条件良好，一般存放三个月的水泥强度也会降低约10%～15%，存放六个月强度约降低20%～30%。存期超过三个月为过期水泥，应重新检测决定如何使用。

水泥运输、储存应注意防水、防潮。储存应按不同品种、强度等级、批次、到货日期分别堆放，标志清楚。注意先到先用，避免积压过期。不同品种、强度等级、批次的水泥，由于矿物成分不同、凝结硬化速度不同、干缩率不同，严禁混杂使用。

2. 专用水泥

专用水泥是指有专门用途的水泥，如砌筑水泥、道路水泥、大坝水泥、油井水泥等。下面简要介绍一下砌筑水泥。

凡由一种或一种以上的水泥混合材料，加入适量硅酸盐水泥熟料和石膏，经磨细制成的和易性较好的水硬性胶凝材料，称为砌筑水泥，代号M。

砌筑水泥的组成中，水泥混合材料的掺加量（质量比）应大于50%，允许掺入适量的石灰石粉或窑灰。但水泥混合料质量应符合现行GB/T 203中的规定。

国家标准《砌筑水泥》（GB/T 3183—2003）中规定，砌筑水泥的技术要求如下：

（1）细度

0.080mm方孔筛筛余不得超过10%。

（2）凝结时间

初凝不得早于60min，终凝不得迟于12h。

（3）安定性

用沸煮法检验必须合格。水泥中SO_3含量不得超过4.0%。

（4）保水率

不低于80%。

（5）强度

分为12.5、22.5两个强度等级。各龄期强度不得低于表1-12规定的数值。

砌筑水泥各龄期强度指标　　　　表1-12

水泥强度等级	抗压强度(MPa)		抗折强度(MPa)	
	7d	28d	7d	28d
12.5	7.0	12.5	1.5	3.0
22.5	10.0	22.5	2.0	4.0

符合各项技术要求的砌筑水泥为合格品。

如细度、终凝时间、安定性中任何一项不符合要求，或22.5级强度低于规定值时，产品作为不合格品。如水泥包装标志中强度等级、生产者名称和出厂编号不全也属不合格品。

如SO_3、初凝时间、安定性中任何一项不符合标准要求，或12.5级强度低于规定指标时，产品属于废品。不得用于工程中。

砌筑水泥利用大量的工业废渣作为混合材料，降低了水泥成本。而且砌筑水泥强度等级较低，配制砌筑砂浆节约水泥，避免浪费。砌筑水泥适用于工业与民用建筑的砌筑砂浆和内墙抹面砂浆和垫层混凝土，不得用于结构混凝土。

3. 特性水泥

特性水泥是指某种性能比较突出的一类水泥，如快硬硅酸盐水泥、白色和彩色硅酸盐水泥、抗硫酸盐硅酸盐水泥、膨胀硫铝硅酸盐水泥、自应力铝酸盐水泥等。

(1) 快硬硅酸盐水泥

凡以硅酸盐水泥熟料和适量石膏磨细制成，以 3d 抗压强度表示标号的水硬性胶凝材料，称为快硬硅酸盐水泥，简称快硬水泥。快硬水泥分为 325，375 和 425 三个标号。

国标《快硬硅酸盐水泥》(GB 199—90) 中规定，快硬水泥的技术要求如下：

1) 氧化镁含量

熟料中氧化镁含量不得超过 5.0%，如水泥压蒸安定性试验合格，则熟料中氧化镁的含量允许放宽到 6.0%。

2) 三氧化硫含量

水泥中三氧化硫含量不得超过 4.0%。

3) 细度

0.080mm 方孔筛筛余量不得超过 10%。

4) 安定性

沸煮法检验必须合格。

5) 强度

各龄期强度值必须符合表 1-13 中的规定。

快硬硅酸盐水泥各龄期强度指标　　　　　　表 1-13

标　号	抗压强度(MPa)			抗折强度(MPa)		
	3d	7d	28d	3d	7d	28d
325	15.0	32.5	52.5	3.5	5.0	7.2
375	17.0	37.5	57.5	4.0	6.0	7.6
425	19.0	42.5	62.5	4.5	6.4	8.0

注：28d 抗压强度值，只供供需双方参考指标。

快硬水泥具有早期强度增进率高的特点，其 3d 抗压强度可达到强度等级值，后期强度仍有一定增长，因此，适用于紧急抢修工程、军事工程、冬季施工工程，也适用于制造预应力混凝土或混凝土预制构件。但快硬水泥易受潮变质，故在储运中须特别注意防潮。还应及时使用，不宜久储。从出厂日起超过 1 个月就应重新检验，合格后方可使用。

(2) 白色、彩色硅酸盐水泥

1) 白色硅酸盐水泥

白色硅酸盐水泥是以适当成分的生料烧至部分熔融，所得以硅酸钙为主要成分，氧化铁含量少的白色硅酸盐水泥熟料加入适量石膏磨细制成的水硬性胶凝材料称为白色硅酸盐水泥，简称白水泥。

白水泥技术性能应符合国标《白色硅酸盐水泥》(GB/T 2015—2005) 规定，

(A) 细度　0.080mm 方孔筛筛余量不得超过 10%。

(B) 凝结时间　初凝时间不早于 45min，终凝时间不迟于 12h。

(C) 安定性　用沸煮法检验必须合格。

(D) 强度　白水泥分为 32.5，42.5，52.5，62.5 四个强度等级，各龄期强度不得低于表 1-14 规定的数值。

白色硅酸盐水泥各龄期强度指标　　　　　　　　　　　　　　　　　　　　表 1-14

强度等级	抗压强度(MPa)			抗折强度(MPa)		
	3d	7d	28d	3d	7d	28d
32.5	14.0	20.5	32.5	2.5	3.5	5.5
42.5	18.0	26.0	42.5	3.5	4.5	6.5
52.5	23.0	33.5	52.5	4.0	5.5	7.0
62.5	28.0	42.0	62.5	5.0	6.0	8.0

(E) 白度　白水泥的白度是将白水泥样品装入标准压样器，压成表面平整的白板，置于白度仪中测其对红、绿、蓝三色光的反射率，以此与氧化镁白板的标准反射率相比的百分数表示。白水泥按白度分为特级、一级、二级、三级等四个等级。各等级白度不得低于表 1-15 中的规定。

白色硅酸盐水泥白度规定　　　　　　　　　　　　　　　　　　　　表 1-15

等　级	特　级	一　级	二　级	三　级
白度(%)	86	84	80	75

白水泥按其白度和强度等级不同，可分为优等品、一等品、合格品。各等级应符合表 1-16 中的规定。

白色硅酸盐水泥产品等级指标　　　　　　　　　　　　　　　　　　　　表 1-16

项　目	优　等　品		一　等　品		合　格　品	
强度等级	62.5	52.5	52.5	42.5	42.5	32.5	32.5
白度	特级		一级	二级	三级	四级

2) 彩色硅酸盐水泥

彩色硅酸盐水泥简称彩色水泥，是在白水泥（或普通水泥）生产过程中，掺入适量着色剂（颜料）制成的。生产彩色水泥的颜料应是不溶于水，分散性好，耐碱性强，抗大气稳定性好，且掺入水泥后对水泥主要技术性质无显著影响。彩色硅酸盐水泥技术性质，根据标准 JC/T 870—2000 规定，应符合下列要求：

(A) 细度　0.080mm 方孔筛上的筛余量不得超过 6.0%。

(B) 凝结时间　初凝时间不早于 1h，终凝时间不迟于 10h。

(C) 安定性　用沸煮法检验必须合格，SO_3 含量不得超过 4.0%。

(D) 强度　彩色水泥分为 27.5、32.5、42.5 三个等级，各龄期强度不得低于表 1-17 规定的数值。

彩色硅酸盐水泥各龄期强度指标　　　　　　　　　　　　　　　　　　　　表 1-17

强度等级	抗压强度(MPa)		抗折强度(MPa)	
	3d	28d	3d	28d
27.5	7.5	27.5	2.0	5.0
32.5	10.0	32.5	2.5	5.5
42.5	15.0	42.5	3.5	6.5

彩色硅酸盐水泥凡初凝时间、安定性中任何一项不符合规定的指标要求；强度低于最低强度等级规定的指标时，均为废品。凡细度、终凝时间、色差和颜色耐久性中任何一项不符合标准规定时，为不合格品；包装标志中水泥品种、强度等级、颜色、工厂名称、出厂编号不全时也为不合格品。

3）其他彩色水泥品种

目前建筑上用的彩色水泥，大多是硅酸盐系列的，但硅酸盐系列的彩色水泥不足之处在于色彩欠鲜艳，一定程度影响了装饰效果。为满足建筑装饰、制品、雕塑等工艺的需要，现已研制出铝酸盐系列和硫铝酸盐系列的彩色水泥，生产方法与彩色硅酸盐水泥基本相同。

（A）彩色铝酸盐水泥特点：色彩品种多，颜色鲜艳，硬化快，表面光泽好（硬化后表面形成氢氧化铝凝胶层，不仅表面光滑且有较好的光泽），碱性低，无白霜，但价格较高。

（B）彩色硫铝酸盐水泥特点：色彩品种多，颜色鲜艳，硬化快，早期强度高，无收缩，无白霜，可在低温下施工（负温下可硬化），价格高。

白色和彩色水泥在装饰工程中主要用于配制各类彩色水泥浆，各种彩色砂浆用于装饰抹灰、陶瓷铺砌的勾缝；配制装饰混凝土、彩色水磨石、人造大理石或硅酸盐装饰制品，并以其特有的色彩装饰性，用于雕塑艺术和各种装饰部件。

（四）混 凝 土

混凝土是由胶凝材料、水、粗、细骨料按一定的比例配合、拌制为混合料，经硬化而成的人造石材。

1. 混凝土的分类

混凝土品种很多，常用的有以下几种分类方法：

（A）按胶凝材料分：水泥混凝土、沥青混凝土、聚合物混凝土等。

（B）按表观密度分：重混凝土（$\rho_0>2500kg/m^3$）、普通混凝土（$\rho_0=1950\sim2500kg/m^3$）、轻混凝土（$\rho_0<1950kg/m^3$）及特轻混凝土（$\rho_0=600\sim1950kg/m^3$）等。

（C）按用途分：结构混凝土、防水混凝土、耐热混凝土、装饰混凝土等。

（D）按生产和施工方法分：泵送混凝土、压力灌浆混凝土、喷射混凝土与预拌混凝土（商品混凝土）等。

（E）按抗压强度分：普通混凝土（$f<60MPa$）、高强混凝土（$f\geqslant60MPa$）、超高强混凝土（$f\geqslant100MPa$）等。

2. 普通混凝土

目前，使用量最大的混凝土品种是以水泥为胶结材料，普通砂、石为骨料，加入适量水和外加剂、掺合料拌制而成的普通水泥混凝土（简称为普通混凝土）。

（1）普通混凝土的特点

混凝土之所以在工程中得到广泛的应用，是因为它与其他材料相比具有以下优点：

（A）混凝土中占80%以上的砂、石原材料资源丰富，价格低廉，符合就地取材和经济的原则。

（B）在凝结前具有良好的可塑性，便于浇筑成各种形状和尺寸的构件或构筑物。

（C）调整原材料品种及配比，可获得不同性能的混凝土以满足工程上的不同要求。

（D）硬化后具有较高的力学强度和良好的耐久性；与钢筋有较高的握裹强度，能取长补短，使其扩展了应用范围。

（E）可充分利用工业废料作为骨料或外掺料，有利于环境保护。

混凝土也存在一定的缺点，主要是：自重大、比强度小；脆性大、易开裂；抗拉强度低，仅为其抗压强度的 1/10～1/20；施工周期较长，质量波动较大等。

但随着现代科学的发展，混凝土的不足正在不断被克服。如采用轻质骨料可显著降低混凝土的自重，提高比强度；掺入纤维或聚合物，可提高抗拉强度，大大降低混凝土的脆性；掺入减水剂、早强剂等外加剂，可显著缩短硬化周期，改善力学性能。

（2）普通混凝土的组成材料

普通混凝土的基本组成材料是水泥、水、天然砂和石子，另外还常掺入适量的掺合料和外加剂。砂、石在混凝土中起骨架作用，故也称为骨料（或称集料）。水泥和水形成水泥浆，包裹在砂粒表面并填充砂粒间的空隙而形成水泥砂浆，水泥砂浆又包裹石子并填充石子间的空隙而形成混凝土。在混凝土硬化前，水泥浆起润滑作用，赋予混凝土拌合物一定的流动性，便于施工。水泥浆硬化后，起胶结作用，把砂石骨料胶结在一起，成为坚硬的人造石材，并产生力学强度。

混凝土的质量和技术性能很大程度上是由原材料的性质及其相对含量所决定的，同时也与施工工艺（配料、搅拌、捣实成型、养护等）有关。因此，首先必须了解混凝土原材料的性质、作用及质量要求，合理选择原材料，以保证混凝土的质量。

1）水泥

水泥在混凝土中起胶结作用，是最重要的材料，正确、合理地选择水泥的品种和强度等级，是影响混凝土强度、耐久性及经济性的重要因素。

（A）水泥品种的选择　配制混凝土用的水泥品种，应当根据工程性质与特点、工程所处环境及施工条件，依据各种水泥的特性，合理选择。通用水泥品种的选用可参见表 1-11。

（B）水泥强度的选择　水泥强度应当与混凝土的设计强度等级相适应。通常水泥强度等级为混凝土强度等级的 1.5～2 倍为宜。水泥强度过高或过低，会因水泥用量过多或过少而影响混凝土和易性、耐久性及经济效果。

2）细骨料

粒径在 0.15～4.75mm 之间的骨料为细骨料（砂）。混凝土的细骨料主要采用天然砂，按其产源不同可分为河砂、湖砂、海砂和山砂。建筑工程多采用河砂作细骨料。砂按技术要求分为Ⅰ类、Ⅱ类、Ⅲ类。Ⅰ类宜用于强度等级大于 C60 的混凝土；Ⅱ类宜用于强度等级 C30～C60 及有抗冻、抗渗或其他要求的混凝土；Ⅲ类宜用于强度等级小于 C30 的混凝土和建筑砂浆。配制混凝土时，混凝土对细骨料的质量要求主要有以下几个方面：

（A）洁净程度　配制混凝土用砂要求洁净，不含杂质，且砂中云母、硫化物、硫酸盐、氯盐和有机杂质等的含量应符合表 1-18 的规定。

云母为表面光滑的层、片状物质，与水泥粘结性差，影响混凝土的强度和耐久性；一些有机物、硫化物及硫酸盐，对水泥有腐蚀作用。

（B）砂的粗细程度和颗粒级配　砂的粗细程度，是指不同颗粒大小的砂混合后总体的

砂中有害杂质含量的规定　　　　　　　　　　表 1-18

项目	指标		
	Ⅰ类	Ⅱ类	Ⅲ类
含泥量(指<75μm 的尘屑、淤泥和黏土总含量)(按质量计)%	<1.0	<3.0	<5.0
泥块含量(按质量计)%	0	<1.0	<2.0
云母含量(按质量计)%	<1.0	<2.0	<2.0
轻物质(表观密度<2.0kg/m³)含量(按质量计)%	<1.0		
硫化物和硫酸盐含量(按 SO₃ 含量计)%	<0.5		
有机物含量(用比色法试验)	合格		
氯化物(以氯离子质量计)%	<0.01	<0.02	<0.06

粗细程度，通常有粗砂、中砂与细砂之分。在相同砂用量的条件下，细砂的总表面积则较大。在混凝土中砂子的表面需要水泥浆包裹，砂子的表面积越大，需要包裹砂粒表面的水泥浆就越多。一般用粗砂拌制的混凝土比用细砂所需的水泥浆省。

砂的颗粒级配，即表示粒径不同的砂混合后的搭配情况。在混凝土中砂粒之间的空隙由水泥浆所填充，为达到节约水泥和提高混凝土强度的目的，就应尽量减少砂粒之间的空隙。较好的颗粒级配是在粗颗粒砂的空隙中由中颗粒砂填充，中颗粒砂的空隙再由细颗粒砂填充，这样逐级的填充，使砂形成最密集的堆积，空隙率达到最小程度。

在拌制混凝土时，砂的颗粒级配和粗细程度应同时考虑。当砂中含有较多的粗颗粒，并以适量的中颗粒及少量的细颗粒填充其空隙，则可达到空隙率及总表面积均较小，这是比较理想的，不仅水泥用量少，而且还可以提高混凝土的密度性与强度。

砂的粗细程度和颗粒级配常用筛分析法进行测定。用细度模数表示砂的粗细程度，用级配区表示砂的颗粒级配。筛分析法是用一套孔径为 4.75mm，2.36mm，1.18mm，0.6mm，0.3mm，0.15mm 的标准筛(方孔筛)。将 500g 的干砂试样由粗到细依次过筛，然后称出留在各筛上的砂量，并计算出各筛上的分计筛余百分率 a_1、a_2、a_3、a_4、a_5 和 a_6（各筛上的筛余量占砂样总质量的百分率）及累计筛余百分率 A_1、A_2、A_3、A_4、A_5 和 A_6（各筛和比该筛粗的所有分计筛余百分率之和）。累计筛余百分率与分计筛余百分率的关系见表 1-19 所列。

累计筛余百分率与分计筛余百分率的关系　　　　　　　表 1-19

筛孔尺寸(mm)	分计筛余(%)	累计筛余(%)	筛孔尺寸(mm)	分计筛余(%)	累计筛余(%)
4.75	a_1	$A_1=a_1$	0.60	a_4	$A_4=a_1+a_2+a_3+a_4$
2.36	a_2	$A_2=a_1+a_2$	0.30	a_5	$A_5=a_1+a_2+a_3+a_4+a_5$
1.18	a_3	$A_3=a_1+a_2+a_3$	0.15	a_6	$A_6=a_1+a_2+a_3+a_4+a_5+a_6$

砂的粗细程度用细度模数（μ_f）表示，即：

$$\mu_f=\frac{(A_2+A_3+A_4+A_5+A_6)-5A_1}{100-A_1} \tag{1-12}$$

μ_f 数值越大，表示砂越粗，混凝土用砂的细度模数范围一般在 3.7~0.7 之间，其中：

$\mu_f=3.7\sim3.1$ 为粗砂；$\mu_f=3.0\sim2.3$ 为中砂；$\mu_f=2.2\sim1.6$ 为细砂。在配制混凝土

时，应优先选用中砂。还应注意，砂的细度模数并不能反映其级配的优劣，细度模数相同时，级配可能差别很大。所以配制混凝土时，砂的粗细程度和颗粒级配必须同时考虑。

砂的颗粒级配用级配区表示，以级配区或筛分曲线判定砂级配的合格性。对细度模数为 3.7～1.6 的普通混凝土用砂，根据 0.60mm 孔径筛（控制粒级）的累计筛余百分率，划分成为Ⅰ区、Ⅱ区、Ⅲ区三个级配区，见表 1-20 所列。普通混凝土用砂的颗粒级配，应处于表 1-20 中的任何一个级配区中，才符合级配要求。除 4.75mm 及 0.60mm 筛外，允许有部分超出分区界限，但其总量不应大于 5%。

砂的级配区范围   表 1-20

孔径(mm)	累计筛余(%)		
	Ⅰ区	Ⅱ区	Ⅲ区
9.50	0	0	0
4.75	10～0	10～0	10～0
2.36	35～5	25～0	15～0
1.18	65～35	50～10	25～0
0.60	85～71	70～41	40～16
0.30	95～80	92～70	85～55
0.15	100～90	100～90	100～90

砂的级配情况也可用筛分曲线图来表示，如图 1-3 所示。将表 1-21 中规定的数值，画出Ⅰ、Ⅱ、Ⅲ区相应的筛分曲线图，图中左上方表示砂较细，右下方砂较粗。砂样经筛分后，可在图中画下曲线对照，判断砂样是否符合级配要求。如砂的自然级配不好，可用人工级配法进行调整：如将粗、细两种砂按一定比例掺合、试配，直到符合要求为止。

(C) 砂的坚固性

砂的坚固性是指砂在自然风化和其他外界物理化学因素作用下抵抗破裂的能力。

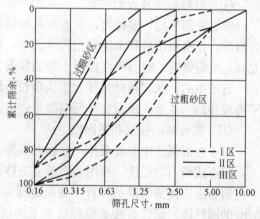

图 1-3 筛分曲线

按国家标准《建筑用砂》(GB/T 14684—2001) 规定，用硫酸钠溶液检验，砂样经 5 次饱和烘干循环后其质量损失应符合表 1-21 的规定。

砂的坚固性指标   表 1-21

项 目	指 标		
	Ⅰ类	Ⅱ类	Ⅲ类
质量损失(%), <	8	8	10

3) 粗骨料

普通混凝土的粗骨料是指粒径大于 4.75mm 的岩石颗粒。常用的有碎石和卵石（砾石）两类。碎石是由天然岩石或大卵石经破碎、筛分而得的颗粒。卵石是由天然岩石经自然风化、水流搬运和分选、堆积形成的岩石颗粒,按其产源可分为河卵石、海卵石、山卵石等几种。按卵石、碎石的技术要求分为Ⅰ类、Ⅱ类、Ⅲ类。各类石子适用范围与细骨料相同。

对粗骨料的质量要求主要有以下几个方面:

(A) 有害杂质　粗骨料中常含有一些有害杂质,如黏土、淤泥、细屑、硫酸盐、硫化物和有机杂质。它们的危害作用与在细骨料中相同。其含量应符合表1-22的规定。

碎石和卵石有害杂质含量、坚固性及强度要求　　　　　表1-22

项　目	指　标		
	Ⅰ	Ⅱ	Ⅲ
针、片状颗粒含量(按质量计)%,<	5	15	25
含泥量(按质量计)%,<	0.5	1.0	1.5
泥块含量(按质量计)%,<	0	0.5	0.7
硫化物及硫酸盐含量(按SO_3质量计)%,<	0.5	1.0	1.0
有机物	合格	合格	合格
坚固性指标(质量损失)%,<	5	8	12
碎石压碎指标%,<	10	20	30
卵石压碎指标%,<	12	16	16

(B) 颗粒形状及表面特征

碎石表面粗糙、多棱角,与水泥浆的粘结较好,而卵石表面光滑、圆浑、与水泥浆结合力差,在水泥用量和水用量相同情况下,碎石拌制的混凝土流动性较差,但强度较高,尤其是抗折强度,对高强度混凝土影响显著。

石子中的针状(颗径长度大于该颗粒所属粒级平均粒径的2.4倍)和片状(厚度小于平均粒径的0.4倍)颗粒会降低混凝土强度,其含量也必须符合表1-22中的规定。

(C) 粗骨料的强度和坚固性

石子在混凝土中起骨架作用,因此必须具有足够的强度和坚固性。

碎石或卵石的强度,可用岩石的立方体强度和压碎指标两种方法表示。

岩石立方体强度是从母岩中切取试样,制成边长为5cm的立方体(或直径与高均为5cm的圆柱体)试件,在水饱和状态下的极限抗压强度与设计要求的混凝土强度等级之比,作为岩石强度指标,根据GB/T 14685——93规定,其比值不应小于1.5。在一般情况下,岩浆岩试件强度不宜低于80MPa,变质岩不宜低于60MPa,沉积岩不宜低于30MPa。

碎石或卵石压碎指标值是用一定规格的圆钢筒,装入一定量气干状态的9.5～19mm石子颗粒,在压力机上按规定速度均匀施加荷载达200kN,卸荷后称取试样重(m_0),再用孔径2.36mm筛筛分,称其筛余量(m_1)计算石子压碎值δ:

$$\delta = \frac{m_0 - m_1}{m_0} \times 100\% \tag{1-13}$$

压碎值越小,表示其抵抗裂碎能力越强,因而间接地反映其强度。碎石或卵石的压碎值应符合《普通混凝土用碎石或卵石质量标准及检验方法》中压碎指标的规定,见表1-22所列。

石子的坚固性指在气候、外力及其他物理力学因素（如冻融循环）作用下，骨料抵抗碎裂的能力。石子的坚固性是用硫酸钠溶液法检验，试样经五次饱和烘干循环后，其质量损失应不超过表 1-22 中的规定。

(D) 最大粒径和颗粒级配

石子中公称粒级的上限称为该粒级的最大粒径。选择石子时，在条件许可的情况下，应选用较大值，使骨料总表面积和空隙率减小，可以降低水泥用量，减少混凝土的收缩。但粒径过大，混凝土浇灌不便，并易产生离析现象，影响强度。因此最大粒径的选择，应根据建筑物及构筑物的种类、尺寸，钢筋间距离及施工方式等因素决定。《混凝土结构工程施工质量验收规范》（GB 50204—2002）中规定：混凝土粗骨料的最大粒径不得超过结构截面最小边长尺寸的 1/4；同时不得大于钢筋间最小净距的 3/4；对混凝土实心板，骨料最大粒径不宜超过板厚的 1/3，且不得超过 40mm，对泵送混凝土，碎石的最大粒径与输送管内径之比，不宜大于 1/3，卵石不宜大于 1/2.5。一般在水利、海港等大型工程中最大粒径通常采用 120mm 或 150mm，在房屋建筑工程中通常采用 20mm、31.5mm 和 40mm。

为保证混凝土具有良好的和易性和密实性，石子选用时，也要做好颗粒级配。石子的级配也通过筛分法来确定，根据国标《建筑用卵石、碎石》（GB/T 14685—2001）的规定，石子标准筛孔径有 2.36mm、4.75mm、9.5mm、16.0mm、19.0mm、26.5mm、31.5mm、37.5mm、53.0mm、63.0mm、75.0mm 及 90.0mm 等 12 个方孔筛。分计筛余百分率与累计筛余百分率的计算和砂相同。普通混凝土用碎石或卵石的颗粒级配，应符合表 1-23 的规定。

碎石或卵石颗粒级配范围　　　　表 1-23

公称粒径		累计筛余(%)										
		2.36	4.75	9.5	16	19	26.5	31.5	37.5	53	63	75	90
连续粒级	5~10	95~100	80~100	0~15	0	—	—	—	—	—	—	—	—
	5~16	95~100	85~100	30~60	0~10	0	—	—	—	—	—	—	—
	5~20	95~100	90~100	40~80	—	0~10	0	—	—	—	—	—	—
	5~25	95~100	90~100	—	30~70	—	0~5	0	—	—	—	—	—
	5~31.5	95~100	90~100	70~90	—	15~45	—	0~5	0	—	—	—	—
	5~40	—	95~100	70~90	—	—	30~65	—	0~5	0	—	—	—
单粒级	10~20	—	95~100	85~100	—	0~15	—	0	—	—	—	—	—
	16~31.5	—	95~100	—	85~100	—	—	0~10	0	—	—	—	—
	20~40	—	—	95~100	—	80~100	—	—	0~10	0	—	—	—
	31.5~63	—	—	—	95~100	—	—	75~100	45~75	—	0~10	0	—
	40~80	—	—	—	—	95~100	—	—	70~100	—	30~60	0~10	0

石子的级配有连续级配和间断级配两种。连续级配是颗粒尺寸由大到小连续分级，每级骨料都占适当比例。此法在混凝土工程中采用较广，其优点是混凝土拌合料和易性好，不易发生分层和离析，缺点是密实性较间断级配差。间断级配是大小颗粒之间有较大的"空档"，粒级不连续，即用小得多的颗粒填充较大颗粒间的空隙，使空隙填得较充分，密实性好、节约水泥。但由于粒径差大，混凝土拌合料易产生离析现象。

4) 混凝土拌合用水及养护水

混凝土用水，按水源可分为饮用水、地表水、地下水、海水以及经适当处理或处置后的工业废水。符合国家标准的生活用水，可拌制各种混凝土。地表水和地下水常溶有较多的有机质和矿物盐类，首次使用前，应按《混凝土拌合用水标准》（JGJ 63—89）的规定进行检验，合格后方可使用。海水中含有较多的硫酸盐和氯盐，影响混凝土的耐久性并加速混凝土中钢筋的锈蚀，因此，海水可用于拌制素混凝土，但不得用于拌制钢筋混凝土和预应力混凝土，不宜采用海水拌制有饰面要求的素混凝土。生活污水的水质比较复杂，不能用于拌制混凝土。

对水质有怀疑时，应将待检验水与蒸馏水分别作水泥凝结时间和砂浆或混凝土强度对比试验。对比试验测得的水泥初凝时间差和终凝时间差，均不得超过30min，且其初凝和终凝时间应符合水泥标准的规定。用待检验水配制的砂浆或混凝土的28d抗压强度不得低于用蒸馏水配制的砂浆或混凝土强度的90%。混凝土用水各种物质含量指标见表1-24所列。

混凝土用水各种物质含量指标　　　　　　　　表1-24

项　目	预应力混凝土	钢筋混凝土	素混凝土
pH值	>4	>4	>4
不溶物(mg/L)	<2000	<2000	<5000
可溶物(mg/L)	<2000	<5000	<10000
氯化物（以Cl^-计），(mg/L)	<500	<1200	<3500
硫酸盐（以SO_4^{2-}计）(mg/L)	<600	<2700	<2700
硫化物（以S^{-2}计）(mg/L)	<100	—	—

注：使用钢丝或热处理钢筋的预应力混凝土，氯化物含量不得超过350mg/L。

(3) 普通混凝土的基本性能

建筑工程对普通混凝土的质量要求主要是：混凝土在凝结硬化前，为便于施工，获得良好的浇灌质量，混凝土的拌合物必须具有施工需要的和易性；混凝土在凝结硬化后，为保证建筑物安全可靠，必须达到设计要求的强度；混凝土还应具有抵抗环境中多种自然侵蚀因素长期作用而不致破坏的能力，即必要的耐久性。

1) 混凝土拌合物的和易性

（A）和易性的概念　和易性是指混凝土拌合物易于施工操作（拌合、运输、浇灌、捣实）并能获得质量均匀、成型密实的混凝土的性能。和易性是一项综合的技术性质，甚至难以把它包括的方面描述完全。一般认为和易性包括流动性、黏聚性和保水性三方面的涵义。流动性是指拌合物在自重或外力作用下具有的流动能力；黏聚性是指拌合物的组成材料不致产生分层和离析现象所表现出的黏聚性；保水性是指拌合物保全拌合水不泌出的能力。

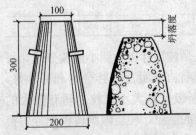

图1-4　混凝土坍落度的测定

（B）和易性的指标　目前，和易性的指标多以坍落度或维勃稠度表示。

坍落度方法是测定拌合物的流动性，并辅以直观经验评定黏聚性和保水性。将拌合物按规定的方法装入坍落度测定筒内，捣实抹平后把筒提起，量出试料坍落的尺寸（mm）就叫做坍落度，如图1-4所示。坍落度越大表示拌合物流动性越大。做坍落度试验的同时，应观察混凝土拌合物黏聚性、保水性及含砂情况，以便全面地评定混凝土拌合物的和易性。按坍落度的不同可将混凝土拌合物分为干硬性混凝土（坍落度为0～10mm）、塑性混凝土（坍落度为10～90mm）、流态混凝土（坍落度为100～150mm）、大流动性混凝土（坍落度>160mm）。坍落度试验适合于骨料最大粒径不大于40mm，坍落度值不小于10mm的混凝土拌合物。

对于干硬性混凝土拌合物，通常采用维勃稠度仪测定其稠度。方法是把试料按规定装入稠度仪的坍落度筒内，提去筒器后，施以配重盘，在规定振幅和频率的振动下，试料顶面被振平的瞬间所用的秒数称为维勃稠度。秒数越多，混凝土流动性越小。该法适用于骨料最大粒径不超过40mm，维勃稠度在5～30s之间的混凝土拌合物。按维勃稠度的大小可将混凝土分为超干硬性混凝土（维勃稠度>31s）、特干硬性混凝土（维勃稠度30～21s）、干硬性混凝土（维勃稠度20～11s）、半干硬性混凝土（维勃稠度10～5s）。在水泥用量相同时，干硬性混凝土比塑性混凝土强度高，但因流动性小会给施工带来不便。

(C) 坍落度的选择　混凝土拌合物的坍落度要根据施工条件（搅拌、运输、振动能力和方式）、结构物的类型（截面尺寸、配筋疏密）等，选用最适宜的数值。按《混凝土结构工程施工质量验收规范》(GB 50524—2002)的规定，混凝土灌筑时的坍落度宜据表1-25选用。

混凝土灌注时坍落度选用表　　　　　　表1-25

项目	结构种类	坍落度(mm)
1	基础或地面等的垫层、无筋的厚大结构或配筋稀疏的结构构件	10～30
2	板、梁和大型及中型截面的柱子等	30～50
3	配筋密列的结构（薄壁、筒仓、细柱等）	50～70
4	配筋特密的结构	70～90

上表是采用机械振动的坍落度，采用人工振动时可适当增大；需配大坍落度混凝土时，应适当掺入外加剂；泵送混凝土的坍落度宜为80～180mm。

2) 混凝土的强度

强度是混凝土最重要的力学性质，因为混凝土主要用于承受荷载或抵抗各种作用。混凝土强度与混凝土的其他性能关系密切，一般来说，混凝土的强度愈高，其刚性、不透水性、抵抗风化和某些侵蚀介质的能力也愈高，通常用混凝土强度来评定和控制混凝土的质量。

混凝土的强度包括抗压强度、抗拉强度、抗弯强度、抗剪强度和与钢筋的粘结强度等。其中混凝土的抗压强度值最大，抗拉强度值最小，因此，在结构工程中混凝土主要用于承受压力作用。

(A) 混凝土的立方体抗压强度与强度等级

混凝土的抗压强度是指其标准试件在压力作用下直到破坏的单位面积所能承受的最大应力。混凝土结构物常以抗压强度为主要参数进行设计，而且抗压强度与其他强度及变形有良好的相关性。因此，抗压强度常作为评定混凝土质量的指标，并作为确定强度等级的依据，在实际工程中提到的混凝土强度一般是指抗压强度。

为使混凝土质量有对比性，混凝土强度测定必须采用标准试验方法，根据国家标准《普通混凝土力学性能试验方法》（GBJ 81—85）规定，将混凝土制成边长 150mm 的标准立方体试件，在标准条件（温度 20±3℃，相对湿度 90%以上）下，养护 28d，所测得的抗压强度值为混凝土立方体抗压强度。

混凝土立方体抗压强度测定，也可按骨料最大粒径选用非标准尺寸试件，但计算抗压强度值时，应乘以换算系数（表 1-26），以求得相当于标准试件的试验结果。由于试件形状、尺寸不同时，会影响抗压强度值。根据试验测定试件尺寸较大的，测得的抗压强度值偏低。

混凝土立方体试件的选择及换算系数　　　　　　　表 1-26

骨料最大粒径(mm)	试件尺寸(mm)	换算系数
≤30	100×100×100	0.95
≤40	150×150×150	1.00
≤60	200×200×200	1.05

为了正确进行设计和控制工程质量，根据混凝土立方体抗压强度标准值，将混凝土划分为 15 个强度等级。混凝土强度等级采用符号 C 与立方体抗压强度标准值（以 N/mm^2 即 MPa 计）表示，即 C15、C20、C25、C30、C35、C40、C45、C50、C55、C60、C65、C70、C75、及 C80 等 14 个等级（≥C60 的混凝土为高强混凝土）。混凝土立方体抗压强度标准值，是用标准试验方法测得的抗压强度，按数据统计处理方法达到 95% 保证率的某一个值，即强度低于该值的百分率不超过 5%。

(B) 影响混凝土强度的主要因素

混凝土受力破坏一般出现在骨料和水泥石的分界面上，也就是常见的粘结面破坏形式。另外，当水泥石强度较低时，水泥石本身破坏也是常见的破坏形式。在普通混凝土中，骨料最先破坏的可能性小，因为骨料强度经常大大超过水泥石和粘结面的强度。所以混凝土的强度主要决定于水泥石强度及其与骨料表面的粘结强度。而水泥石强度及其与骨料的粘结强度又与水泥强度等级、水灰比及骨料的性质有密切关系。此外，混凝土的强度还受施工质量，养护条件及龄期的影响。

(a) 组成材料的影响　在配合比相同的条件下，采用的水泥强度越高，配制成的混凝土强度也越高。当采用同一种品种和强度等级的水泥时，混凝土的强度则取决于水灰比。为获得必要的混凝土流动性，拌合水量（占水泥质量的 40%～70%），比水泥水化时所需的结合水量（占水泥质量的 23%）多，混凝土硬化后，多余的水就在混凝土中形成了气孔，可以认为，在水泥强度等级相同情况下，水灰比越小，水泥石的强度及与骨料结合力就高，混凝土强度则越高。但水灰比过小，无法保证混凝土成型质量时，混凝土强度也将下降。

在混凝土中，水泥石与粗骨料的粘结力与骨料的表面状态有关，碎石表面粗糙，与水泥粘结力强，卵石表面光滑，粘结力较小。因此在水泥强度等级和水灰比相同条件下，碎石混凝土强度往往比卵石混凝土强度高。

大量试验结果表明，在材料条件相同的情况下，混凝土强度与水灰比、水泥强度及骨料特征等因素之间的关系，可用直线型经验公式表示：

$$f = A \cdot f_c \cdot \left(\frac{C}{W} - B\right) \tag{1-14}$$

式中 f——混凝土 28d 抗压强度值（MPa）；

f_c——水泥 28d 抗压强度的实测值（如无法取得水泥强度实测值时，可用下式计算：$f_c = r \cdot f_b$ 其中 f_b 为水泥强度等级，r 为水泥强度等级的富余系数，应按各地区实际统计资料来确定。无统计资料时，可取 1.13）（MPa）；

$\frac{C}{W}$——灰水比（水泥与水质量比）；

A、B——回归系数（应根据所用水泥、粗细骨料通过实验建立的灰水比与混凝土强度关系式来确定。若无上述试验统计资料，对碎石混凝土可取 $A=0.46$、$B=0.07$；卵石混凝土可取 $A=0.48$、$B=0.33$。

用此强度公式，可根据所用水泥强度等级和水灰比估计配制的混凝土强度值，也可根据水泥强度等级和要求的混凝土强度，计算水灰比值。

(b) 外界因素的影响

养护条件 混凝土在自然条件下养护（称自然养护）时，周围环境的温度和湿度，对混凝土强度也有直接影响。温度升高，水泥水化速度快，混凝土强度发展也加快。反之，混凝土强度发展相应迟缓。当温度降至冰点，混凝土中大部分水分结成冰，混凝土强度不但停止发展，而且还会由于水分结冰引起的膨胀作用使混凝土结构破坏，强度降低。温度适当，水泥水化能顺利进行，混凝土强度得到充分发展。湿度不够，不但由于水泥不能正常水化而降低强度，还会因水化未完成造成结构疏松而影响耐久性。

由此，为使混凝土更好地硬化，施工规范中规定，在混凝土浇筑完毕后的 12h 以内对混凝土加以覆盖和浇水，其浇水养护时间，对硅酸盐水泥、普通水泥或矿渣水泥拌制的混凝土不得少于 7d，对掺用缓凝型外加剂或有抗渗性要求的混凝土不得少于 14d。浇水次数应能保持混凝土处于润湿状态。

为加速混凝土强度的发展，提高混凝土的早期强度，还可以采用湿热处理的方法，即蒸汽养护和蒸压养护的方法来实现。

养护龄期 混凝土在正常条件下，其强度将随着养护龄期的增加而增长。不同龄期混凝土强度的增长情况（标准养护条件下）可见表 1-27 所列。

标准养护下混凝土强度增长情况 表 1-27

混凝土龄期	7天	28天	3个月	6个月	1年	2年	4～5年
混凝土强度	0.60～0.75	1	1.25	1.50	1.75	2.00	2.25

施工操作 混凝土中物料拌合越均匀，结构越密实，混凝土强度则高。机械搅拌比人工拌合更均匀，特别是对低流动性混凝土效果更显著。当混凝土用水量较少，水灰比较小时，振动器捣实比人工捣实效果好。故采用较低的水灰比、机械搅拌、高频振动器振动可获得更高的混凝土强度。但随着水灰比增大，振动捣实的优越性逐渐降低，一般强度提高不超过 10%。

外加剂、掺合料 混凝土中掺入早强剂可提高其早期强度；掺入减水剂可减少用水量，提高混凝土强度。随材料技术的发展，建筑业的需求，近年来国内外都研制出了高强度混凝土（指强度等级C60以上的混凝土）。如在混凝土中掺入高效减水剂、复合外加剂或磨细矿物掺合料（硅粉、粉煤灰、磨细矿渣等）使混凝土强度等级达C60～C100。用树脂为胶结材料或将混凝土在树脂中浸渍等方法，也可获得强度达C100以上的超高强混凝土。

3）混凝土的耐久性

要使混凝土结构或构件长期发挥其效能，正常工作，除要求能安全承受荷载外，还应根据其周围的自然环境及在使用条件下具有抵抗各种破坏因素以长期保持强度和外观完整的能力，这种性能称混凝土的耐久性。

混凝土的耐久性主要包括：抗渗性、抗冻性、抗侵蚀性、抗碳化性、碱—骨料作用等。

（A）抗渗性

混凝土的抗渗性用抗渗等级表示，即以标准养护28d的混凝土标准试件，一组六块中四个未出现渗水时能承受的最大水压表示的。混凝土抗渗等级有P2、P4、P6、P8、P10、P12等五个等级。

有抗渗要求的建筑或建构物，应增加混凝土的密实度，改善混凝土中的孔隙结构，减少连通孔隙。实践证明，混凝土的水灰比小时，抗渗性较强，水灰比大于0.6，抗渗性显著变差。掺入适量加气剂，利用所产生的不连通的微孔截断渗水的孔道，可改善混凝土的抗渗性。

（B）抗冻性

混凝土的抗冻性以抗冻等级表示，是以标准养护28d的试块在吸水饱和后，承受反复冻融循环，在抗压强度下降不超过25％，且质量损失不超过5％时能承受最多的冻融循环次数表示的。混凝土抗冻等级分为：F10、F15、F25、F50、F100、F150、F200、F250、F300等九个等级。

提高混凝土抗冻性的有效方法是增加密实程度，或掺入加气剂、减水剂等。

（C）抗侵蚀性

混凝土的抗侵蚀性与所用水泥品种、混凝土密实程度和孔隙特征有关。结构密实的或具有封闭孔隙的混凝土，侵蚀介质不易侵入，抗侵蚀性较强。

（D）抗碳化性

混凝土的碳化作用是指空气中的二氧化碳由表及里向混凝土内部扩散，与氢氧化钙反应使混凝土降低了碱度，减弱了混凝土对钢筋的防锈保护作用，且显著增加混凝土的收缩，使碳化层表面产生微裂纹，混凝土的抗拉、抗折强度降低。要提高混凝土的抗碳化性，应优先用普通水泥或硅酸盐水泥，选用较小的水灰比，制成密实的混凝土，其钢筋的保护层厚度也应相应加大。

（E）碱—骨料作用

当混凝土中所用水泥含有较多的碱，粗骨料中又夹杂着活性氧化硅（如蛋白石、玉髓和鳞石英等）时，两者反应结果，在骨料表面就生成了复杂的碱—硅酸凝胶，凝胶是一种无限膨胀性的（不断吸水则体积不断膨胀）物质，会把水泥石胀裂。这种反应称碱—骨料作用。

（4）混凝土的外加剂

在混凝土拌合物中掺入不超过水泥质量 5%，且能使混凝土按要求改变性质的物质，称混凝土的外加剂。

随着科学技术的迅速发展，在工程中对混凝土的性能不断提出新的要求。实践证明，采用混凝土外加剂是改善其各种性能，满足这一要求的有力措施，而且对节约水泥和节省能源也有十分显著的效果。因此，外加剂已成为混凝土中必不可少的组成成分。不少国家使用掺外加剂的混凝土已占混凝土总量的 60%～90%，有的甚至接近 100%。

1) 外加剂的分类

不同的外加剂功能各异，也有一种外加剂具有多种效果的。按外加剂的主要功能可归纳为六类：

(A) 改善新拌混凝土和易性的外加剂。如减水剂、引气剂等。

(B) 调节混凝土凝结硬化速度的外加剂。如早强剂、速凝剂、缓凝剂等。

(C) 调节混凝土中空气含量的外加剂。如引气剂、加气剂、泡沫剂、消泡剂等。

(D) 改善混凝土物理力学性能的外加剂。如引气剂、膨胀剂、抗冻剂、防水剂等。

(E) 增加混凝土中钢筋抗腐蚀性的外加剂。如阻锈剂等。

(F) 能为混凝土提供特殊性能的外加剂。如引气剂、着色剂、脱模剂等。

2) 常用的混凝土外加剂

(A) 减水剂　减水剂是指能保持混凝土和易性不变而显著减少其拌合水量的外加剂。

减水剂也是一种多功能型外加剂，如在用水量不变时，可增大坍落度 10～20cm；保持混凝土和易性不变时，可减少用水量 10%～15%，提高强度 15%～20%，特别是早期强度提高显著；在保持混凝土强度不变时，可节约水泥用量 10%～15%；还可以提高抗渗、抗冻、耐化学腐蚀等性能。可满足混凝土工程多方面要求，因此它是目前国内外使用量最大，效果最好的混凝土外加剂。

国内现在生产的减少剂品种很多，按掺入混凝土后所产生的效果来分，有普通型、早强型、引气型、缓凝型和高效型等。按化学成分不同分为：木质素磺酸盐类、多环芳香族磺酸盐类、水溶性树脂磺酸盐类、腐植酸类及糖蜜类等。

常用减水剂的品种有：木质系和萘系减水剂，如木钙（木质素磺酸钙，又称 M 型减水剂）、NNO 型减水剂和建 I 型减水剂等。

(B) 早强剂　早强剂是指能加速混凝土早期强度发展的外加剂。早强剂可促进水泥的水化和硬化进程，加快施工进度，提高模板周转率，特别适用于冬季施工和紧急抢修工程。

目前广泛使用的混凝土早强剂有三类，即氯化物（如 $CaCl_2$、NaCl 等）、硫酸盐系（如 Na_2SO_4 等）和三乙醇胺系，但更多的是使用以它们为基材的复合早强剂。其中氯化物对钢筋有锈蚀作用，常与阻锈剂（NaNO）复合使用。

(C) 引气剂　引气剂是指搅拌混凝土过程中能引入大量均匀分布、稳定而封闭的微小气泡的外加剂。引气剂属憎水性表面活性剂，由于能显著降低水的表面张力和界面能，使水溶液在搅拌过程中极易产生许多微小的封闭气泡，气泡直径多在 50～250μm，同时因引气剂定向吸附在气泡表面，形成较为牢固的液膜，使气泡稳定而不破裂。按混凝土含气量 3%～5%计（不加引气剂的混凝土含气量为 1%），$1m^3$ 混凝土拌合物中含数百亿个气泡，由于大量微小、封闭并均匀分布的气泡的存在，使混凝土的性能在以下方面得到明显的改善或改变：如改善混凝土拌合物的和易性，封闭型气泡可起润滑作用；显著提高混凝土的抗渗性、抗冻性，小气泡可阻塞毛细管，切断进水通路；但也会降低混凝土强度，由于大量气泡的存在，减少了混凝土的有效受力面积，使混凝土强度有所降低。一般混凝土的含气量每增加1%时，其抗压强度将降低4%～5%，抗折强度约降低2%～3%。

引气剂可用于抗渗混凝土、抗冻混凝土、抗硫酸侵蚀混凝土、泌水严重的混凝土、轻混凝土以及对饰面有要求的混凝土等，但引气剂不宜用于蒸养混凝土及预应力混凝土。

引气剂的掺用量通常为水泥质量的0.005%～0.015%（以引气剂的干物质计算）。

常用的引气剂有松香热聚物、松香酸钠、烷基磺酸钠、烷基苯磺酸钠、脂肪醇硫酸钠等。

(D) 缓凝剂　缓凝剂是指能延缓混凝土凝结时间，并对混凝土后期强度发展无不利影响的外加剂。缓凝剂主要有四类：糖类，如糖蜜；木质素磺酸盐类，如木钙、木钠；羟基核酸及其盐类，如柠檬酸、酒石酸；无机盐类，如锌盐、硼酸盐等。常用的缓凝剂是木钙和糖蜜，其中糖蜜的缓凝效果最好。

缓凝剂具有缓凝、减水、降低水化热和增强作用，对钢筋也无锈蚀作用。主要适用于大体积混凝土、炎热气候下施工的混凝土，以及需长时间停放或长距离运输的混凝土。缓凝剂不宜用于在日最低气温5℃以下施工的混凝土，也不宜单独用于有早强要求的混凝土及蒸养混凝土。

(E) 防冻剂　防冻剂是指在规定温度下，能显著降低混凝土的冰点，使混凝土液相不冻结或仅部分冻结，以保证水泥的水化作用，并在一定的时间内获得预期强度的外加剂。常用的防冻剂有氯盐类（氯化钙、氯化钠）；氯盐阻锈类（以氯盐与亚硝酸钠阻锈剂复合而成）；无氯盐类（以硝酸盐、亚硝酸盐、碳酸盐、乙酸钠或尿素复合而成）。

氯盐类防冻剂适用于无筋混凝土；氯盐阻锈类防冻剂适用于钢筋混凝土；无氯盐类防冻剂可用于钢筋混凝土工程和预应力钢筋混凝土工程。硝酸盐、亚硝酸盐、碳酸盐易引起钢筋的腐蚀，故不适用于预应力钢筋混凝土以及与镀锌钢材或与铝铁相接触部位的钢筋混凝土结构。另外，含有六价铬盐、亚硝酸盐等有毒成分的防冻剂，严禁用于饮水工程及与食品接触的部位。

防冻剂用于负温条件下施工的混凝土。目前国产防冻剂品种适用于0～-15℃的气温，当在更低气温下施工时，应增加混凝土冬期施工的措施，如暖棚法、原料（砂、石、水）预热法等。

(F) 速凝剂　速凝剂是指能使混凝土迅速凝结硬化的外加剂。速凝剂主要有无机盐类和有机物类。我国常用的速凝剂是无机盐类，主要型号有红星Ⅰ型、711型、728型、8604型等。

红星Ⅰ型速凝剂适宜掺量为水泥质量的2.5%～4.0%。711型速凝剂适宜掺量为水泥质量的3%～5%。

速凝剂掺入混凝土后，能使混凝土在5min内初凝，10min内终凝，1h就可产生强度，1d强度提高2～3倍，但后期强度会下降，28d强度约为不掺时的80%～90%。速凝剂的速凝早强作用机理是使水泥中的石膏变成 Na_2SO_4，失去缓凝作用，从而促使 C_3A 迅速水化，并在溶液中析出其水化产物晶体，导致水泥浆迅速凝固。

速凝剂主要用于矿山井巷、铁路隧道、引水涵洞、地下工程。

3) 外加剂的选择和使用

在混凝土中掺入外加剂，可明显改善混凝土的技术性能，取得显著的技术经济效果。若选择和使用不当，会造成事故。因此，在选择和使用外加剂时，应注意以下几点：

（A）外加剂品种的选择　外加剂品种、品牌很多，效果各异，特别是对于不同品种的水泥效果不同。在选择外加剂时，应根据工程需要、现场的材料条件，并参考有关资料，通过试验确定。

（B）外加剂掺量的确定　混凝土外加剂均有适宜掺量，掺量过小，往往达不到预期效果；掺量过大，则会影响混凝土质量，甚至造成质量事故。因此，应通过试验试配确定最佳掺量。

（C）外加剂的掺加方法　外加剂的掺量很少，必须保证其均匀分散，一般不能直接加入混凝土搅拌机内。对于可溶于水的外加剂，应先配成一定浓度的溶液，随水加入搅拌机。对不溶于水的外加剂，应与适量水泥或砂混合均匀后再加入搅拌机内。另外，外加剂的掺入时间对其效果的发挥也有很大影响，如为保证减水剂的减水效果，减水剂有同掺法、后掺法、分次掺入法。

3. 其他品种混凝土

普通混凝土已广泛用于各种工程，但随着科技的发展和工程的需要，其他新品种混凝土正不断涌现，这些新品种混凝土都有其特殊的性能及施工方法，适用于某些特殊领域，它们的出现扩大了混凝土的使用范围，从长远来看，是很有发展有途的。

（1）轻骨料混凝土

按《轻混凝土技术规程》（JGJ 51—90）规定，用轻粗骨料、轻细骨料（或普通砂）、水泥和水配制而成，干表观密度不大于 $1950kg/m^3$ 的混凝土称为轻骨料混凝土。

1) 轻骨料混凝土分类

（A）按用途和体积密度分类

保温轻骨料混凝土 $\rho_0 < 800kg/m^3$ 主要用于保温的围护结构，热工构筑物等。

保温结构轻骨料混凝土 $\rho_0 = 800 \sim 1400kg/m^3$ 主要用于既承重又保温的围护结构。

结构轻骨料混凝土 $\rho_0 = 1400 \sim 1900kg/m^3$ 主要用于承重构件或构筑物。

（B）按细骨料品种分类

全轻混凝土　由轻砂作细骨料配制而成，如浮石全轻混凝土、陶粒陶砂全轻混凝土等。

砂轻混凝土　由普通砂，或部分普通砂和部分轻砂作细骨料配制而成，如粉煤灰陶粒砂轻混凝土、黏土陶粒砂轻混凝土等。

2) 轻骨料混凝土的特点

（A）轻质且经济　轻骨料混凝土与普通混凝土相比的首要特性就是轻。在工程建设中，结构的自重减轻，必然会减少基础处理的费用；降低梁和柱的横截面积及配筋；降低运输、吊装、模板和脚手架等方面的成本。

(B) 保温且承重 轻骨料混凝土的导热系数为 $0.23\sim0.52W/(m\cdot K)$，小于黏土砖的导热系数 $[0.745W/(m\cdot K)]$，和黏土空心砖的导热系数 $0.522W/(m\cdot K)$ 相近。因此具有一定的隔热保温性能。轻骨料混凝土（尤其是结构保温型的）则能同时兼有承重、保温和耐久这三重性能。这能使得墙体工序简化而节省材料。

(C) 力学性能好，抗震性能强 轻骨料混凝土的抗压强度与普通混凝土接近，因此在使用普通混凝土的部位或构件的工程，均可使用轻骨料混凝土。轻骨料混凝土弹性模量低于普通混凝土，因此在抗震结构中选用轻骨料混凝土优于普通混凝土，如在地震作用下，轻骨料混凝土受弯构件的承载力比普通混凝土提高 5%～8%，且具有较高的冲击韧性和极限变形，因此，高强度轻骨料混凝土更适合在软土地基、地震区建造大跨度的桥梁和高层建筑。

(D) 耐火性好 因为轻骨料混凝土导热系数小，耐火性能好，在同一耐火等级的条件下，轻骨料混凝土板的厚度，可以比普通混凝土减薄 20% 以上。

(E) 变形较大 由于轻骨料混凝土弹性模量小，刚度低，徐变和收缩变形比普通混凝土大得多。由于配制轻骨料混凝土时混凝土中的用水量较大，因此收缩较大，可能产生裂缝。

3) 轻骨料混凝土的应用

(A) 用于围护结构。一般表观密度在 $800\sim1400kg/m^3$ 以内的轻骨料混凝土可代替传统的墙体材料，广泛用于工业与民用建筑的承重与非承重墙体围护结构中，例如制作砌块及大型墙板等。

(B) 用于承重结构。表观密度在 $1400\sim1800kg/m^3$，强度等级达 CL20 以上的轻骨料混凝土，主要用于各种装配式或现浇的承重结构。如楼板、屋面板、梁柱等，特别适用于高层大跨度软土地基上的建筑物和构筑物。

(C) 用于特殊建筑物。轻骨料混凝土除广泛用于工业与民用建筑的墙体及承重结构外，还可用于桥梁、电杆、烟囱、高温窑炉的耐火内衬，水泥筒仓等特殊结构物中。

总之，可以认为轻骨料混凝土适用于高层和多层建筑、大跨屋盖、中跨和大跨度桥梁、地基不良的结构、抗震结构和漂浮结构、高耐久性结构等，随着高性能轻骨料混凝土研究的起步，轻骨料混凝土在结构工程中的应用将更为广泛。

(2) 聚合物混凝土

聚合物混凝土是由有机聚合物、无机胶凝材料和骨料结合而成的一种新型混凝土。聚合物混凝土体现了有机聚合物和无机胶凝材料的优点，克服了水泥混凝土的一些缺点。聚合物混凝土按其组合及制作工艺可分以下三种：

1) 聚合物水泥混凝土（PCC）

用聚合物乳液（和水分散体）拌合物，并掺入砂或其他骨料制成的混凝土，称聚合物水泥混凝土。聚合物的硬化和水泥的水化同时进行，聚合物能均匀分布于混凝土内，填充水泥水化物和骨料之间的空隙，与水泥水化物结合成一个整体，从而改善混凝土的抗渗性、耐蚀性、耐磨性及抗冲击性，并可提高抗拉及抗折强度。由于其制作简便，成本较低，故实际应用较多。目前主要用于现场浇筑无缝地面。耐腐蚀性地面及修补混凝土路面、机场跑道面层和做防水层等。

2) 聚合物浸渍混凝土（PIC）

聚合物浸渍混凝土是以混凝土为基材（被浸渍的材料），而将聚合物有机单体渗入混凝土中，然后再用加热或放射线照射的方法使其聚合，使混凝土与聚合物形成一个整体。

单体可用甲基丙烯酸甲酯、苯乙烯、丙烯酸甲酯等。此外，还要加入催化剂和交联剂等。

在聚合物浸渍混凝土中，聚合物填充了混凝土的内部空隙，除了全部填充水泥浆中的毛细孔外，很可能也大量进入了胶孔，形成连续的空间网络相互穿插，使聚合物混凝土形成了完整的结构。因此，这种混凝土具有高强度（抗压强度可达200MPa以上，抗拉强度可达10MPa以上），高防水性（几乎不吸水、不透水），且抗冻性、抗冲击性、耐蚀性和耐磨性都有显著提高。

这种混凝土适用于要求高强度、高耐久性的特殊构件，特别适用于贮运液体的有筋管、无筋管、坑道等。在国外已用于耐高压的容器，如原子反应堆、液化天然气贮罐等。

3）聚合物胶结混凝土（PC）

又称树脂混凝土，是以合成树脂为胶结材料的一种聚合物混凝土。常用的合成树脂是环氧树脂、不饱和聚酯树脂等热固性树脂。这种混凝土具有较高的强度、良好的抗渗性、抗冻性、耐蚀性及耐磨性，并且有很强的粘结力，缺点是硬化时收缩大，耐火性差。这种混凝土适用于机场跑道面层、有耐腐蚀要求的结构、混凝土构件的修复、堵缝材料等，但由于目前树脂的成本较高，限制了在工程中的实际应用。

4. 混凝土质量控制与强度评定

（1）混凝土的质量控制

加强质量控制是现代化科学管理生产的重要环节。混凝土质量控制的目标，是要生产出质量合格的混凝土，即所生产的混凝土应能按规定的保证率满足设计要求的技术性质。混凝土质量控制包括以下三个过程：

（A）混凝土生产前的初步控制。主要包括人员配备、设备调试、组成材料的检验及配合比的确定与调整等项内容。

（B）混凝土生产过程中的控制。包括控制称量、搅拌、运输、浇筑、振动及养护等项内容。

（C）混凝土生产后的合格性控制。包括批量划分，确定批取样数，确定检测方法和验收界限等项内容。

在以上过程的任一步骤中（如原材料质量、施工操作、试验条件等）都存在着质量的随机波动，故进行混凝土质量控制时，如要作出质量评定就必须用数理统计方法。在混凝土生产质量管理中，由于混凝土的抗压强度与其他性能有较好的相关性，能较好地反映混凝土整体的质量情况，因此，工程中通常以混凝土抗压强度作为评定和控制其质量的主要指标。

（2）混凝土强度评定

1）混凝土强度代表值

每组三个试件应在同一盘混凝土中取样制作。其强度代表值的确定，应符合下列规定：

（A）取三个试件强度的算术平均值作为每组试件的强度代表值；

（B）当一组试件中强度的最大值或最小值与中间值之差超过中间值的15％时，取中

间值作为该组试件的强度代表值;

(C) 当一组试件中强度的最大值和最小值与中间值之差均超过中间值的15%时,该组试件的强度不应作为评定的依据。

当采用非标准尺寸试件时,应将其抗压强度折算为标准试件抗压强度。

2) 混凝土强度的检验评定

混凝土强度检验评定必须符合下列规定:

(A) 混凝土强度应分批进行验收。同一验收批的混凝土应由强度等级相同、生产工艺和配合比基本相同的混凝土组成,对现浇混凝土结构构件,应按单位工程验收项目划分验收批。对同一验收批的混凝土强度,应以同批内标准试件的全部强度代表值来评定。

(B) 当混凝土的生产条件在较长时间内能保持一致,且同一品种混凝土的强度变异性能保持稳定时,应由连续的三组试件组成一个验收批,其强度应同时符合下列要求:

$$mf_{cu} \geqslant f_{cu,k} + 0.7\sigma_0 \tag{1-15}$$

$$f_{cu,min} \geqslant f_{cu,k} - 0.7\sigma_0 \tag{1-16}$$

当混凝土强度等级不高于C20时,其强度的最小值尚应符合下式要求:

$$f_{cu,min} \geqslant 0.85 f_{cu,k} \tag{1-17}$$

当混凝土强度等级高于C20时,其强度的最小值尚应满足下式要求:

$$f_{cu,min} \geqslant 0.90 f_{cu,k} \tag{1-18}$$

式中 mf_{cu}——同一验收批混凝土立方体抗压强度的平均值,N/mm^2;

$f_{cu,k}$——混凝土立方体抗压强度标准值,N/mm^2;

σ_0——验收批混凝土立方体抗压强度的标准差,N/mm^2;

$f_{cu,min}$——同一验收批混凝土立方体抗压强度的最小值,N/mm^2。

验收批混凝土立方体抗压强度的标准差,应根据前一个检验期内同一品种混凝土试件的强度数据,按下列公式确定:

$$\sigma_0 = \frac{0.59}{m} \sum_{i=1}^{m} \Delta f_{cu,i} \tag{1-19}$$

式中 $\Delta f_{cu,i}$——第i批试件立方体抗压强度中最大值与最小值之差;

m——用以确定验收批混凝土立方体抗压强度标准差的数据总批数。

每个检验期不应超过三个月,且在该期间内强度数据的总批数不得少于15组。

3) 当混凝土的生产条件不能满足上列2)款的规定时,或在前一个检验期内的同一品种混凝土没有足够的数据用以确定验收批混凝土立方体抗压强度的标准差时,应由不少于10组的试件组成一个验收批,其强度应同时符合下列公式的要求:

$$mf_{cu} - \lambda_1 s_{f_{cu}} \geqslant 0.9 f_{cu,k} \tag{1-20}$$

$$f_{cu,min} \geqslant \lambda_2 f_{cu,k} \tag{1-21}$$

式中 s_{fcu} ——同一验收批混凝土立方体抗压强度的标准差，N/mm²。当 s_{fcu} 的计算值小于 $0.06f_{cu,k}$ 时，取 $s_{fcu}=0.06f_{cu,k}$；

λ_1，λ_2 ——合格判定系数，按表1-28取用。

混凝土强度的合格判定系数　　　　表1-28

试件组数	10~14	14~24	≥25
λ_1	1.7	1.65	1.6
λ_2	0.90	0.85	

混凝土立方体抗压强度的标准差 s_{fcu} 按下列公式计算：

$$s_{fcu}=\sqrt{\frac{\sum_{i=1}^{n}f_{cu,i}^2-nm_{fcu}^2}{n-1}} \tag{1-22}$$

式中 $f_{cu,i}$ ——第 i 组混凝土试件的立方体抗压强度值，N/mm²；

n ——一个验收批混凝土试件的组数。

按非统计方法评定混凝土强度时，其所保留强度应同时满足下列要求：

$$mf_{cu} \geq 1.15f_{cu,k} \tag{1-23}$$

$$f_{cu,min} \geq 0.95f_{cu,k} \tag{1-24}$$

（五）建筑砂浆与墙体材料

1. 建筑砂浆

建筑砂浆按胶凝材料不同分为：水泥砂浆、石灰砂浆、混合砂浆、沥青砂浆和聚合物砂浆等。按用途不同分为：砌筑砂浆、抹面砂浆、防水砂浆、装饰砂浆、耐热砂浆和耐酸砂浆等。按体积密度不同分为：轻质砂浆和重质砂浆等。

（1）砌筑砂浆

将砖、石、砌块等砌筑材料粘结成为砌体结构的砂浆称为砌筑砂浆。它起着粘结砌体、传递荷载的作用，是砌筑结构的重要组成部分。

1）砌筑砂浆的组成材料

为保证建筑砂浆的质量，砂浆中的各组成材料均应满足一定的技术要求。

（A）水泥　通用水泥和砌筑水泥等都可以用来配制砌筑砂浆。水泥砂浆采用的水泥，其强度等级不宜大于32.5级，水泥用量不应小于200kg/m³，水泥混合砂浆采用的水泥，其强度等级不宜大于42.5级，水泥和掺加料总量宜为300~350kg/m³。对于一些特殊用途的砂浆，如修补裂缝、预制构件嵌缝、结构加固等应采用膨胀水泥。

（B）掺合料　为了改善砂浆的和易性和节约水泥用量，可在水泥砂浆中加入适量掺合料，配制成混合砂浆。为保证砂浆的质量，掺合料应符合以下要求：

（a）生石灰需熟化制成石灰膏，然后再掺入砂浆中搅拌均匀。消石灰粉不能直接用于砌筑砂浆中。

（b）生石灰熟化成石灰膏时，应用孔径不大于3mm×3mm的网过滤，熟化时间不得少于7d；磨细生石灰粉的熟化时间不得小于2d。沉淀池中贮存的石灰膏，应采取防止干燥、冻结和污染的措施。严禁使用脱水硬化的石灰膏。

(c) 采用黏土或粉质黏土制备黏土膏时，宜用搅拌机加水搅拌，通过孔径不大于3mm×3mm的网过筛。

(d) 制作电石膏的电石渣应用孔径不大于3mm×3mm的网过滤，检验时应加热至70℃并保持20min，没有乙炔气味后，方可使用。

(e) 石灰膏、黏土膏和电石膏试配时，沉入度应控制在120mm±5mm之间。

(C) 砂　砌筑砂浆宜选用中砂且应符合建筑用砂的技术要求。由于砌筑砂浆层较薄，对砂子的最大粒径应有所限制。对于毛石砌体所用的砂，最大粒径应小于砂浆层厚度的1/4~1/5。对于砖砌体，砂粒径不得大于2.5mm。对于光滑抹面及勾缝用的砂浆则应使用细砂。

砂的含泥量对砂浆的强度、变形、稠度及耐久性影响较大。根据建工行业标准JGJ 98—2000中规定：砂中含泥量不应大于5%；对于强度等级为M2.5的水泥混合砂浆，砂中含泥量不得超过10%。砂中硫化物（折合SO_3计）含量应小于2%。

(D) 水　砂浆拌合用水的技术要求与混凝土拌合用水相同。应选用符合现行行业标准《混凝土拌合用水标准》的洁净水来拌制砂浆。

(E) 外加剂　砌筑砂浆中掺入的砂浆外加剂，应具有法定检测机构出具的该产品砌体强度型式检验报告，并经砂浆性能试验合格后，方可使用。

2) 砌筑砂浆的技术性质

为保证工程质量，新拌砂浆应具有良好的和易性，硬化后的砂浆应具有需要的强度和与底面的粘结力及较小的变形性和规定的耐久性。

(A) 新拌砂浆的和易性　新拌砂浆的和易性是指新拌砂浆便于施工并保证质量的综合性质。通常可从流动性和保水性两方面综合评定。

(a) 流动性　指砂浆在自重或外力作用下是否易于流动的性能。砂浆的流动性实质上反映了砂浆的稀稠程度。其大小以砂浆稠度测定仪的圆锥体沉入砂浆深度的毫米数作为流动性的指标，称为沉入度。砂浆稠度测定仪如图1-5所示。砂浆流动性的选择与砌体种类（砖、石、砌块、板及其他材料种类等）、施工方法（铺砌、灌浆、抹面、振动、砖块喷水、浸水、机械搅拌与手工拌合等）以及天气情况（气温、湿度、风力）有关，可参考表1-29选用。

砂浆流动性选用表　　　表1-29

砌体种类	砂浆沉入度(mm)	砌体种类	砂浆沉入度(mm)
烧结普通砖砌体	70~100	烧结普通砖平拱式过梁 空斗墙、筒拱 普通混凝土小型空心砌块砌体 加气混凝土砌体	50~70
轻骨料混凝土小型空心砌块砌体	60~90		
烧结多孔砖、空心砖砌体	60~80	石砌体	30~50

砂浆的流动性随用水量、胶凝材料的品种、砂子的粗细以及砂浆配合比而变化。实际上常通过改变胶凝材料的数量和品种来控制砂浆的沉入度。

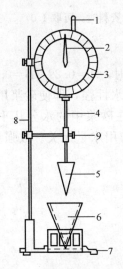
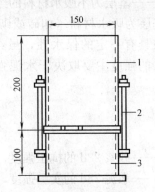

图 1-5 砂浆稠度测定仪
1—齿条测杆；2—指针；3—刻度盘；4—滑杆；
5—圆锥体；6—圆锥筒；7—底座；
8—支架；9—制动螺丝

图 1-6 砂浆分层度筒
1—无底圆筒；2—连接螺栓；
3—有底圆筒

(b) 保水性 新拌砂浆能够保持水分的能力称为保水性。保水性也指砂浆中各项组成材料不易离析的性质。砂浆保水性常用分层度表示。将拌好的砂浆装入内径为 150mm、高为 300mm 的有底圆筒内测其沉入度，静置 30min 后取圆筒底部 1/3 砂浆再测沉入度。两次沉入度的差值即为分层度（图 1-6）。分层度大，表明砂浆的分层离析现象严重，保水性不好。保水性不好的砂浆，在砌筑过程中因多孔的砌块吸水，使砂浆在短时间内变得干稠，难于摊成均匀的薄砂浆层，使砌块之间的砂浆不饱满形成穴洞，降低了砌体强度。

保水性好的砂浆，其分层度应为 10～20mm。分层度过小，例如分层度为"0"的砂浆，虽然保水性很强，上下无分层现象，但这种砂浆干缩较大，影响粘结力，不宜作抹面砂浆。为了改善砂浆的保水性，常掺入石灰膏、粉煤灰或微沫剂等。

(B) 抗压强度与砂浆强度等级 按《建筑砂浆基本性能试验方法》(JGJ 70—90) 的规定，砂浆的强度等级是以边长为 70.7mm 的 6 个立方体试块，按规定方法成型并标准养护至 28d 后测定的抗压强度平均值来表示。砂浆强度等级分为 M15，M10，M7.5，M5，M2.5 等级别。

砌筑砂浆的实际强度主要决定于所砌筑的基层材料的吸水性，可分为下述两种情况：

当基层为不吸水材料（如致密的石材）时，影响强度的因素主要取决于水泥强度和水灰比。砂浆强度公式用下式表达：

$$f = A \cdot f_c \cdot \left(\frac{C}{W} - B\right) \tag{1-25}$$

式中 f——砂浆 28d 的抗压强度，MPa；

f_c——水泥 28d 的实测强度，MPa；

（注：如无法取得水泥强度实测值时，可用下式计算：$f_c = \gamma \cdot f_b$ 其中 f_b 为水泥强度等级，γ 为水

泥强度等级的富余系数,应按各地区世纪统计资料来确定。无统计资料时,可取1.0)

$\dfrac{C}{W}$——砂浆的灰水比;

A、B——基层为不吸水材料的经验系数,用普通水泥时,$A=0.29$,$B=0.4$。

当基层为吸水材料(如砖或砌块)时,由于基层吸水性强,即使砂浆用水量不同,但因砂浆具有一定的保水性,虽经基层吸水后,保留在砂浆中的水分几乎是相同的,因此砂浆的强度主要取决于水泥强度和水泥用量,而与用水量无关。故强度公式用下式表达:

$$f = A \cdot f_c \cdot \dfrac{C}{1000} + B \tag{1-26}$$

式中 f——砂浆28d的抗压强度,MPa;

　　　f_c——水泥28d的实测强度,MPa;

　　　C——1m³砂浆中水泥用量,kg;

　　　A、B——砂浆的特征系数,配制水泥混合砂浆时,$A=3.03$,$B=-15.09$(各地也可使用本地区实验资料确定该值,但统计用实验组数不得少于30组)。

(C) 砂浆的粘结力　由于砖石等砌体是靠砂浆粘结得愈牢固,则整个砌体的强度、耐久性及抗震性愈好。一般砂浆抗压强度越大,则其与基材的粘结力越强。此外,砂浆的粘结力也与基层材料的表面状态、清洁程度、润湿状况及施工养护条件有关。因此在砌筑前应做好有关的准备工作。

(D) 砂浆的变形性　砂浆在承受荷载或温度变化时,容易变形。如果变形过大或不均匀则会降低砌体及层面质量,引起沉陷或开裂。在使用轻骨料拌制的砂浆时,其收缩变形比普通砂浆大。为防止抹面砂浆收缩变形不均而开裂,可在砂浆中掺入麻刀、纸筋等纤维材料。

(E) 硬化砂浆的耐久性　砂浆的耐久性是指砂浆在各种环境条件作用下,具有经久耐用的性能。经常与水接触的水工砌体有抗渗及抗冻要求,故水工砂浆应考虑抗渗、抗冻性。

(a) 抗冻性　砂浆的抗冻性是指砂浆抵抗冻融循环作用的能力。砂浆受冻遭损是由于其内部孔隙中水的冻结膨胀引起孔隙破坏而致。因此,密实的砂浆和具有封闭性孔隙的砂浆都具有较好的抗冻性能。此外,影响砂浆抗冻性的因素还有水泥品种及强度等级、水灰比等。

(b) 抗渗性　砂浆的抗渗性是指砂浆抵抗压力水渗透的能力。它主要与密实度及内部孔隙的大小和构造有关。砂浆内部互相连通的孔以及成型时产生的蜂窝、孔洞都会造成砂浆渗水。

3) 砌筑砂浆的选用

根据砂浆的使用环境和强度等级指标要求,砌筑砂浆可以选用水泥砂浆、石灰砂浆、水泥混合砂浆。

(A) 水泥砂浆:适用于潮湿环境、水中以及要求砂浆强度等级大于M5级的工程。

(B) 石灰砂浆:适用于地上、强度要求不高的低层或临时建筑工程中。

(C) 水泥混合砂浆:适用于砂浆强度等级小于M5级的工程。这种砂浆的强度和耐久性介于水泥砂浆和石灰砂浆之间。

(2) 普通抹面砂浆

抹面砂浆是涂抹于建筑物或构筑物表面的砂浆的总称。砂浆在建筑物表面起着平整、保护、美观的作用。

与砌筑砂浆相比,抹面砂浆与底面和空气的接触面更大,所以失去水分的速度更快,这对水泥的硬化是不利的,然而有利于石灰的硬化。石灰砂浆的和易性好,易操作,所以广泛应用于民用建筑内部及部分外墙抹面。对于勒脚、女儿墙或栏杆等暴露部分及湿度大的内墙面需用水泥砂浆,以增强耐水性。

与砌筑砂浆不同,对普通抹面砂浆的主要技术要求不是抗压强度,而是和易性以及与基底材料的粘结力,故需要多用一些胶凝材料。为了保证抹灰层表面平整,避免开裂脱落,抹面砂浆常分为底层、中层和面层,分层涂抹,各层的成分和稠度要求各不相同,底层砂浆主要起粘结作用与基层牢固联结,要求稠度较稀,其组成材料常随基底而异,如:一般砖墙常用石灰砂浆。有防水、防潮要求时用水泥砂浆。对混凝土基底,宜采用混合砂浆或水泥砂浆。若为木板条、苇箔,则应在砂浆中适量掺入麻刀或玻璃纤维等纤维材料。中层砂浆主要起找平作用,较底层砂浆稍稠。面层砂浆主要起保护装饰作用,一般要求用较细(<1.18mm)的砂子,且需涂抹平整,色泽均匀。若不用砂子时,可掺麻刀或纸筋。各层砂浆沉入度选用,见表 1-30 所列。

普通抹面砂浆的流动性及骨料最大粒径   表 1-30

抹面层名称	(人工抹面)沉入度(cm)	砂最大粒径(mm)
底层	10～12	2.6
中层	7～9	2.6
面层	7～8	1.2

(3) 其他特种砂浆

1) 防水砂浆

防水砂浆是一种用作防水层的抗渗性高的砂浆。砂浆防水层又称刚性防水层,适用于不受振动和具有一定刚度的混凝土或砖石砌体工程。用于水塔、水池、地下工程等的防水。

防水砂浆可用普通水泥砂浆制作,也可以在水泥砂浆中掺入防水剂制得。水泥砂浆的配合比一般为水泥:砂=1:(1.5～3),水灰比控制在 0.50～0.55,应选用 32.5 级以上的普通硅酸盐水泥和级配良好的中砂。

在水泥砂浆中掺入防水剂,可促使砂浆结构密实,堵塞毛细孔,提高砂浆的抗渗能力。常用的防水剂有氯化物金属盐类防水剂、金属皂类防水剂和水玻璃防水剂。

防水砂浆应分 4～5 层分层涂抹在基面上,每层厚度约 5mm,总厚度 20～30mm。每层在初凝前压实一遍,最后一遍要压光,并精心养护。

2) 绝热砂浆

采用水泥、石灰、石膏等胶凝材料与膨胀珍珠岩、膨胀蛭石或陶粒砂等轻质多孔骨料,按一定比例配制的砂浆称为绝热砂浆。绝热砂浆具有轻质和良好的绝热性能,其热导率约为 $0.07～0.1W/(m·K)$。绝热砂浆可用于屋面、墙壁或供热管道的绝热保护。

3) 吸声砂浆

一般绝热砂浆是由轻质多孔骨料制成的,都具有一定的吸声性能。还可以用水泥、石膏、砂、锯末（体积比为 6∶1∶3∶5）拌成具有更多细小开放孔的吸声砂浆，或在石灰、石膏砂浆中掺入玻璃纤维、矿物棉等松软纤维材料，也有同样效果。吸声砂浆可用室内墙壁和吊顶的吸声处理。

4）耐酸砂浆

耐酸砂浆是用水玻璃（硅酸钠）与氟硅酸钠配制而成的，有时可掺入一些石英岩、花岗岩、铸石等粉状细骨料。水玻璃硬化后具有良好的耐酸性能。这种砂浆多用作衬砌材料、耐酸地面和耐酸容器的内壁防护层。

5）聚合物砂浆

在水泥砂浆中加入有机聚合物乳液配制而成的砂浆称为聚合物砂浆。常用的聚合物乳液有丁苯橡胶乳液、氯丁橡胶乳液、丙烯酸树脂乳液等。聚合物砂浆一般具有粘结力强、干缩率小、脆性低、耐蚀性好等特点，用于修补和防护工程。

2. 墙体材料

墙体材料品种很多，总体可分为砌墙砖、砌块和板材三大类。

（1）砌墙砖

砖是砌筑用的小型块材，按生产工艺可分为烧结砖和非烧结砖；按砖的孔洞率、孔的尺寸大小和数量可分为普通砖、多孔砖和空心砖；按主要原料命名又分为黏土砖（N）、页岩砖（Y）、粉煤灰砖（F）、煤矸石砖（M）等。

1）烧结砖

凡经焙烧而成的砖统称烧结砖。根据其空洞率大小分别有烧结普通砖、烧结多孔砖和烧结空心砖等三种。

（A）烧结普通砖　将规格为 240mm×115mm×53mm 的无孔或孔洞率小于 15% 的烧结砖称为烧结普通砖。按现行国标《烧结普通砖》（GB 5101—2001）规定，烧结普通砖的质量可划分为优等品（A）、一等品（B）和合格品（C）三个产品等级，各项技术指标应满足下列要求：

（a）外观质量和尺寸偏差　烧结普通砖的外形为长方体，标准尺寸是：长 240mm，宽 115mm，厚 53mm。其中 240mm×115mm 的面称为大面，240mm×53mm 的面称为条面，115mm×53mm 的面称为顶面。若加砌筑灰缝（以 10mm 计），每立方米砌体的理论需用砖数为 512 块。

烧结普通砖的优等品必须颜色基本一致。烧结普通砖的外观质量和尺寸偏差应符合表 1-31 的要求。

（b）强度等级　烧结普通砖根据标准试验方法按抗压强度分为：MU30、MU25、MU20、MU15、MU10 五个等级。各等级强度指标应符合表 1-32 的要求。

（c）抗风化性　抗风化性能是指在干湿变化、温度变化、冻融变化等物理因素作用下，材料不破坏并长期保持原有性质的能力。我国按照风化指数分为严重风化区（风化指数＞12700）和非严重风化区（风化指数＜12700）。

对严重风化区中黑龙江、吉林、辽宁、内蒙古和新疆地区的砖必须进行抗冻性试验；其他风化区砖的吸水率和饱和系数指标若能达到表 1-33 的要求，可不再进行冻融试验。否则，必须进行冻融试验。冻融试验后，每块砖不允许出现裂缝、分层、掉皮、缺棱、掉角等现象，质量损失不得大于 2%。

烧结普通砖外观质量要求　　　　　　　　表 1-31

项　目	优等品		一等品		合格品	
	样本平均偏差	样本极差≤	样本平均偏差	样本极差≤	样本平均偏差	样本极差≤
1. 尺寸偏差　　长度 240mm	±2.0	8	±2.5	8	±3.0	8
宽度 115mm	±1.5	6	±2.0	6	±2.5	7
高度 53mm	±1.5	4	±1.6	5	±2.0	6
2. 两条面高度差≤(mm)	2		3		5	
3. 弯曲≤(mm)	2		3		5	
4. 杂质凸出高度≤(mm)	2		3		5	
5. 缺棱掉角的三个破坏尺寸不得同时大于(＞)(mm)	15		20		30	
6. 裂纹长度≤(mm)						
(1) 大面上宽度方向及其延伸至条面的长度	70		70		110	
(2) 大面上长度方向及其延伸至顶面的长度或条面上水平裂纹的长度	100		100		150	
7. 完整面不得小于	一条面和一顶面		一条面和一顶面		—	
8. 颜色	基本一致		—		—	

注：1. 为装修而施加的色差、凹凸纹、拉毛、压花等不算作缺陷；
　　2. 凡有下列缺陷之一者，不得称为完整面：
　　(1) 缺损在条面或顶面上造成的破坏面尺寸同时大于 10mm×10mm；
　　(2) 条面或顶面上裂纹宽度大于 1mm，其长度超过 30mm；
　　(3) 压陷、粘底、焦花在条面或顶面上的凹陷或凸出超过 2mm，区域尺寸同时大于 10mm×10mm。

烧结普通砖（烧结多孔砖）各强度等级指标　　　　　　　表 1-32

强 度 等 级	抗压强度平均值≥	变异系数 $\delta \leq 0.21$ 抗压强度标准值 $f_k \geq$, MPa	变异系数 $\delta > 0.21$ 抗压强度单块最小值 $f_{min} \geq$, MPa
MU30	30.0	22.0	25.0
MU25	25.0	18.0	22.0
MU20	20.0	14.0	16.0
MU15	15.0	10.0	12.0
MU10	10.0	6.5	7.5

烧结普通砖的吸水率、饱水系数　　　　　　　表 1-33

砖种类	严 重 风 化 区				非 严 重 风 化 区			
	5h沸煮吸水率≤(%)		饱和系数≤		5h沸煮吸水率≤(%)		饱和系数≤	
	平均值	单块最大值	平均值	单块最大值	平均值	单块最大值	平均值	单块最大值
黏土砖	21	23	0.85	0.87	23	25	0.88	0.90
粉煤灰砖	23	25			30	32		
页岩砖	16	18	0.74	0.77	18	20	0.78	0.80
煤矸石砖	19	21			21	23		

注：粉煤灰掺入量（体积比）小于 30% 时，抗风化性能按普通烧结砖规定检测。

此外，烧结普通砖的泛霜和石灰爆裂程度须符合 GB 5101—2001 规定，且成品砖中不允许有欠火砖、酥砖和螺旋纹砖。

由于普通烧结砖有毁田制砖、耗能高、自重大、尺寸小、工效低、抗震性差等缺点，目前我国已大量推广新型墙体材料，如以粉煤灰、煤矸石、工业废渣等为原料，生产空心砖、空心砌块、轻质复合墙板等。

(B) 烧结多孔砖　烧结多孔砖通常指大面上有空洞的砖，内孔径不大于22mm；非圆孔内切圆直径不大于15mm，孔洞率不小于15%；手抓孔（30～40）mm×（75～80）mm，孔洞率等于或大于15%。多孔砖的外形为直角六面体，其长度、宽度、高度尺寸应符合下列要求：290mm，240mm，190mm，180mm，175mm，140mm，115mm；90mm。最常用的尺寸有190mm×190mm×90mm（M型）和240mm×115mm×90mm（P型）两种规格，如图1-7所示。其他规格尺寸由供需双方协商确定。

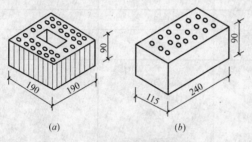

图1-7　烧结多孔砖（单位：mm）
(a) M型；(b) P型

强度和抗风化性合格的烧结多孔砖，根据外观质量、尺寸偏差、强度等级和物理性能分为优等品（A）、一等品（B）、合格品（C）三个质量等级。

按现行国标《烧结多孔砖》（GB 13544—2000）规定，烧结多孔砖的尺寸偏差用样本的平均偏差和样本极差判定，应符合表1-34的规定。外观质量应符合表1-35的要求。

烧结多孔砖尺寸允许偏差不大于（mm）　　　　　表1-34

砖的尺寸	优等品		一等品		合格品	
	样本平均偏差	样本极差≤	样本平均偏差	样本极差≤	样本平均偏差	样本极差≤
290、240	±2.0	6.0	±2.5	7.0	±3.0	8.0
190、180、175、140、115	±1.5	5.0	±2.0	6.0	±2.5	7.0
90	±1.5	4.0	±1.7	5.0	±2.0	6.0

烧结多孔砖外观质量的规定　　　　　表1-35

	项　目	优等品	一等品	合格品
外观质量	1. 颜色（一条面和一顶面）	一致	基本一致	—
	2. 完整面≥	一条面和一顶面	一条面和一顶面	—
	3. 缺棱掉角3个破坏尺寸不得同时＞（mm）	15	20	30
	4. 裂纹长度≤（mm）			
	(1) 大面深入孔壁15mm以上宽度方向及其延伸到条面的裂纹长度；	60	80	100
	(2) 大面深入孔壁15mm以上宽度方向及其延伸到顶面的裂纹长度；	60	100	120
	(3) 条、顶面上的水平裂纹。	80	100	120
	5. 杂质在砖面上造成的凸出高度≤（mm）	3	4	5
	6. 欠火砖、酥砖和螺纹砖	不允许	不允许	不允许

注：1. 为装饰面施加的色差、凹凸纹、拉毛、压花等不算缺陷。
　　2. 凡有下列缺陷之一者，不能称为完整面：
　　　1) 缺损在条面或顶面上造成的破坏面尺寸同时大于20mm、30mm；
　　　2) 条面或顶面上裂纹宽度大于1mm，其长度超过70mm；
　　　3) 压陷、焦花、粘底在条面或顶面上的凹陷或凸出超过2mm，区域尺寸同时大于20mm、30mm。

烧结多孔砖的强度等级确定方法与烧结普通砖相同，根据抗压强度分为MU30、MU25、MU20、MU15、MU10五个强度等级。各等级强度值不得低于表1-32中规定的指标。

此外，烧结多孔砖的抗风化性、泛霜、石灰爆裂程度也必须符合GB 13544—2000的规定。

烧结多孔砖使用时孔洞垂直于受压面，受力均匀，强度较高，可用于建筑物的承重部位。与普通砖相比，多孔砖和空心砖都具有一系列优点：可使墙体自重减轻30%～35%；提高工效可达40%；节省砂浆，降低造价约20%；并可改善墙体的绝热和吸声性能。此外，在生产上能节约黏土原料、燃料，提高质量和产量，降低成本等。

(C) 烧结空心砖和空心砌块

烧结空心砖是指顶面有孔洞的砖或砌块，孔的尺寸大而数量少，其孔隙率一般可达30%以上。外形为直角六面体，如图1-8所示。

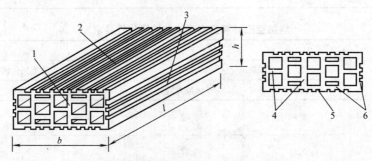

图1-8 烧结空心砖和空心砌块示意图
1—顶面；2—大面；3—条面；4—肋；5—凹线槽；6—外壁
l—长度；b—宽度；h—高度

(a) 尺寸允许偏差：应符合表1-36的要求。

空心砖和空心砌块根据GB 13545—2003规定，按体积密度不同分为800kg/m³，900kg/m³，1000kg/m³，1100kg/m³四个体积密度等级，如表1-37所示。

(b) 强度：烧结空心砖和空心砌块的强度以大面抗压强度结果表示，强度试验按GB/T 2542规定进行，分为MU10.0、MU7.5、MU5.0、MU3.5、MU2.5五个强度等级。各等级应符合表1-38中强度值的规定。

烧结空心砖和空心砌块尺寸允许偏差　　　　表1-36

尺寸	优等品		一等品		合格品	
	样本平均偏差	样本极差≤	样本平均偏差	样本极差≤	样本平均偏差	样本极差≤
>300	±2.5	6.0	±3.0	7.0	±3.5	8.0
>200～300	±2.0	5.0	±2.5	6.0	±3.0	7.0
100～200	±1.5	4.0	±2.0	5.0	±2.5	6.0
<100	±1.5	3.0	±1.7	4.0	±2.0	5.0

空心砖体积密度等级　　　　表1-37

体积密度等级	五块砖体积密度平均值(kg/m³)	体积密度等级	五块砖体积密度平均值(kg/m³)
800	≤800	1000	901～1000
900	801～900	1100	1001～1100

(c) 抗风化性：根据GB 13545—2003的规定，对严重风化区中黑龙江、吉林、辽宁、内蒙古和新疆地区的砖和砌块，必须进行冻融试验，其他地区砖和砌块如五块试样饱和系数平均值符合表1-39的规定，可不做冻融试验，不符合表中要求时，必须进行冻融试验。冻融试验后每块砖和砌块不允许出现分层、掉皮、缺棱掉角等冻坏现象；冻后裂纹长度不大于外观质量中合格品的要求。

烧结空心砖和空心砌块的强度等级指标   表 1-38

强度等级	抗压强度(MPa)			体积密度等级 ≤(kg/m³)
	平均值≤	变异系数 δ≤0.21 标准值≤	变异系数 δ>0.21 单块最小值≤	
MU10.0	10.0	7.0	8.0	1100
MU7.5	7.5	5.0	5.8	
MU5.0	5.0	3.5	4.0	
MU3.5	3.5	2.5	2.8	
MU2.5	2.5	1.6	1.8	800

烧结空心砖和空心砌块的抗风化性要求   表 1-39

分 类	饱 和 系 数			
	严重风化区		非严重风化区	
	平均值	单块最大值	平均值	单块最大值
普通烧结砖和砌块	0.85	0.87	0.88	0.90
粉煤灰砖和砌块				
页岩砖和砌块	0.87	0.77	0.78	0.80
煤矸石砖和砌块				

(d) 吸水率：每组（五块试样）沸煮 3h 后吸水率的算术平均值应符合表 1-40 的要求。

烧结空心砖和空心砌块吸水率的规定   表 1-40

质量等级	吸水率(%)≤	
	黏土砖、页岩砖、煤矸石砖及其砌块	粉煤灰砖和砌块
优等品	16.0	20.0
一等品	18.0	22.0
合格品	20.0	24.0

注：粉煤灰掺入量（体积比）小于 30% 时，按黏土砖和砌块规定判定。

烧结空心砖和空心砌块的外观质量、泛霜、石灰爆裂等性能，应符合 GB 13545—2003 的规定，且要求产品中不允许有欠火砖和酥砖。原料中掺入煤矸石和粉煤灰及其他工业废渣时，应进行放射性物质检验，放射性物质含量应符合 GB 6566 的规定。对强度、体积密度、抗风化性和放射性物质合格的砖和砌块，根据尺寸偏差、外观质量、孔洞排列及其结构、泛霜、石灰爆裂、吸水率分为优等品（A）、一等品（B）、合格品（C）三个质量等级。

烧结空心砖和空心砌块因孔洞大、强度低，但自重轻，一般多用于框架结构的填充墙或多层建筑的非承重内墙。

2）非烧结砖

非烧结砖是指以黏土、粉煤灰、页岩、煤矸石或炉渣等为原料，掺入少量胶凝材料，经粉碎、搅拌、压制成型、高压或常压蒸汽养护而成的实心砖，称为非烧结砖，又称免烧砖。目前常用品种有：蒸压灰砂砖、蒸压（养）粉煤灰砖、炉渣砖等。

（A）蒸压灰砂砖（LSB） 蒸压灰砂砖（简称灰砂砖）是以生石灰和砂子为主要原料，经原料加工、配料、成型、蒸压养护等工序而制成的实心砖或空心砖。常用品种有：

实心灰砂砖、空心灰砂砖和彩色灰砂砖等。

下面以实心灰砂砖为例，简要介绍灰砂砖的基本物理性能。

规格：公称尺寸为240mm×115mm×53mm。其他规格尺寸由用户与生产厂家协商确定。

灰砂砖的密度和导热性：灰砂砖的密度约1400～2000kg/m³；导热系数为0.7～1.10W/(m·K)。

强度：灰砂砖的强度等级和质量等级，应符合GB 11945—1999中的各项规定。灰砂砖分为四个强度等级，各级别灰砂砖的力学性能指标见表1-41所列。

灰砂砖各强度等级的指标　　　　　　　　　　表1-41

强度等级	抗压强度(MPa)		抗折强度(MPa)	
	平均值不小于	单块值不小于	平均值不小于	单块值不小于
MU25	25.0	20.0	5.0	4.0
MU20	20.0	16.0	4.0	3.2
MU15	15.0	12.0	3.3	2.6
MU10	10.0	8.0	2.5	2.0

注：优等品的强度级别不得小于MU15。

灰砂砖的抗冻性：采用冻融循环试验后，应满足抗压强度降低不大于20%；单块砖的干质量损失不大于2%。

灰砂砖按外观质量和尺寸偏差的要求分为优等品、一等品、合格品三个等级。各等级灰砂砖应符合表1-42中的指标要求。

灰砂砖品质等级指标　　　　　　　　　　表1-42

项　目	指　标		
	优等品	一等品	合格品
尺寸偏差≤(mm)			
长度	±2		
宽度	±2	±2	±3
高度	±1		
对应高度差≤(mm)	1	2	3
缺棱掉角：个数≤(个)	1	1	2
最小尺寸≤(mm)	5	10	10
最大尺寸≤(mm)	10	15	20
裂缝：条数≤(条)	1	1	2
大面上宽度方向及其延伸到条面的长度≤(mm)	20	50	70
大面上长度方向及其延伸到顶面上的长度或水平裂纹长度≤(mm)	30	70	100

灰砂砖的强度高、抗冻性不低于烧结普通砖，表面质量好，蓄热能力强，隔声性能好，可代替烧结普通砖用于各种砌筑工程。

(B) 粉煤灰砖（FAB）　粉煤灰具有一定活性，在水热环境中，在石灰的碱性激发和石膏的硫酸盐激发共同作用下，形成水化硅酸钙、水化硫铝酸钙等多种水化产物，而获得一定的强度。

按标准《粉煤灰砖》(JC 239—96)规定，根据砖的抗压强度和抗折强度分为MU20、

MU15、MU10、MU7.5四个强度等级,见表1-43所列。根据砖的外观质量、强度、抗冻性和干燥收缩值分为优等品（A）、一等品（B）、合格品（C）。

粉煤灰砖强度指标和抗冻性要求　　　　　表1-43

强度等级	抗压强度(MPa)		抗折强度(MPa)		抗冻性指标	
	10块平均值≥	单块值≥	10块平均值≥	单块值≥	抗压强度平均值(MPa)≥	砖的干质量损失(%)≤
MU20	20	15.0	4.0	3.0	16.0	2.0
MU15	15	11.0	3.2	3.4	12.0	2.0
MU10	10	7.5	2.5	1.9	8.0	2.0
MU7.5	7.5	5.6	2.0	1.5	6.0	2.0

注：强度等级以蒸汽养护后1d的强度为准。

优等品（A）强度等级应不低于MU15、干燥收缩值应不大于0.60mm/m；一等品（B）强度等级应不低于MU10,干燥收缩值应不大于0.75mm/m；合格品（C）干燥收缩值应不大于0.85mm/m。

粉煤灰砖不用黏土、不经焙烧是综合利用、且节能的材料，适用于工业与民用建筑的墙体和基础，但用于基础或易于受冻融和干湿交替作用的部位必须使用一等砖和优等砖。而且粉煤灰不得用于长期受热（200℃以上）、受急冷急热和有酸性介质侵蚀的部位。

(2) 砌块

砌块是用于砌筑的人造块状材料，外形多为直角六面体，也有各种异型的。砌块系列中主规格的长度、宽度、高度有一项或一项以上分别大于365mm、240mm、115mm，但高度不大于长度或宽度的6倍，长度不超过高度的3倍。

常用建筑砌块有普通混凝土小型空心砌块、轻骨料小型空心砌块、加气混凝土砌块。

1) 普通混凝土小型空心砌块（NHB）

普通混凝土小型空心砌块（简称混凝土小型空心砌块）主要是以普通混凝土拌合物为原料，经成型、养护而成的空心块状墙体材料。有承重砌块和非承重砌块两类。为减轻自重，非承重砌块可用炉渣或其他轻质骨料配制（如陶粒、煤渣、煤矸石和膨胀珍珠岩等）。常用混凝土砌块外形如图1-9所示。

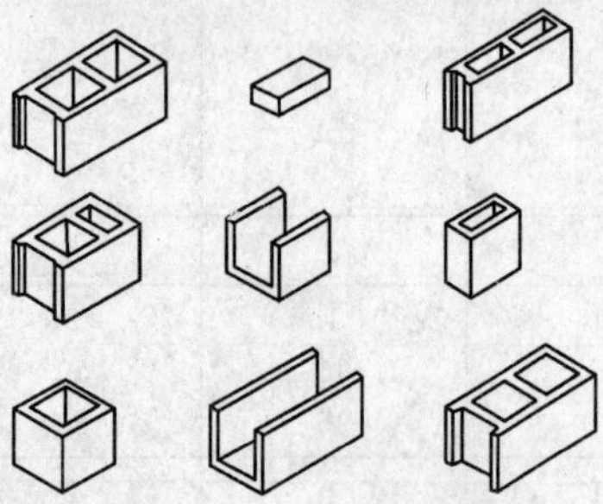

混凝土小型空心砌块的主规格为390mm×190mm×190mm，最小外壁厚度不得小于30mm，最小肋厚不得小于25mm。其他规格尺寸可由供需双方协商。

其主要技术性能应符合《混凝土小型空心砌块》（GB 8239—1997）中规定的指标。

图1-9 混凝土小型空心砌块
(a) 主砌块；(b) 辅助砌块

(A) 质量等级　混凝土小型空心砌块按尺寸允许偏差、外观质量分为优等品（A）、一等品（B）、合格品（C）三个等级，各等级指标见表1-44所列。

(B) 强度等级　混凝土小型空心砌块按抗压强度的平均值和单块最小值分为MU3.5、MU5.0、MU7.5、MU10.0、MU15.0、MU20.0六个等级，各强度等级指标见表1-45所列。

混凝土小型空心砌块质量等级指标　　表 1-44

项　目		优等品	一等品	合格品
尺寸允许偏差(mm)	长度	±2	±3	±3
	宽度	±2	±3	±3
	高度	±2	±3	+3 −4
弯曲(mm) ≤		2	2	3
缺棱掉角	个数,(个)不多于	0	2	2
	三个方向投影尺寸的最小值(mm) ≤	0	20	30
裂纹延伸的投影尺寸累计(mm) ≤		0	20	30

混凝土小型空心砌块强度等级指标　　表 1-45

强度等级	抗压强度(MPa) ≥		强度等级	抗压强度(MPa) ≥	
	五块平均值	单块最小值		五块平均值	单块最小值
MU3.5	3.5	2.8	MU10.0	10.0	8.0
MU5.0	5.0	4.0	MU15.0	15.0	12.0
MU7.5	7.5	6.0	MU20.0	20.0	16.0

为保证小砌块抗压强度的稳定性,生产厂应严格控制变异系数在 10%～15% 范围内。

(C) 相对含水率　为防止砌块因失水收缩时使墙体产生开裂,在国标 GB 8239—1997 中规定了不同地区的砌块相对含水率,见表 1-46 所列。

砌块相对含水率　　表 1-46

使用地区	潮湿	中等	干燥
相对含水率(%) ≤	45	40	35

注：潮湿——指年平均相对湿度大于 75% 的地区。
　　中等——指年平均相对湿度 50%～75% 的地区。
　　干燥——指年平均相对湿度小于 50% 的地区。

(D) 抗冻性　混凝土小型空心砌块的抗冻性应符合表 1-47 的规定。

混凝土小型空心砌块抗冻性指标　　表 1-47

使用环境条件		抗冻等级	指　标
非采暖地区		抗冻等级	—
采暖地区	一般环境	D15	强度损失≤25% 质量损失≤5%
	干湿交替环境	D25	

(E) 体积密度、吸水率和软化系数　一般砌块体积密度为 1300～1400kg/m^3。采用卵石为骨料时,吸水率为 5%～7%；采用碎石为骨料时,吸水率为 6%～8%；软化系数 0.9 左右时,为耐水性材料。

目前建筑上常选用的强度等级为 MU3.5、MU5.0、MU7.5、MU10 四种。等级在 MU7.5 以上的砌块可用于五层砌块建筑的底层和六层砌块建筑的 1～2 层；五层砌块建筑的 2～5 层和六层砌块建筑的 3～6 层都用 MU5.0 小砌块建筑,也用于四层砌块建筑；MU3.5 砌块,只限用于单层建筑；MU15.0、MU20.0 多用于中高层承重砌块墙体。

2) 轻骨料混凝土小型空心砌块 (LHB)

目前，国内外使用轻骨料混凝土小型空心砌块非常广泛。这是因为轻骨料混凝土小型空心砌块与普通混凝土小型空心砌块相比具有更多优越性，如：质轻（表观密度小），保温性好（孔隙率大），强度较高（可作为5～7层建筑的承重材料），有利于综合治理与应用（可用工业废料，有利净化环境）等。

轻骨料混凝土小型空心砌块根据GB/T 15229—2002规定，应满足如下技术要求：

（A）规格　该产品主规格尺寸为390mm×190mm×190mm，其他尺寸可由供需双方商定。按外观质量，砌块分为一等品（B）和合格品（C）两个等级。其外观质量要求见表1-48。

轻骨料混凝土小型空心砌块外观质量要求　　表1-48

项　目	一等品	合格品
缺棱掉角不多于(个数)不多于	0	2
三个方向投影的最小尺寸(mm) ≤	0	30
裂缝延伸投影的累积尺寸(mm) ≤	0	30

（B）体积密度　砌块按体积密度分为八个等级，各级应符合表1-49中规定。

轻骨料混凝土小型空心砌块的体积密度等级　　表1-49

体积密度等级	干体积密度范围	体积密度等级	干体积密度范围
500	≤500	900	810～900
600	510～600	1000	910～1000
700	610～700	1200	1010～1200
800	710～800	1400	1210～1400

（C）强度等级　砌块按抗压强度分为六个等级，各级应符合表1-50中规定。

轻骨料混凝土小型空心砌块的强度等级指标　　表1-50

强度等级	抗压强度(MPa) 平均值≥	抗压强度(MPa) 单块最小值≥	体积密度≥ (kg/m³)
MU1.5	1.5	1.2	600
MU2.5	2.5	2.0	800
MU3.5	3.5	2.8	1200
MU5.0	5.0	4.0	1200
MU7.5	7.5	6.0	1400
MU10.0	10.0	8.0	1400

（D）抗冻性　对非采暖地区，一般不作规定；采暖地区的一般环境，抗冻强度等级应达到冻融循环15次（冻融循环后质量损失不大于5%；抗压强度损失不超过25%）。对干湿交替环境，抗冻强度等级应达到25次。

（E）吸水率　砌块吸水率不应大于20%。

此外，对加入粉煤灰等火山灰质混合材料的小砌块，碳化系数不应小于0.8；软化系数不应小于0.75；其干缩率和相对含水率等应符合GB/T 15229—2002规定的指标。

轻骨料混凝土小型空心砌块的应用范围，强度等级小于MU5.0的，主要用于框架结构中的非承重墙和隔墙。强度等级MU7.5、MU10.0的主要用于多层建筑的承重墙体。

3）加气混凝土砌块

加气混凝土砌块是以钙质材料（石灰、水泥、石膏）和硅质材料（粉煤灰、水淬矿渣、石英砂等）、加气剂、气泡稳定剂等为原材料，经磨细、配料、搅拌制浆、浇筑成型、切割和蒸压养护而成的轻质多孔材料。

加气混凝土砌块的主要技术性质，在《蒸养加气混凝土砌块》（GB 11968—1997）中对其尺寸偏差、外观质量及物理力学性能都作了具体规定。

（A）规格 一般分A、B两个系列，其公称尺寸见表1-51所列。

加气混凝土砌块规格　　　　　　　　　　　　　　　表1-51

项　目	A 系 列	B 系 列
长度(mm)	600	600
宽度(mm)	200、250、300	240、300
高度(mm)	75、100、125、150、175、200、250…（以50递增）	60、120、180、240…（以60递增）

（B）强度等级 加气混凝土砌块按抗压强度的平均值和单块最小值，分有A1.0、A2.0、A2.5、A3.5、A5.0、A7.5、A10.0七个等级。但不同密度等级的砌块，都有强度级别的要求，见表1-52和表1-53所列（立方体抗压强度：采用边长100mm试件，含水率25%～45%）。

加气混凝土砌块的强度等级指标　　　　　　　　　　表1-52

强度等级	立方体抗压强度(MPa)		强度等级	立方体抗压强度(MPa)	
	平均值≥	最小值≥		平均值≥	最小值≥
A1.0	1.0	0.8	A5.0	5.0	4.0
A2.0	2.0	1.6	A7.5	7.5	6.0
A2.5	2.5	2.0	A10.0	10.0	8.0
A3.5	3.5	2.8			

加气混凝土砌块的体积密度等级指标　　　　　　　　表1-53

体积密度等级		B03	B04	B05	B06	B07	B08
强度等级	优等品(A)			A3.5	A4.0	A7.5	A10.0
	一等品(B)	A1.0	A2.0	A3.5	A5.0	A7.5	A10.0
	合格品(C)			A2.5	A3.5	A5.0	A7.5

（C）其他性质

抗冻性：将试件在-20℃和+20℃条件下冻融循环15次，以质量损失不大于5%，强度损失不大于20%为合格。

导热系数λ(W/m·k)：B03≤0.10；B04≤0.12；B05≤0.14；B06≤0.16。

加气混凝土砌块自重小，可减轻结构质量，还可提高建筑物的抗震能力；绝热性优良，可减薄墙的厚度，增大使用面积。砌块平整、尺寸精确，可提高墙面平整度。砌块再加工性能好，可锯、刨、钻、钉等，施工方便，是应用较多的轻质墙体材料之一。适用于低层建筑的承重墙、多层建筑的隔墙和高层框架结构的填充墙,也可用于一般工业建筑的围护墙,作为保温隔热材料也可用于复合墙板和屋面结构中。在无可靠的防护措施时,该类砌块不得用于处于水中或高湿度和有侵蚀介质的环境中,也不得用于建筑物的基础和温度长期高于80℃的部位。

(3) 墙用板材

我国目前可用于墙体的板材品种很多,有承重用的预制混凝土大板;质量较轻的石膏板和加气硅酸盐板;各种植物纤维板及轻质多功能复合板材等。

1) 轻钢龙骨石膏板隔墙

轻钢龙骨石膏板隔墙具有施工简便,轻、薄、坚固、阻燃、保温、隔声等特点。龙骨分竖向的主龙骨和横向的副龙骨,常用厚度有65mm、75mm等,两边用自攻钉(就是木螺钉)固定石膏板在主龙骨上。龙骨间可以填充岩棉等保温隔音材料。一般这种墙多用在公共场所的隔墙。惟一的缺点是不能在墙上钉钉子。一般吊顶主要用9.5mm厚以内的石膏板,12mm、15mm厚或者更厚的石膏板用于建筑内部非承重隔墙。

2) 纤维水泥平板

建筑用纤维水泥平板系由纤维和水泥为主要原料,经制浆、成坯、养护等工序制成的板材。产品有多种类型。按所用的纤维品种分:有石棉水泥板、混合纤维水泥板与无石棉纤维水泥板三类;按产品所用水泥的品种分:有普通水泥板与低碱度水泥板两类;按产品的密度分:有高密度板(即加压板)、中密度板(即非加压板)与轻板(板中含有轻质集料)三类。纤维水泥平板的品种与规格见表1-54所列。

纤维水泥平板的品种与规格 表1-54

品　　　种		主　要　材　料	规格(mm)		
			长	宽	厚
石棉水泥平板	加压板	温石棉、普通水泥	1000～3000	800、900、1000、1200	4～25
	非加压板				
石棉水泥轻板		温石棉、普通水泥、膨胀珍珠岩			
维纶纤维增强水泥平板	A型板	高弹模维纶纤维、普通水泥	1800、2400、3000	900、1200	4～25
	B型板	高弹模维纶纤维、普通水泥、膨胀珍珠岩			
纤维增强低碱度水泥平板	TK板	中碱玻璃纤维、温石棉、低碱度硫铝酸盐水泥	1200、1800、2400、2800	800、900、1200	4、5、6
	NTK板	抗碱玻璃纤维、低碱度硫铝酸盐水泥			
玻璃纤维增强水泥轻质板	GRC轻板	低碱度水泥、抗碱玻璃纤维、轻质无机填料	1200～3000	800～1200	4、5、6、8

各类纤维水泥板均具有防水、防潮、防蛀、防霉与可加工性好等特性,其中表观密度不小于$1.7g/cm^3$,吸水率不大于20%的加压板,因强度高、抗渗性和抗冻性好、干缩率低,故经表面涂覆处理后可用作外墙面板。非加压板与轻板则主要用于隔墙和吊顶。

3) 钢丝网架水泥夹芯板

钢丝网架水泥夹芯板是由三维空间焊接钢丝网架,内填泡沫塑料板或半硬质岩棉板构成的网架芯板,表面经施工现场喷抹水泥砂浆后形成的复合墙板。

(A) 品种、规格　钢丝网架水泥夹芯板按芯材分有两类:一类是轻质泡沫塑料(脲醛、聚氨酯、聚苯乙烯泡沫塑料);另一类是玻璃棉和岩棉。按结构形式分有两种:一种集合式,先将两层钢丝网用"W"钢丝焊接起来,在空隙中插入芯材;另一种整体式,先将芯板置于两层钢丝网之间,再用连接钢丝穿透芯材将两层钢丝网焊接起来,形成稳定的三维桁架结构。

钢丝网架水泥夹芯板规格可见表1-55所列。

（B）技术性质

目前还没有关于钢丝网架水泥夹芯板性能的国家标准,现基本参照ASTM有关标准执行。国内常用的钢丝网架聚苯乙烯泡沫夹芯板（泰柏板）性能可见表1-56所列。

钢丝网架水泥夹芯板的规格 表1-55

品　　种		规格尺寸(mm)		
		长　度	宽　度	厚度(芯材)
钢丝网架泡沫塑料夹芯板		2140、2400、2740、2950	1220	76(50)
钢丝网架 岩棉夹芯板	GY2.0-40	3000以内	1200、900	65(40)
	GY2.5-50			75(50)
	GY2.5-60			85(60)
	GY2.8-60			85(60)

泰柏板主要技术性能 表1-56

项　　目		指　标
质量(kg/m^2)	抹灰前	39
	抹灰后	85
热阻值(m^2·K/W)		0.744
隔声指标(dB)		44
抗冻性(冻融循环次数)		50
轴向允许荷载(N/m):高2.44m(3.66m)		87500(73500)
横向允许荷载(N/m):高2.44m(3.05m)		1950(1220)
防火(h):两面涂20mm(31.5mm)厚水泥砂浆		1.3(2)

常用泰柏板（图1-10）标准厚度约100mm,总质量约90kg/m^2,热阻平均为0.64 m^2·K/W。与半砖墙和一砖墙相比,可使建筑物框架承受的墙体荷载减少64%～72%,能耗减少约一半。

此种墙板具有质量轻、保温隔热性好、布置灵活、安全方便等优点,主要用于各种内隔墙、围护外墙、保温复合外墙、楼面、屋面及建筑夹层等。

4）双层钢网细陶粒混凝土空心隔墙板

双层钢网细陶粒混凝土空心隔墙板以细陶粒为轻质硬骨料,以快硬水泥为胶凝材料,内配置双层镀锌低碳冷拔钢丝网片,采用成组立模成型,大功率振动平台集中振动,单元式蒸养窑低温蒸汽养护而成。标准板规格尺寸有3种:(2000～3500)mm×595mm×60mm、(2000～3500)mm×595mm×90mm、(2000～3500)mm×595mm×120mm。也可根据需求另外加工。60mm厚标准板圆孔为单

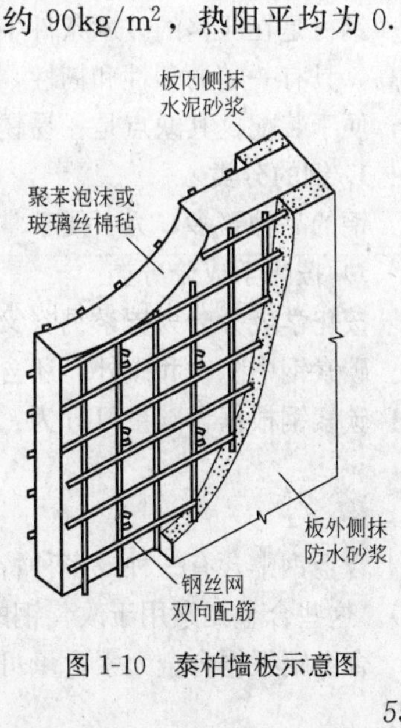

图1-10 泰柏墙板示意图

排9孔，90mm厚标准板圆孔为单排7孔，120mm厚标准板圆孔为双排9孔，共18孔。双层钢网细陶粒混凝土空心隔墙板具有表面光洁平整、密实度高、抗弯强度高、质轻、不燃、耐水、吸水率低、收缩小、不变形、安装穿线方便等特点。现已广泛应用于住宅和公共建筑的内隔墙和分隔墙。

5) 增强水泥空心板条隔墙板

增强水泥空心板条隔墙板有标准板、门框板、窗框板、门上板、窗上板、窗下板及异形板。标准板用于一般隔墙，其他的板按工程设计规定的规格进行加工。普通住宅用的板规格有：长（L）：2400～3000mm，宽（B）：590～595mm，厚（H）：60mm、90mm。公用建筑用的板规格为：长（L）：2400～3900mm，宽（B）：590～595mm，厚（H）：90mm。

技术要求：面密度≥60kg/m^2，抗弯荷载≥2.0G（G为板材的重量，单位为N），单点吊挂力≥800N，料浆抗压强度≥10MPa，软化系数≥0.8，收缩率≤0.08%。

6) 石膏砌块

石膏砌块，条板质轻，密度600～900kg/m^3；高强，不龟裂，不变形；耐火极限最高可达4h；隔热能力比混凝土高5倍；单层隔声可达46dB；具有呼吸功能，对室内湿度有良好调节作用；无气味，无污染，不产生任何放射性和有害物质，是绿色环保产品；易施工。

（六）建筑钢材

金属材料包括黑色金属和有色金属两大类，黑色金属是指以铁元素为主要成分的金属及其合金，建筑工程中常用的黑色金属材料主要是钢材。有色金属是指黑色金属以外的金属，如铝、铜、铅、锌等金属及其合金。

钢材是以铁为主要元素，含碳量一般在2%以下，并含有其他元素的材料。

建筑钢材是指建筑工程中使用的各种钢材，包括钢结构用各种型材（如圆钢、角钢、工字钢、钢管）、板材，以及混凝土结构用钢筋、钢丝、钢绞线等。

钢材是在严格的技术条件下生产的材料，它有如下的优点：材质均匀，性能可靠，强度高，具有一定的塑性和韧性，具有承受冲击和振动荷载的能力，可焊接、铆接和螺栓连接，便于装配；其缺点是：易锈蚀，维修费用大。

1. 钢的分类

钢的品种繁多，为了便于掌握和选用，常对钢从不同角度进行分类：

1) 按化学成分分类

按化学成分分为碳素钢（又称非合金钢）和合金钢。

碳素钢中除铁和碳外，还含有在冶炼中难以除净的少量硅、锰、磷、硫、氧、氮等。

碳素钢根据含碳量可分为：低碳钢（含碳小于0.25%）；
　　　　　　　　　　　　中碳钢（含碳量0.25%～0.60%）；
　　　　　　　　　　　　高碳钢（含碳量大于0.60%）。

合金钢中含有一种或多种特意加入或超过碳素钢限量的合金元素（如锰、硅、钒、钛等）。这些合金元素用于改善钢的性能或使其获得某些特殊性能。

合金钢根据合金元素含量可分为：

低合金钢（合金元素总量<5%）；
中合金钢（合金元素总量5%~10%）；
高合金钢（合金元素总量>10%）。

2) 按主要质量等级分类

按主要质量等级分类，即按钢中有害杂质的多少分为：

普通钢（含硫量<0.055%~0.065%，含磷量<0.045%~0.085%）；
优质钢（含硫量<0.03%~0.045%，含磷量<0.035%~0.04%）；
高级优质钢（A）（含硫量<0.02%~0.03%，含磷量<0.027%~0.035%）；
特级优质钢（E）。

3) 按用途分类

结构钢：钢结构用钢、混凝土结构用钢

工具钢：用于制作刀具、量具、模具等用钢

特殊钢：不锈钢、耐酸钢、耐热钢、耐磨钢、磁钢等

4) 按压力加工方式分类

按压力加工方式分为热加工钢材、冷加工钢材。

2. 建筑钢材的主要技术性能

钢材的技术性能主要包括：力学性能、工艺性能和化学性能等。

(1) 力学性能（主要指拉伸性能、冲击韧性、疲劳强度和硬度等）

1) 拉伸性能

钢的拉伸性能是通过拉伸试验测定的。将按规定的形状和尺寸制成的试件，装在拉力试验机上，对试件施加逐渐增大的拉力，使它不断产生变形（变长、变细）、直至拉断为止。

低碳钢的拉伸过程可分为四个阶段，如图1-11所列。

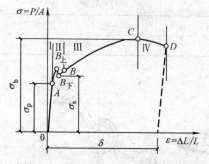

图1-11 低碳钢受拉的应力-应变图

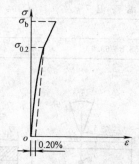

图1-12 中碳钢、高碳钢的σε图

(A) 弹性阶段：即图上OA段。该阶段的特点是应力与应变，呈直线（线性）变化关系。在该阶段的任意一点卸荷，变形消失，试件能完全恢复到初始形状。该阶段的应力最高点称作弹性极限。

(B) 屈服阶段：即图中AB段。该阶段的特点是应力变化不大，但应变却持续增长。在此阶段的应力最低点（$B_下$），称作屈服点（或屈服极限）用σ_s，其值是低碳钢的设计强度取值。中碳钢与高碳钢（硬钢）的拉伸曲线与低碳钢不同，屈服现象不明显，难以测定屈服点，规定产生残余变形为原标距长度的0.2%时所对应的应力值，作为硬钢的屈服强度，也称条件屈服点，用$\sigma_{0.2}$表示，如图1-12所示。

(C) 强化阶段：为图中的 BC 段。该阶段表示经过屈服阶段后，钢的承荷能力又开始上升，但应力-应变曲线变为弯曲，这表明已产生不可恢复的塑性变形，在该阶段任一点卸荷，试件都不能恢复到初始形状而保留一部分残余变形。该阶段的应力最高点称为抗拉强度 σ_b。

抗拉强度虽在设计中不能直接被利用，但屈服强度与抗拉强度的比值（即屈强比）却有一定的意义。它能反映钢材的利用率和安全可靠程度。屈强比越小，表示钢材受力超过屈服点时，仍有较大的储备潜力，安全可靠性大。但在同样抗拉强度下，钢材可利用的应力较小，钢材利用率较低。钢材选用时，要求二者兼顾，取合理值。通常情况下，屈强比在 0.60～0.75 范围内较好。

(D) 颈缩阶段：即图上的 CD 段。试件在该阶段，钢材抵抗变形的能力显著降低，并在试件的某一部位产生急剧的断面收缩，称为"颈缩"。应变迅速增大，应力随之下降，当达到 D 点时，发生断裂。钢材进行拉伸试验后，根据屈服点、抗拉强度和伸长率值，可判断钢材拉伸性能的优劣。

2）冲击韧性

冲击韧性指钢材抵抗冲击荷载作用而不破坏的能力，其指标为冲击功。冲击功表示具有 V 形缺口的试件在冲击试验横锤的冲击下断裂时，断口处单位面积上所消耗的功，单位为 J/cm^2。使用在室外的钢构架及经常受到可变风荷载和其他偶然冲击荷载作用的钢材，必须满足一定的冲击韧性要求。特别是在低温下，钢材的冲击功发生明显下降，呈脆性断裂，这种现象称为冷脆性，在北方严寒地区（低于 -20℃）使用的钢材要考虑对钢材冷脆性的评定。低温和时效后钢材冲击韧性的变化见表 1-57 所列。冲击韧性试验如图 1-13 所示。

普通低合金钢冲击韧性指标　　　　　　　表 1-57

常　温	-40℃	时　效
冲击值 $\alpha_k (J/cm^2)$		
58.8～69.6	29.4～34.3	29.4～34.3

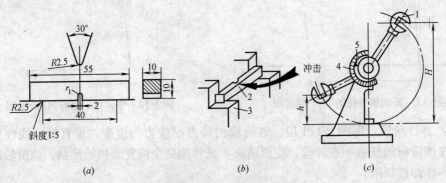

图 1-13　冲击韧性试验图
(a) 试件尺寸；(b) 试验装置；(c) 试验机
1—摆锤；2—试件；3—试验台；4—刻度盘；5—指针

3）疲劳强度

钢材在交变荷载反复多次作用下，可在最大应力远低于屈服强度的情况下突然破坏，这种破坏称为疲劳破坏。钢材的疲劳破坏指标用疲劳强度（或称疲劳极限）来表示，它是指试件在交变应力的作用下，不发生疲劳破坏的最大应力值。对钢材而言，一般将承受交变荷载 106～107 周次时不发生破坏的最大应力，定义为疲劳强度。疲劳破坏经常是突然发生的，因而具有很大的危险性，在设计承受反复荷载且须进行疲劳验算的结构时，应当了解所用钢材的疲劳强度。

4）硬度

硬度是指金属材料抵抗硬物压入表面的能力。亦即材料表面抵抗塑性变形的能力。

测定钢材硬度采用压入法。即以一定的静荷载（压力），把一定的压头压在金属表面，然后测定压痕的面积或深度来确定硬度。较常用的方法是布氏法，其硬度指标是布氏硬度值。

各类钢材的 HB 值与抗拉强度之间有较好的相关关系。材料的强度越高，塑性变形抵抗力越强，硬度值也就越大。

(2) 工艺性能

良好的工艺性能，可以保证钢材顺利通过各种加工，而使钢材制品的质量不受影响。冷弯、冷拉、冷拔及焊接性能均是建筑钢材的重要工艺性能。

1）冷弯性能

冷弯性能是指钢材在常温下承受弯曲变形的能力。其指标是以试件弯曲的角度和弯心直径对试件厚度的比值来表示，如图 1-14 和图 1-15 所示。冷弯性能是通过检验试件经规定的弯曲变形后，弯曲处是否有裂纹、起层、鳞落和断裂等情况来评定的。

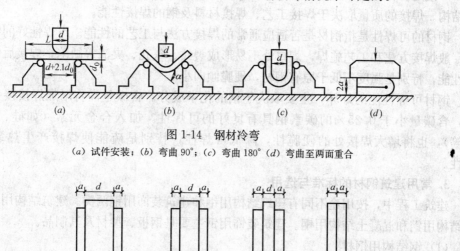

图 1-14 钢材冷弯
(a) 试件安装；(b) 弯曲90°；(c) 弯曲180°；(d) 弯曲至两面重合

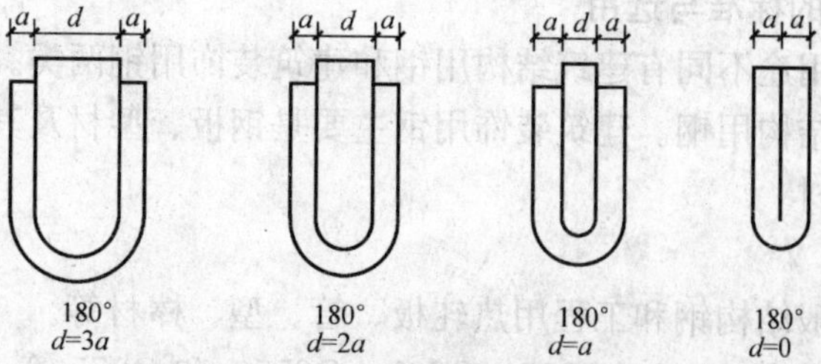

图 1-15 钢材冷弯规定弯心

钢材的冷弯性能越好，通常也表示钢材的塑性好，同时冷弯试验也是对钢材焊接质量的一种检验，可揭示焊缝处是否存在缺陷和是否焊接牢固。

2）冷加工强化及时效处理

(A) 冷加工强化　将钢材在常温下进行冷加工（如冷拉、冷拔或冷轧），使之产生塑性变形，从而提高屈服强度，但钢材的塑性和韧性会降低，这个过程称为冷加工强化处理。

建筑工地或预制构件厂常用的方法是冷拉和冷拔。

冷拉　是将热轧钢筋用冷拉设备加力进行张拉，使之伸长。钢材经冷拉后，屈服强度可提高20%～30%，可节约钢材10%～20%，钢材经冷拉后屈服阶段缩短，伸长率降低，材质变硬。

冷拔　将光面圆钢筋通过硬质合金拔丝模孔强行拉拔。每次拉拔断面缩小应在10%以下。钢筋在冷拔过程中，不仅受拉，同时还受到挤压作用，因而冷拔的作用比纯冷拉作用强烈。经过一次或多次冷拔后的钢筋，表面光洁度高，屈服强度提高40%～60%，但塑性大大降低，具有硬钢的性质。

(B) 时效处理

钢材经冷加工后，在常温下存放15～20d或加热至100～200℃，保温2h左右，其屈服强度、抗拉强度及硬度进一步提高，而塑性及韧性继续降低，这种现象称为时效。前者称为自然时效，后者称为人工时效。

钢材的时效是普遍而长期的过程，有些未经冷加工的钢材长期存放后也会出现时效，冷加工只是加速了时效的发展。通常强度较低的钢筋宜采用自然时效处理；强度较高的钢筋宜采用人工时效处理。

3) 焊接性能

焊接是各种型钢、钢板、钢筋的重要连接方式。建筑工程的钢结构有90%以上是焊接结构。焊接的质量取决于焊接工艺、焊接材料及钢的焊接性能。

钢材的可焊性是指钢材是否适应通常的焊接方法与工艺的性能。可焊性好的钢材易于用一般焊接方法和工艺施焊，焊口处不易形成裂纹、气孔、夹渣等缺陷；焊接后钢材的力学性能，特别是强度不低于原有钢材，硬脆倾向小。

钢材可焊性能的好坏，主要取决于钢的化学成分。含碳量高将增加焊接接头的硬脆性，含碳量小于0.25%的碳素钢具有良好的可焊性。加入合金元素（如硅、锰、钒、钛等），也将增大焊接处的硬脆性，降低可焊性，特别是硫能使焊接产生热裂纹及硬脆性。

3. 常用建筑钢材的标准与选用

建筑工程中，按用途不同有建筑结构用钢和建筑装饰用钢两类。建筑结构用钢可分为钢结构用钢和混凝土结构用钢。建筑装饰用钢主要是钢板、型材及其制品。

(1) 钢结构用钢材

1) 碳素结构钢

碳素结构钢指一般结构钢和工程用热轧板、管、型、棒材等。

碳素结构钢的牌号有Q195、Q215、Q235、Q255、和Q275等。

各牌号的力学性质和工艺性质应分别符合表1-58和表1-59要求。

钢材随钢号的增大，含碳量增加，强度和硬度相应提高，而塑性和韧性则降低。建筑工程中应用最广泛的是Q235号钢。其含碳量为0.14%～0.22%，属低碳钢，具有较高的强度，良好的塑性、韧性及可焊性，综合性能好。

碳素结构钢的力学性质指标 表 1-58

牌号	等级	拉伸试验													冲击试验	
		屈服点(MPa)						抗拉强度(MPa)	伸长率 δ_5(%)						温度	纵向冲击功(J)
		钢材厚度(直径)(mm)							钢材厚度(直径)(mm)							
		≤16	>16~40	>40~60	>60~100	>100~140	>150		≤16	>16~40	>40~60	>60~100	>100~140	>150		
		≥							≥							≥
Q195	—	195	185	—	—	—	—	315~430	33	32	—	—	—	—	—	—
Q215	A B	215	205	195	185	175	165	335~450	31	30	29	28	27	26	— 20	27
Q235	A B C D	235	225	215	205	195	185	375~500	26	25	24	23	22	21	— 20 0 −20	27
Q255	A B	255	245	235	225	215	205	410~550	24	23	22	21	20	19	— 20	27
Q275	—	275	265	255	245	235	225	490~630	20	19	18	17	16	15	—	—

碳素结构钢的工艺性质指标 表 1-59

牌号	试样方向	冷弯试验($B=2a$,180°)		
		钢材厚度(直径)(mm)		
		≤60	>60~100	>100~200
		弯心直径 d		
Q195	纵	0	—	—
	横	0.5a	—	—
Q215	纵	0.5a	0.5a	2a
	横	a	2a	2.5a
Q235	纵	a	2a	2.2a
	横	1.5a	2.5a	3a
Q255		2a	3a	3.5a
Q275		3a	4a	4.5a

Q195、Q215 号钢，强度低，塑性和韧性较好，易于冷加工，常用作钢钉、铆钉、螺栓及钢丝等。Q215 号钢经冷加工后可代替 Q235 号钢使用。

Q255、Q275 号钢，强度较高，但塑性、韧性较差，可焊性也差，不易焊接和冷弯加工，可用于轧制钢筋、作螺栓配件等，但更多用于机械零件和工具等。

2) 低合金高强度结构钢

低合金高强度结构钢是在碳素结构钢的基础上，添加少量的一种或几种合金元素（总含量小于 5%）的一种结构钢。其目的是为了提高钢的屈服强度、抗拉强度、耐磨性、耐蚀性及耐低温性能等。因此，它是综合性能较为理想的建筑钢材，尤其在大跨度、承受动荷载和冲击荷载的结构中更适用。另外，与使用碳素钢相比，可节约钢材 20%～30%，而成本并不很高。钢结构用牌号为 Q345、Q390、Q420 的钢。

各牌号低合金高强度结构钢的技术性质应符合表 1-60 要求。

低合金高强度结构钢的技术性能指标 表 1-60

牌号	质量等级	屈服点(MPa) 厚度(直径、边长)(mm) ≥				抗拉强度(MPa)	伸长率(%) ≥	冲击功(纵向)(J) ≥				180°弯曲试验 d=弯心直径 a=试样厚度 试样厚度(直径)(mm)	
		≤15	>16~35	>35~50	>50~100			+20℃	0℃	-20℃	-40℃	≤16	>16~100
Q345	A	345	325	295	275	470~630	21					d=2a	d=3a
	B	345	325	295	275	470~630	21	34					
	C	345	325	295	275	470~630	21		34				
	D	345	325	295	275	470~630	21			34			
	E	345	325	295	275	470~630	21				27		
Q390	A	390	370	350	330	490~650	19					d=2a	d=3a
	B	390	370	350	330	490~650	19	34					
	C	390	370	350	330	490~650	20		34				
	D	390	370	350	330	490~650	20			34			
	E	390	370	350	330	490~650	20				27		
Q420	A	420	400	380	360	520~680	18					d=2a	d=3a
	B	420	400	380	360	520~680	18	34					
	C	420	400	380	360	520~680	19		34				
	D	420	400	380	360	520~680	19			34			
	E	420	400	380	360	520~680	19				27		

低合金高强度结构钢具有轻质高强，耐蚀性、耐低温性好，抗冲击性强，使用寿命长等良好的综合性能，具有良好的可焊性及冷加工性，易于加工与施工。因此，低合金高强度结构钢可以用做高层及大跨度建筑（如大跨度桥梁、大型厅馆、电视塔等）的主体结构材料与普通碳素钢相比可节约钢材，具有显著的经济效益。

3) 型钢、钢板、钢管

碳素结构钢和低合金结构钢还可以加工成各种型钢、钢板、钢管等构件直接供工程选用，构件之间可采用铆接、螺栓连接、焊接等方式进行连接。

(A) 型钢 型钢有热轧和冷轧两种成型方式。热轧型钢主要有角、工字钢、槽钢、T型钢、H型钢、Z型钢等。以碳素结构钢为原料热轧加工的型钢，可用于大跨度、承受动荷载的钢结构。冷轧型钢主要有角钢、槽钢等开口薄壁型钢及方形、矩形等空心薄壁型钢。主要用于轻型钢结构。

型钢在装饰工程中常用作钢构架、玻璃幕墙的钢骨架、包门包柱的骨架等。常用型钢有角钢、扁钢、槽钢和工字钢。其中工字钢用的最为广泛，其较易加工成型、截面惯性矩较大、刚度适中，焊接方便，施工便利。

与各种饰面板相配合构成吊顶或隔墙的轻钢龙骨，是以冷轧钢板（钢带）、彩色喷塑钢板（钢带）为原料，用冷弯工艺生产的薄壁型钢（按断面形状分有C型、U型、T型、L型）。它具有自重轻、刚度大、抗震性好、防火，制作和安装方便，以钢代木，节约木材。制成的吊顶、隔墙有优异的热学、声学、力学、工艺等性能，还具有多变的装饰风格，在装饰工程中得到广泛的应用。

(B) 钢板 钢板亦有热轧和冷轧两种型式。热轧钢板有厚板（厚度大于4mm）和薄板（厚度小于4mm）两种，冷轧钢板只有薄板（厚度为0.2~4mm）一种。一般厚板用于焊接结构；薄板可用于屋面及墙体围护结构等，亦可进一步加工成各种具有特殊用途的钢板使用。

（C）钢管　钢管分为焊接钢管与无缝钢管两大类。

焊接钢管采用优质带材焊接而成，表面镀锌或不镀锌。按其焊缝形式分为直纹焊管和螺纹焊管。焊管成本低，易加工，但一般抗压性能较差。

无缝钢管多采用热轧一冷拔联合工艺生产，也可采用冷轧方式生产，但成本昂贵。热轧无缝钢管具有良好的力学性能与工艺性能。无缝钢管主要用于压力管道，在特定的钢结构中，往往也设计使用无缝钢管。

(2) 混凝土结构用钢筋

目前混凝土结构用钢筋主要有：热轧钢筋、预应力混凝土用消除应力钢丝、钢绞线及热处理钢筋。

1) 热轧钢筋

按国标《钢筋混凝土用热轧光圆钢筋》（GB 13013—98）和《钢筋混凝土用热轧带肋钢筋》（GB 1499—98）规定，牌号中 HPB 代表热轧光圆钢筋，HRB 代表热轧带肋钢筋，牌号中的数字表示热轧钢筋的屈服强度。其中热轧光圆钢筋由碳素结构钢轧制而成，表面光圆；热轧带肋钢筋由低合金钢轧制而成，外表带肋。各牌号热轧钢筋技术性能应符合表1-61 中的要求。

热轧钢筋的力学性能和工艺性能指标　　　　　表1-61

表面形状	强度等级代号	公称直径(mm)	屈服点(MPa)	抗拉强度(MPa)	伸长率 δ_5 (%)	冷弯 d——弯心直径 a——钢筋公称直径
			不小于			
光圆	HPB235	8～20	235	370	25	180° $d=a$
带肋	HRB335	6～25 28～50	335	490	16	180° $d=3a$ $d=4a$
	HRB400	6～25 28～50	400	570	14	180° $d=4a$ $d=5a$
	HRB500	6～25 28～50	500	630	12	180° $d=6a$ $d=7a$

2) 预应力用热处理钢筋

热处理是将钢材按一定规则加热保温和冷却，以获得需要性能的一种工艺过程。热处理的方法有：退火、正火、淬火和回火。土木工程建筑所用钢材一般只在生产厂进行热处理，并以热处理状态供应。在施工现场，有时需对焊接钢材进行热处理。

热处理钢筋是用热轧螺纹钢筋经淬火和回火处理而成的，代号为 RB150。按螺纹外形可分为有纵肋和无纵肋两种。根据国标《预应力混凝土用热处理钢筋》（GB 4463—84）的规定，热处理钢筋（按化学成分）有 $40Si_2Mn$、$48Si_2Mn$ 和 $45Si_2Cr$ 等三个牌号，其性能要求见表1-62 所列。

预应力混凝土用热处理钢筋的性能指标　　　　　表1-62

公称直径(mm)	牌　号	屈服强度(MPa)	抗拉强度(MPa)	伸长率 δ_{10}(%)
		≥		
6	$40Si_2Mn$			
8.2	$48Si_2Mn$	1325	1470	6
10	$45Si_2Cr$			

热处理钢筋目前主要用于预应力混凝土轨枕，用以代替高强度钢丝，配筋根数减少，制作方便，锚固性能好，建立预应力稳定。也用于预应力混凝土板、梁和吊车梁，使用效果良好。热处理钢筋系成盘供应，开盘后能自然伸直，不需调直、焊接，故施工简单，并可节约钢材。

3) 预应力混凝土用消除应力钢丝和钢绞线

消除应力钢丝的性能指标见表1-63和表1-64所列。

消除应力光圆及螺旋肋钢丝的性能指标 表1-63

公称直径(mm)	抗拉强度(MPa)≥	规定非比例伸长应力(MPa)≥		最大力下总伸长率 L=200mm (%)≥	弯曲次数次/180°≥	弯曲半径(mm)	应力松弛性能		
							初始应力相当于公称抗拉强度的百分数(%)	1000h应力损失(%)≤	
		WLR	WNR					WLR	WNR
							对所有规格		
4.00 4.80 5.00	1470 1570 1670 1770 1860	1290 1380 1470 1560 1640	1250 1330 1410 1500 1580	3.5	3	10	60	1.0	4.5
6.00 6.25 7.00	1470 1570 1670 1770	1290 1380 1470 1560	1250 1330 1410 1500			15 20	60	1.0	4.5
8.00 9.00	1470 1570	1290 1380	1250 1330		4	20 25	70	2.0	8
10.00 12.00	1470	1290	1250			25 30			

消除应力的刻痕钢丝的性能指标 表1-64

公称直径(mm)	抗拉强度(MPa)≥	规定非比例伸长应力(MPa)≥		最大力下总伸长率 L=200mm (%)≥	弯曲次数次/180°≥	弯曲半径(mm)	应力松弛性能		
							初始应力相当于公称抗拉强度的百分数(%)	1000h应力损失(%)≤	
		WLR	WNR					WLR	WNR
≤5.0	1470 1570 1670 1770 1860	1290 1380 1470 1560 1640	1250 1330 1410 1500 1580	3.5	3	15	60 70	1.5 2.5	4.5 8
>5.0	1470 1570 1670 1770	1290 1380 1470 1560	1250 1330 1410 1500			20	80	4.5	12

预应力钢绞线，采用三根钢丝捻制的钢绞线（表示为1×3）、采用七根钢丝捻制的钢绞线（表示为1×7）。按应力松弛能力分为Ⅰ级松弛和Ⅱ级松弛两种。

按国标《预应力混凝土用钢绞线》（GB/T 5224—95）规定，预应力钢绞线的力学性能要求见表1-65所列。

钢绞线拉伸性能指标 表1-65

钢绞线结构	钢绞线公称直径(mm)	强度级别(MPa)	整根钢绞线的最大负荷(kN) ≥	屈服负荷(kN) ≥	伸长率 %	1000h松弛率(%)不大于			
						I级松弛		II级松弛	
						初始负荷			
						70%公称最大负荷	80%公称最大负荷	70%公称最大负荷	80%公称最大负荷
1×3	10.00	1720	102	86.2	3.5	8.0	12	2.5	4.5
	12.90		147	125					
1×7 标准型	9.50	1860	102	86.6					
	11.10	1860	138	117					
	12.70	1860	184	156					
	15.20	1720	239	203					
	15.20	1860	259	220					
1×7 模拟型	12.70	1860	209	178					
	15.20	1820	300	255					

注：1. I级松弛即普通松弛，II级松弛即低松弛，它们分别适用所有钢丝绞线。
  2. 屈服负荷应不小于整根钢绞线公称最大负荷的85%。

钢丝和钢绞线均具有强度高、塑性好、安全可靠，节约钢材，使用时不需要接头、焊接、冷拉等加工的优点，尤其适用于需要曲线配筋的预应力混凝土结构、大跨度吊车梁或重荷载的屋架等工程。

4. 钢材的锈蚀与防止

钢材的表面在一定条件下会与周围介质发生化学作用或电化学作用，而使钢材遭到侵蚀、破坏的过程称钢材的锈蚀。锈蚀不仅使钢结构有效断面减小，浪费大量钢材，而且会形成程度不等的锈坑、锈斑，造成应力集中，加速结构破坏。若受到冲击荷载、循环交变荷载作用，将产生锈蚀疲劳现象，使钢材疲劳强度大为降低，甚至出现脆性断裂。为保证钢材在使用过程中不发生锈蚀，必须采取防止措施。

(1) 钢材锈蚀的原因

引起钢材锈蚀的主要因素有环境湿度、侵蚀性介质数量、钢材材质及表面状况等。根据锈蚀作用机理，可分为下述两类：

1) 化学锈蚀

化学锈蚀是指钢材直接与周围介质发生化学反应而产生的锈蚀，多数是由氧化作用在钢材表面形成疏松的氧化物。在干燥环境中反应缓慢，但在温度和湿度较高的环境条件下，锈蚀发展迅速。

2) 电化学锈蚀

钢材的表面锈蚀主要因电化学作用引起，由于钢材本身的原因和杂质的存在，在表面介质的作用下，各成分电极电位的不同，形成微电池，铁元素失去了电子成为Fe^{2+}离子进入介质溶液，与溶液中的OH^-离子结合生成$Fe(OH)_2$，使钢材遭到锈蚀。锈蚀的结果是在钢材表面形成疏松的氧化物，使钢结构断面减小，降低钢材的性能，因而承载力降低。

(2) 钢材锈蚀的防止

防止钢材锈蚀的主要措施：

1) 保护层法

钢结构防止锈蚀的方法通常是表面刷防锈漆；薄壁钢材可采用热浸镀锌后加涂塑料涂层。对于一些行业（如电气、冶金、石油、化工、医药等）的高温设备钢结构，可采用耐高温防腐涂料。

2) 电化学保护法

对于一些不易或不能覆盖保护层的地方（如轮船外壳、地下管道、道桥建筑等），可采用电化学保护法。即在钢铁结构上接一块比钢铁更为活泼的金属（如锌、镁）作为阳极来保护钢结构。

3) 合金化法

在钢中加入合金元素铬、镍、钛、铜，制成不锈钢，以提高其耐锈蚀能力。

另外，埋于混凝土中的钢筋经常有一层碱性保护膜（新浇混凝土的pH值约为12.5或更高），故在碱性介质中不致锈蚀。但是一些外加剂中含有的氯离子会破坏保护膜，促使钢材的锈蚀。因此，钢筋混凝土的防锈措施应考虑限制水灰比和水泥用量，限制氯盐外加剂的使用，并采取措施保证混凝土的密实性，还可以采用掺加防锈剂（如重铬酸盐等）的方法。

5. 建筑钢材的验收和储运

(1) 建筑钢材验收的四项基本要求

建筑钢材从钢厂到施工现场经过了商品流通的多道环节，建筑钢材的检验验收是质量管理中必不可少的环节。建筑钢材必须按批进行验收，并达到下述四项基本要求。

1) 订货和发货资料应与实物一致

检查发货码单和质量证明书内容是否与建筑钢材标牌标志上的内容相符。对于钢筋混凝土用热轧带肋钢筋、冷轧带肋钢筋和预应力混凝土用钢材（钢丝、钢棒和钢绞线）必须检查其是否有《全国工业产品生产许可证》，该证由国家质量监督检验检疫总局颁发，证书上带有国徽，一般有效期不超过5年。

热轧带肋钢筋生产许可证编号为：XK05-205-×××××。

其中XK-代表许可；05-冶金行业编号；205-热轧带肋钢筋产品编号；×××××为某一特定企业生产许可证编号。

冷轧带肋钢筋生产许可证编号为：XK05-322-×××××。其中322-冷轧带肋钢筋产品编号。

预应力混凝土用钢材（钢丝、钢棒和钢绞线）生产许可证编号为：XK05-114-×××××。其中114-预应力混凝土用钢材（钢丝、钢棒和钢绞线）产品编号。

2) 检查包装

除大中型型钢外，不论是钢筋还是型钢，都必须成捆交货，每捆必须用钢带、盘条或铁丝均匀捆扎结实，端面要求平齐，不得有异类钢材混装现象。

每一捆扎件上一般都拴有两个标牌，上面注明生产企业名称或厂标、牌号、规格、炉罐号、生产日期、带肋钢筋生产许可证标志和编号等内容。按照《钢筋混凝土用热轧带肋钢筋》国家标准规定，带肋钢筋生产企业都应在自己生产的热轧带肋钢筋表面轧上明显的牌号标志，并依次轧上厂名（或商标）和直径（mm）数字。钢筋牌号以阿拉伯数字表示，HRB335、HRB400、HRB500对应的阿拉伯数字分别为2、3、4。厂名以汉语拼音字头表示。直径（mm）数以阿拉伯数字表示。

3) 对建筑钢材质量证明书内容进行审核

质量证明书必须字迹清楚、证明书中应注明：供方名称或厂标，需方名称，发货日期，合同号，标准号及水平等级，牌号，炉罐（批）号、交货状态、加工用途、质量、支数或件数，品种名称、规格尺寸（型号）和级别，标准中所规定的各项试验结果（包括参考性指标），技术监督部门印记等。

若建筑钢材是通过中间供应商购买的，则质量证明书复印件上应注明购买时间、供应数量、买受人名称、质量证明书原件存放单位，在建筑钢材质量证明书复印件上必须加盖中间供应商的红色印章，并有送交人的签名。

4) 建立材料台账

建筑钢材进场后，施工单位应及时建立"建设工程材料采购验收检验使用综合台账"。内容包括：材料名称、规格品种、生产单位、供应单位、进货日期、送货单编号、实收数量、生产许可证编号、质量证明书编号、产品标识（标志）、外观质量情况、材料检验日期、检验报告编号、材料检测结果、工程材料报审表签认日期、使用部位、审核人员签名等。

(2) 实物质量的验收

建筑钢材的实物质量主要是看所送检的钢材是否满足规范及相关标准要求；现场所检测的建筑钢材尺寸偏差是否符合产品标准规定；外观缺陷是否在标准规定的范围内；对于建筑钢材的锈蚀现象各方也应引起足够的重视。

1) 常用钢材必试项目、组批原则及取样数量（表1-66）

常用钢材试验规定　　　　　　表1-66

序号	材料名称及相关标准规范代号	试 验 项 目	组批原则及取样规定
1	碳素结构钢 （GB 700—88）	必试：拉伸试验（屈服点、抗拉强度、伸长率）、弯曲试验	同一厂别、同一炉罐号、同一规格、同一交货状态每60t为一验收批，不足60t也按一批计。每一验收批取一组试件（拉伸、弯曲各一个）
2	钢筋混凝土用热轧带肋钢筋 （GB 1499—1998）	必试：拉伸试验（屈服点、抗拉强度、伸长率）、弯曲试验。其他：反向弯曲、化学成分	同一厂别、同一炉罐号、同一规格、同一交货状态每60t为一验收批，不足60t也按一批计。每一验收批，在任选的两根钢筋上切取试件（拉伸、弯曲各二个）
3	钢筋混凝土用热轧光圆钢筋 （GB 13013—91）		
4	钢筋混凝土用余热处理钢筋 （GB 13014—91）		
5	低碳钢热轧圆盘条 （GB/T 701—1997）	必试：拉伸试验（屈服点、抗拉强度、伸长率）、弯曲试验。其他：化学成分	同一厂别、同一炉罐号、同一规格、同一交货状态每60t为一验收批，不足60t也按一批计。每一验收批，取试件其中拉伸1个、弯曲2个（取自不同盘）
6	冷轧带肋钢筋 （GB 13788—2000）	必试：拉伸试验（屈服点、抗拉强度、伸长率）、弯曲试验。其他：松弛率、化学成分	同一牌号、同一外形、同一生产工艺、同一交货状态每60t为一验收批，不足60t也按一批计。每一验收批取拉伸试件1个（逐盘），弯曲试件2个（每批），松弛试件1个（定期）。在每盘中的任意一端截去500mm后切取
7	冷轧扭钢筋 （JG 190—2006）	必试：拉伸试验（屈服点、抗拉强度、伸长率）、弯曲试验、重量、节距、厚度	同一牌号、同一规格尺寸、同一台轧机、同一台班每20t为一验收批，不足20t也按一批计。每批取弯曲试件1个，拉伸试件2个，质量、节距、厚度各3个

续表

序号	材料名称及相关标准规范代号	试验项目	组批原则及取样规定
8	预应力混凝土用钢丝（GB/T 5223—2002）	必试：抗拉强度、伸长率、弯曲试验 其他：屈服强度、松弛率（每季度抽验）	同一牌号、同一规格、同一生产工艺捻制的钢丝组成，每批质量不大于60t。钢丝的检验应按(GB/T 2103)的规定执行。在每盘钢丝的两端进行抗拉强度、弯曲和伸长率的试验。屈服强度和松弛率试验每季度抽验1次，每次至少3根
9	中强度预应力混凝土用钢丝（YB/T 156—1999）	必试：抗拉强度、伸长率、反复弯曲。其他：非比例极限($\delta_{0.2}$)、松弛率（每季度）	钢丝应成批验收，每批由同一牌号、同一规格、同一强度等级、同一生产工艺制度的钢丝组成。每批质量不大于60t。每盘钢丝的两端取样进行抗拉强度、伸长率、反复弯曲的检验。规定非比例伸长应力($\sigma_{0.2}$)和松弛率试验，每季度抽检1次，每次不少于3根
10	预应力混凝土用钢棒（GB/T 5223.3—2005）	必试：抗拉强度、伸长率、平直度。其他：规定非比例伸长应力、松弛率	钢棒应成批验收，每批由同一牌号、同一外形、同一公称截面尺寸、同一热处理制度加工的钢棒组成。不论交货状态是盘卷或直条，检件均在端部取样，各试验项目取样均为一根。必试项目的批量划分按交货状态和公称直径而定（盘卷：≤13mm，批量为≤5盘）（直条：≤13mm，批量为≤1000条，13～26mm，批量为≤200条；≥26mm，批量为≤100条）
11	预应力混凝土用钢绞线（GB/T 5224—2003）	必试：整根钢绞线的最大力、规定非比例延伸力、规定总延伸力、最大伸长率、尺寸测量。其他：弹性模量	预应力钢绞线应成批验收，每批由同一牌号、同一规格、同一生产工艺制度的钢绞线组成，每批质量不大于60t，从每批钢绞线中任取3盘，每盘所选的钢绞线端部正常部位截取一根进行表面质量、直径偏差、捻距和力学性能试验。如每批少于3盘，则应逐盘进行上述检验。屈服和松弛试验每季度抽检一次，每次不少于一根
12	预应力混凝土用低合金钢丝（YB/T 038—93）	必试：(1)拔丝用盘条：抗拉强度、伸长率、冷弯；(2)钢丝：抗拉强度、伸长率、反复弯曲、应力松弛	拔丝用盘条见低碳热轧圆盘条钢丝；每批钢丝应由同一牌号、同一形状、同一尺寸、同一交货状态的钢丝组成。从每批中抽查5%，但不少于5盘进行形状、尺寸和表面检查。从上述检查合格的钢丝中抽取5%，优质钢抽取10%，不少于3盘，拉伸试验每盘一个（任意端）；不少于5盘，反复弯曲试验每盘一个（任意端去掉500mm后取样）
13	一般用途低碳钢丝（GB/T 343—94）	必试：抗拉强度、180°弯曲试验次数、伸长率（标距100mm）	每批钢丝应由同一尺寸、同一锌层级别、同一交货状态的钢丝组成。从每批中抽查5%，但不少于5盘进行形状、尺寸和表面检查。从上述检查合格的钢丝中抽取5%，优质钢抽取10%，不少于3盘，拉伸、反复弯曲试验每盘各一个（任意端）

2) 取样方法

拉伸和弯曲试样，可在每批材料或每盘中任选两根钢筋距端部500mm处截取。

试样长度应根据钢筋种类、规格及试验项目而定。采用习惯试样长度见表1-67所列。

钢材试样长度　　　　　　　　　　　　　　　　表1-67

试样直径	拉伸试样长度(mm)	弯曲试样长度(mm)	反复试样长度(mm)
6.5～20	300～400	250	150～250
25～32	350～450	300	

3) 检验要求

(A) 外观质量检查

(a) 尺寸测量：包括直径、不圆度、肋高等应符合标准规定；

(b) 表面质量：不得有裂纹、结疤、折叠、凸块或凹陷；

(c) 质量偏差：试样不少于 10 支，总长度不小于 60m，长度逐根测量精确到 10mm，试样总质量不大于 100kg 时，精确到 0.5kg，试样总质量大于 100kg 时，精确到 1kg。质量偏差应符合规定。

(B) 检验要求

热轧光圆钢筋、热轧带肋钢筋、余热处理钢筋的力学性能、工艺性能检验应符合标准规定。

4) 检验结果及质量判定

试验用试样数量，取样规则及试验方法必须按标准规定。如果有某一项试验结果不符合标准要求，则在同一批中再取双倍数量的试样进行该不合格项目的复验。复验结果（包括该项试验所要求的任一指标），即使有一个指标不合格，则该批钢筋判定不合格。

(3) 建筑钢材的运输、储存

建筑钢材由于质量大、长度长，运输前必须了解所运建筑钢材的长度和单捆质量，以便安排运输车辆和吊车。

建筑钢材应按不同的品种、规格分别堆放。在条件允许的情况下，建筑钢材应尽可能存放在库房或料棚内（特别是有精度要求的冷拉、冷拔等钢材），若采用露天存放，则料场应选择地势较高而又平坦的地面，经平整、夯实、预设排水沟道、安排好垛底后方能使用。为避免因潮湿环境而引起的钢材表面锈蚀现象，雨雪季节建筑钢材要用防雨材料覆盖。

施工现场堆放的建筑钢材应注明"合格"、"不合格"、"在检"、"待检"等产品质量状态，注明钢材生产企业名称、品种规格、进场日期及数量等内容，并以醒目标识标明，工地应由专人负责建筑钢材收货和发料。

（七）防 水 材 料

防水材料有三大类：柔性防水材料、刚性防水材料和瓦片类防水材料。

1. 沥青材料

沥青是一种憎水性的有机胶结材料，不仅本身构造致密，且能与石料、砖、混凝土、砂、木料、金属等材料牢固地粘结在一起。以沥青或以沥青为主要组成的材料和制品，都具有良好的隔潮、防水、抗渗及耐化学腐蚀、电绝缘等性能，主要用于屋面、地下、以及其他防水工程、防腐工程和道路工程。

沥青是多种碳氢化合物与氧、硫等非金属衍生物的混合物，在常温下为黑褐色或黑色固体、半固体或黏性液体。沥青不溶于水，可溶于多种有机溶剂，具有一定的黏性、塑性、防水性和防腐性。

沥青材料有天然沥青、石油沥青、煤沥青等品种。天然沥青是由沥青湖或含有沥青的砂岩、砂等提炼而得；石油沥青是由石油原油蒸馏后的残留物经加工而得；煤沥青是由煤焦油分馏后残留物经加工制得的产品。目前，工程中常用的主要是石油沥青和少量的煤沥青。

1）石油沥青的组分

由于石油沥青的化学组成复杂，因此从使用角度，将沥青中化学特性及物理、力学性质相近的化合物划分为若干组，这些组即称为"组分"。石油沥青的状态和性质随各组分含量的变化而改变。

（A）油分　油分是沥青中最轻组分（密度小于1）的淡黄色液体，能溶于大多数有机溶剂，但不溶于酒精，在石油沥青中油分含量为40%～60%。它赋予沥青以流动性，其含量越大，沥青的黏度越小，越便于施工。

（B）树脂（沥青脂胶）　树脂为密度略大于1的黄色至黑褐色的半固体，能溶于汽油，在石油沥青中含量为15%～30%，它赋予沥青塑性与黏性，其含量增加，沥青的塑性增大。

（C）地沥青质　地沥青质为相对密度大于1的深褐色至黑色固体粉末，是石油沥青中最重的组分，能溶于二硫化碳和三氯甲烷，但不溶于汽油，在石油沥青中含量为10%～30%。它决定石油沥青温度敏感性并影响黏性的大小，其含量愈多，则温度敏感性愈小，黏性愈大，也愈硬脆。

此外石油沥青中还存在石蜡，它会降低石油沥青的黏性、塑性和温度敏感性，是有害成分。

石油沥青中的各组分是不稳定的，在阳光、空气、水等外界因素作用下，各组分之间会不断演变，油分、树脂会逐渐减少，地沥青质逐渐增多，这一演变过程称为沥青的老化。沥青老化后其流动性、塑性变差，脆性增大，从而变硬，易发生脆裂乃至松散，使沥青失去防水、防腐效能。

2）石油沥青主要技术性质

石油沥青的技术性质主要包括黏性、塑性、温度敏感性、大气稳定性，以及耐蚀性等。

（A）黏性（黏滞性）　黏性是指石油沥青在外力作用下，抵抗变形的能力。黏性大小与组分含量及温度有关。地沥青质含量多，同时有适量树脂，而油分含量较少时，黏性大。在一定温度范围内，温度升高，黏度降低，反之，黏度提高。

对于液态沥青，或在一定温度下具有流动性的沥青，用标准黏度计测定黏滞度（图1-16）。黏滞度是液体沥青在一定温度（25℃或60℃）条件下，经规定直径（3mm、5mm或10mm）的孔漏下50ml所需的秒数。黏滞度越大，表示沥青的稠度越大。对于半固态或固态的黏稠石油沥青的黏度是用针入度仪测定其针入度值来表示的（图1-17）。针入度是在温度为25℃时，质量100g的标准针，经5s沉入沥青试样的深度，以1/10mm为1度。针入度值越小，表明黏度越大。

（B）塑性　塑性是指石油沥青受到外力作用时，产生不可恢复的变形而不破坏的性质。当石油沥青中油分和地沥青质适量时，树脂含量愈多，沥青膜层越厚，塑性越大，温度升高，塑性增大，反之则塑性越差。

延度可用延伸仪测定（图1-18），将沥青制成"8"字形试件，在25℃温度下，以5cm/min的速度拉至断裂时的伸长值即为延度，以cm为单位，延度越大，表明沥青的塑性越大，柔性和抗裂性越好。

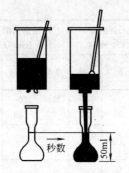
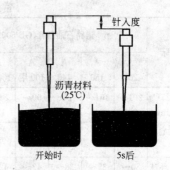

图 1-16 黏滞度测定示意图　　　　图 1-17 针入度测定示意图

(C) 温度敏感性　温度敏感性是指石油沥青的黏性和塑性随温度的升降而变化的性能。变化程度小，即温度敏感性小；反之，温度敏感性大。用于防水工程的沥青，要求具有较小的温度敏感性，以免高温下流淌，低温下脆裂。

沥青的温度敏感性用软化点表示，采用"环与球"法测定（图 1-19）。将沥青试样熔融后装入直径约 16mm 的铜环内，冷却后在上面放置一标准钢球（直径 9.5mm，重 3.5g），浸入水或甘油中，以规定升温速度（5℃/min）加热，使沥青软化下垂，当下垂距离为 25.4mm 时的温度即为软化点，以℃为单位表示。软化点愈高，沥青耐热性越好，温度敏感性愈小，则沥青温度稳定性越好。

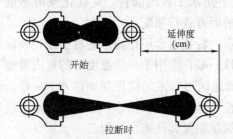
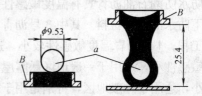

图 1-18 延伸度测定示意图　　　　图 1-19 软化点测定示意图

(D) 大气稳定性　大气稳定性是石油沥青在大气综合因素作用下抵抗老化的性能，也称沥青材料的耐久性。

沥青的大气稳定性可用"加热损失的百分率"表示。通常用沥青材料在 160℃保温 5h 损失的质量百分率表示。如损失少，则表示性质变化小，耐久性高。也可用沥青材料加热前后针入度的比值表示。

以上四种性质是石油沥青材料的主要性质，针入度、延度、软化点是评价沥青质量的主要指标，是决定沥青牌号的主要依据。此外，石油沥青施工中安全操作的温度用闪点、燃点表示。

3) 石油沥青的分类及选用

石油沥青按用途不同可分为道路石油沥青、建筑石油沥青、防水防潮石油沥青和普通石油沥青四类（常用品种是道路石油沥青、建筑石油沥青和防水防潮石油沥青）。按针入度划分为多种牌号，其技术指标见表 1-68。

由表 1-68 可看出，前两种石油沥青的牌号主要是根据针入度指标来划分的，随着牌号的增加，黏性越小（针入度越大），塑性越好（延度越大），温度敏感性越大（软化点越低）。

常用石油沥青的技术指标 表 1-68

质量指标	道路石油沥青(GB 50092—96)							建筑石油沥青(GB 494—98)			防水防潮石油沥青(SH0002—90)			
	A200	A180	A140	A100甲	A100乙	A60甲	A60乙	40	30	10	3号	4号	5号	6号
针入度(25℃,100g,5s)0.1mm	201~300	161~200	121~160	90~120	81~120	50~80	41~80	36~50	26~35	10~25	25~45	20~40	20~40	30~50
延度(25℃),cm,不小于	—	100	100	90	60	70	40	3.5	2.5	1.5	—	—	—	—
软化点(环球法),℃,不低于	30~45	35~45	38~48	42~52	42~52	45~55	45~55	60	75	95	85	90	100	95

道路沥青的针入度和延度较大,但软化点较低,此类沥青较软,在常温下的弹性较好,可用来拌制沥青砂浆和沥青混凝土,用于道路路面或车间地面等工程,部分牌号也可用于建筑工程。

建筑石油沥青主要用于屋面及地下防水、沟槽防水和防腐工程。对高温地区及受日晒部位,为了防止沥青受热软化,应选用牌号较低的沥青;如作为屋面的沥青,其软化点应比本地区屋面可能达到的最高温度高 20~25℃,以免夏季流淌。对寒冷地区,不仅要考虑冬季低温时沥青易脆裂,而且要考虑受热软化,故宜选用中等牌号的沥青;对不受大气影响的部位,可选用牌号较高沥青;如用于地下防水工程的沥青,其软化点可不低于40℃。当缺乏所需牌号的沥青时,可用不同牌号的沥青进行掺配。

防水防潮石油沥青具有温度敏感性较小的特点,特别适合用作防水卷材的涂料及屋面与地下防水的粘结材料。其中 3 号沥青温度敏感性一般,适用于一般温度下的室内及地下防水工程;4 号沥青温度敏感性较小,适用于一般地区可行走的缓坡屋面防水;5 号沥青温度敏感性小,适用于一般地区暴露屋顶或气温较高地区的屋面防水;6 号沥青温度敏感性最小,适用于一般地区,特别是用于寒冷地区的屋面及其他防水工程。

总之,在选用沥青材料时应根据工程性质、当地气候条件、使用部位及施工方法来选择不同品种和不同牌号的沥青。在满足工程要求和技术性质的前提下,尽量选取牌号高的石油沥青,以保证有较长的使用年限(因牌号高的沥青含油分多,挥发变质所需时间较长)。

2. 合成高分子材料

高分子材料是指由高分子化合物(分子量高达几千至几百万的化合物,又称高聚物或聚合物)为主要组分的材料。有机高分子材料可分为天然的(如植物纤维、天然橡胶、天然树脂、沥青等)及合成的(如合成塑料、合成纤维、合成橡胶)两类。由于有机合成高分子材料的原料(煤、石油、天然气等)来源广泛,化学合成效率高,产品具有多种建筑功能且质轻、强韧、耐化学腐蚀、多功能、易加工成型等优点,已成为一类最年轻的新型建筑材料,被广泛地应用于建筑领域。

常用的高分子化合物品种主要有:

(1)聚乙烯(PE)

聚乙烯是由乙烯单体聚合而成,聚乙烯具有良好的化学稳定性及耐低温性,强度较高,吸水性和透水性很低,无毒,密度小,易加工,但耐热性较差,且易燃烧。聚乙烯主要用于生产防水材料（薄膜、卷材等）、也可用于制造给排水管材（冷水）、电绝缘材料、水箱和卫生洁具等。

（2）聚氯乙烯（PVC）

聚氯乙烯是建筑材料中应用最为普遍的聚合物之一。在室温条件下，聚氯乙烯树脂是无色、半透明、坚硬而性脆的聚合物。但通过加入适当的增塑剂和添加剂，便可制得软硬和透明程度不同，色调各异的聚氯乙烯制品。聚氯乙烯的机械强度较高，化学稳定性好，具有优异的抗风化性能及良好的抗腐蚀性，但耐热性较差，使用温度范围一般为$-15\sim55℃$。

硬质聚氯乙烯主要用作制造天沟、落水管、外墙覆面板、天窗及给排水管的材料。软质聚氯乙烯常加工为片材、板材、型材等，如卷材地板、块状地板、壁纸、防水卷材和止水带等。

（3）聚丙烯（PP）

聚丙烯为白色蜡状体，密度较小，为$0.90\sim0.91g/cm^3$；其耐热性好（使用温度可达$110\sim120℃$），抗拉强度较高，刚度较好，硬度高，耐磨性好。但耐低温性差，易燃烧，离火后不能自熄。聚丙烯制品较聚乙烯制品坚硬，因此，聚丙烯常用于制作管材、装饰板材、卫生洁具及各种建筑小五金件等。

（4）丙烯腈—丁二烯—苯乙烯共聚物（ABS）

丙烯腈—丁二烯—苯乙烯共聚物是丙烯腈（A）、丁二烯（B）及苯乙烯（S）的共聚物，简称ABS共聚物或ABS树脂。它具有聚苯乙烯的良好加工性，聚丁二烯的高韧性和弹性，聚丙烯腈的高化学稳定性和表面硬度等。ABS树脂为不透明树脂，具有较高的冲击韧性，且在低温下其韧性也不明显降低，耐热性高于聚苯乙烯。ABS树脂主要用于生产压有花纹图案的塑料装饰板和管材等。

（5）苯乙烯—丁二烯—苯乙烯嵌段共聚物（SBS）

苯乙烯—丁二烯—苯乙烯嵌段共聚物是苯乙烯（S）和丁二烯（B）的三嵌段共聚物（由化学结构不同的较短的聚合链段交替结合而成的线形共聚物称为嵌段共聚物）。SBS树脂为线形分子，是具有高弹性、高抗拉强度、高伸长率和高耐磨性的透明体，属于热塑性弹性体。SBS树脂在建筑上主要用于沥青的改性。

（6）酚醛树脂（PF）

酚醛树脂具有良好的耐热、耐湿、耐化学侵蚀性能，并具有优异的电绝缘性能。在机械性能上，表现为硬而脆，故一般很少单独作为塑料使用。此外，酚醛树脂的颜色深暗，装饰性差。

酚醛树脂除广泛用于制作各种电器制品外，在建筑上，主要用于制造各种层压板和玻璃纤维增强塑料，以及防水涂料、木结构用胶等。

（7）环氧树脂（EP）

环氧树脂实际上是线形聚合物，但由于环氧树脂固化后交联为网状结构，故将其归入热固性树脂之中。环氧树脂化学稳定性好（尤其是耐碱性突出），对极性表面或金属表面具有非常好的粘结性，且涂膜柔韧。此外，环氧树脂还具有良好的电绝缘性、耐磨性和较小的固化收缩量。环氧树脂被广泛地应用于涂料、胶粘剂、玻璃纤维增强塑料及各种层压和浇铸制品中。在建筑上，环氧树脂还用于制备聚合物混凝土，以及用于修补和维护混凝土结构。

(8) 丁基橡胶

丁基橡胶是由异丁烯和异戊二烯共聚而得,为无色弹性体。丁基橡胶的耐化学腐蚀性、耐老化性、不透气性、抗撕裂性能、耐热性和耐低温性好(使用温度范围:-58～204℃)。但丁基橡胶的弹性较差,工艺性能较差,而且硫化速度慢,黏性和耐油性等也较差。丁基橡胶在建筑上主要用作防水卷材和防水密封材料。

(9) 氯丁橡胶

氯丁橡胶是由氯丁二烯单体聚合而成的弹性体,为浅黄色或棕褐色。这种橡胶的原料来源广泛,其抗拉强度较高,透气性、耐磨性较好,硫化后不易老化,耐油、耐热、耐臭氧、耐酸碱腐蚀性好,粘结力较强,难燃,脆化温度为-55～35℃,密度为 1.23g/cm³。但是,这种橡胶对浓硫酸及浓硝酸的抵抗力较差,且电绝缘性也较差。在建筑上氯丁橡胶被广泛地用于胶粘剂、门窗密封条、胶带等。

(10) 三元乙丙橡胶

三元乙丙橡胶是由乙烯、丙烯、二烯炔(如双环戊二烯)共聚而得的弹性体。三元乙丙橡胶具有优良的耐候性、耐热性、耐低温性、抗撕裂性、耐化学腐蚀性、电绝缘性、弹性和着色性。此外,该橡胶密度小,仅为 0.86～0.87g/cm³。三元乙丙橡胶价格便宜,在建筑上主要用作防水材料。

(11) 丁腈橡胶

丁腈橡胶是由丁二烯与丙烯腈共聚而得的弹性体。在常用橡胶中,丁腈橡胶是耐油性最强的一种,因此常被用于制作耐油橡胶制品。该类橡胶具有良好的耐热性、耐老化性、耐磨性、耐腐蚀性和不透水性。但其耐寒性和耐酸性较差,抗拉强度和抗撕裂强度较低,且电绝缘性很差。

(12) 再生橡胶

再生橡胶,或称为再生胶,是将废旧橡胶制品或橡胶制品生产中的下脚料经机械加工、化学及高温处理后所制得的,具有生橡胶某些特性的橡胶材料。这种再生橡胶由于再生处理的氧化解聚作用而获得了一定的塑性和黏性,它作为生胶的代用品用于橡胶制品生产中,可以节约生胶,降低成本,而且对改善工艺条件,提高产品质量也有益处。

3. 建筑防水制品

建筑防水制品有多种类型,常用的有防水卷材、防水涂料和建筑密封材料等。

(1) 防水卷材

防水卷材是建筑防水制品的重要种类之一,它占整个建筑防水制品的80%左右。目前主要使用的品种有沥青防水卷材、高聚物改性沥青防水卷材和合成高分子防水卷材三大类,后两类卷材的综合性能优越,是目前国内大力推广使用的新型防水卷材。

1) 改性沥青防水卷材

传统的纸胎石油沥青防水卷材是以原纸作胎体,以石油沥青作涂盖料构成的卷材。它无延伸率,低温易脆裂,高温易流淌,拉力低,易腐烂,寿命短且施工工艺复杂、落后。高聚物改性沥青防水卷材是它的换代产品,属中档防水材料,在我国已获得广泛应用,品种达20余种。

改性沥青防水卷材由涂盖料、胎体材料和覆面材料三部分构成。涂盖料系用不同高聚物改性后的沥青，主要品种如表1-69所示。胎体材料有聚酯毡（高拉力，较高延伸率）和玻纤毡（中等拉力、低延伸率且质地较脆）两类，覆面材料有不同颜色的矿物粒（片）料、细砂、铝箔、聚乙烯膜等。覆面材料除对卷材起保护作用外，尚可降低卷材表面温度。

改性沥青防水卷材的涂盖料　　　　　表1-69

涂盖料名称	改性高聚物		类　别
	代　号	化 学 名 称	
SBS改性沥青	SBS	苯乙烯-丁二烯嵌段物	弹性体
APP改性沥青	APP	无规聚丙烯	塑性体
SBR改性沥青	SBR	丁苯橡胶	弹性体
EPDM改性沥青	EPDM	三元乙丙橡胶	弹性体
EVA改性沥青	EVA	乙烯-醋酸乙烯	塑性体
PVC改性沥青	PVC	聚氯乙烯	塑性体
再生橡胶改性沥青	—	—	塑性体

同一种涂盖料的卷材，改变胎体材料或覆面材料，可以制成不同品种、不同性能的改性沥青防水卷材。所以在设计选材时，除注明防水卷材名称外，尚应注明胎体类别及覆面材料种类。常用的有弹性体改性沥青防水卷材和塑性体改性沥青防水卷材等。所谓弹性体改性沥青防水卷材是以苯乙烯—丁二烯—苯乙烯（SBS）为改性剂的改性沥青为涂盖料，以聚酯毡或玻纤毡为胎体，以聚乙烯膜或细砂或矿物粒（片）料为覆面材料而制成的防水卷材。所谓塑性体改性沥青防水卷材是以无规聚丙烯（APP）或聚烯烃类聚合物（APAO·APO）为改性剂的改性沥青为涂盖料，以聚酯毡或玻纤毡为胎体，以聚乙烯膜或细纱或矿物粒（片）料为覆面材料而制成的防水卷材。

改性沥青防水卷材按其物理力学性能分为Ⅰ型和Ⅱ型。Ⅰ型产品质量水平为国际一般水平，Ⅱ型为国际先进水平。产品幅宽1.0m，聚酯毡胎体卷材厚度为3mm或4mm，玻纤毡胎体卷材厚度为2mm、3mm或4mm。

具有代表性的SBS弹性体改性沥青防水卷材的物理力学性能应符合表1-70的规定；APP塑性体改性沥青防水卷材的物理力学性能应符合表1-71的规定。

弹性体改性沥青防水卷材的物理力学性能（GB 18242—2000）　　　表1-70

序号	胎　　基		PY		G	
	型　　号		Ⅰ	Ⅱ	Ⅰ	Ⅱ
1	可溶物含量(g/m²)≥	2mm		—		1300
		3mm		2100		
		4mm		2900		
2	不透水性	压力(MPa)≥	0.3		0.2	0.3
		保持时间(min)≥	30			
3	耐热度(℃)		90	105	90	105
			无滑动、流淌、滴落			

续表

序号	胎基 型号		PY I	PY II	G I	G II
4	拉力(N/50mm)≥	纵向	450	800	350	500
		横向			250	300
5	最大拉力时延伸率(%)≥	纵向	30	40	—	
		横向				
6	低温柔度(℃)		−18	−25	−18	−25
			无裂纹			
7	撕裂强度(N)≥	纵向	250	350	250	350
		横向			170	200
8	人工气候加速老化(氙弧灯法)(720h)	外观	1级			
			无滑动、流淌、滴落			
		拉力保持率(%)≥ 纵向	80			
		低温柔度(℃)	−10	−20	−10	−20
			无裂纹			

注：表中1～6项为强制性项目。

塑性体改性沥青防水卷材的物理力学性能（GB 18243—2000） 表1-71

序号	胎基 型号		PY I	PY II	G I	G II
1	可溶物含量(g/m²)≥	2mm	—		1300	
		3mm	2100			
		4mm	2900			
2	不透水性	压力(MPa)≥	0.3		0.2	0.3
		保持时间(min)≥	30			
3	耐热度(℃)		110	130	110	130
			无滑动、流淌、滴落			
4	拉力(N/50mm)≥	纵向	450	800	350	500
		横向			250	300
5	最大拉力时延伸率(%)≥	纵向	25	40	—	
		横向				
6	低温柔度(℃)		−5	−15	−5	−15
			无裂纹			
7	撕裂强度(N)≥	纵向	250	350	250	350
		横向			170	200
8	人工气候加速老化(氙弧灯法)(720h)	外观	1级			
			无滑动、流淌、滴落			
		拉力保持率(%)≥ 纵向	80			
		低温柔度(℃)	3	−10	3	−10
			无裂纹			

注：表中1～6项为强制性项目。

SBS改性沥青卷材面积分为 15m^2、10m^2 和 7.5m^2 三种。产品标记顺序为：弹性体沥青防水卷材、型号、胎基、覆面材料、厚度和标准号。如 3mm 厚砂面聚酯胎Ⅰ型弹性体改性沥青防水卷材，标记为 SBSⅠPY S3 GB 18242。（塑性体改性沥青防水卷材产品标记方法与此相同。）

由此看出，塑性体改性沥青防水卷材的技术性质与弹性体改性沥青防水卷材基本相同，而塑性体沥青防水卷材具有耐热性更好的优点，但低温柔韧性较差。塑性体沥青防水卷材的适用范围与弹性体沥青防水卷材基本相同，尤其适用于高温或有强烈太阳辐射地区的建筑物防水。塑性体沥青防水卷材可用热熔法、自粘法施工，也可用胶粘剂进行冷粘法施工。

2）合成高分子防水卷材

合成高分子防水卷材系以橡胶或高聚物为主要原料，掺入适量填料、增塑剂等改性剂经混炼造粒、压延等工序制成的防水卷材，属高档防水材料。合成高分子防水卷材具有抗拉强度高、延伸率大、自重轻（2kg/m^2）、使用温度范围宽（-40~80℃）、可冷施工等优点，主要缺点是耐穿刺性差（厚度 1~2mm）、抗老化能力弱。所以其表面常施涂浅色涂料（少吸收紫外线）或以水泥砂浆、细石混凝土、块体材料作卷材的保护层。

高分子防水卷材品种很多，通常按构造分为均质卷材和复合卷材两类。

国家标准《高分子防水材料》（GB 18173.1—2000）中对高分子防水卷材的技术要求包括：

(A) 规格　卷材的厚度，橡胶类为 1.0~2.0mm，树脂类为 0.5mm 以上；卷材的宽度，橡胶类为 1.0~1.2m，树脂类为 1.0~2.0m；卷材的长度为 20m 以上。

(B) 外观质量

(a) 卷材表面应平整，边缝整齐，不能有裂纹、机械损伤、折痕、穿孔及异常粘着部分等影响使用的缺陷。

(b) 在不影响使用的条件下，表面缺陷应符合下列规定：

凹痕深度不得超过卷材厚度的 30%，树脂类卷材不得超过 5%；杂质，不得超过 9mm^2/m^2；

气泡深度不得超过卷材厚度的 30%，含量不得超过 7mm^2/m^2，但树脂类卷材不允许。

(C) 物理力学性能

应符合表 1-72、表 1-73 的要求。

均质高分子卷材的物理力学性能 表 1-72

项　目		指　标									
		硫化橡胶类				非硫化橡胶类			树脂类		
		JL1	JL2	JL3	JL4	JF1	JF2	JF3	JS1	JS2	JS3
断裂拉伸强度(MPa)	常温≥	7.5	6.0	6.0	2.2	4.0	3.0	5.0	10	16	14
	60℃≥	2.3	2.1	1.8	0.7	0.8	0.4	1.0	4	6	5
扯断伸长率(%)	常温≥	450	400	300	200	450	200	200	200	550	500
	-20℃≥	200	200	170	100	200	100	100	150	350	300

续表

项目		指标									
		硫化橡胶类				非硫化橡胶类			树脂类		
		JL1	JL2	JL3	JL4	JF1	JF2	JF3	JS1	JS2	JS3
撕裂强度(kN/m)≥		25	24	23	15	18	10	10	40	60	60
不透水性,30min 无渗漏(MPa)		0.3	0.3	0.2	0.2	0.3	0.2	0.2	0.3	0.3	0.3
低温弯折(℃)≤		−40	−30	−30	−20	−30	−20	−20	−20	−35	−35
加热伸缩量(mm)	延伸≤	2	2	2	2	2	4	4	2	2	2
	收缩≤	4	4	4	4	4	6	10	6	6	6
热空气老化 80℃(68h)	断裂拉伸强度保持率(%)	80	80	80	80	90	60	80	80	80	80
	扯断伸长率保持率(%)	70	70	70	70	70	70	70	70	70	70
	100%伸长率外观	无裂纹									
耐碱性 10% Ca(OH)$_2$ 常温 168h	断裂拉伸强度保持率(%)	80	80	80	80	80	70	70	80	80	80
	扯断伸长率保持率(%)	80	80	80	80	90	80	70	80	90	90
臭氧老化 40℃,168h	伸长率,40%, 500pphm	无裂纹	—	—	—	无裂纹	—	—	—	—	—
	伸长率,40%, 500pphm	—	无裂纹	—	—	—	—	—	—	—	—
	伸长率,40%, 500pphm	—	—	无裂纹	—	—	—	—	—	—	—
	伸长率,40%, 500pphm	—	—	—	无裂纹	—	无裂纹	无裂纹	—	—	—
人工候化	断裂拉伸强度保持率(%)	80	80	80	80	80	70	80	80	80	80
	扯断伸长率保持率(%)	70	70	70	70	70	70	70	70	70	70
	100%伸长率外观	无裂纹									

注: 1. 厚度小于 0.8mm 的性能允许达到规定性能的 80%以上。
2. 卷材纵横向性能均应满足。

复合高分子卷材的物理力学性能 表 1-73

项目			指标			
			硫化橡胶类 FL	非硫化橡胶类 FF	树脂类	
					FS1	FS2
断裂拉伸强度(MPa)	常温	≥	80	60	100	60
	60℃	≥	30	20	40	30
扯断伸长率(%)	常温	≥	300	250	150	400
	−20℃	≥	150	150	10	10
撕裂强度(kN/m)		≥	40	20	20	20
不透水性,30min 无渗漏(MPa)			0.3	0.3	0.3	0.3
低温弯折(℃)		≤	−35	−20	−30	−20
加热伸缩量(mm)	延伸	≤	2	2	2	2
	收缩	≤	4	4	2	4

续表

项 目		指 标			
		硫化橡胶类 FL	非硫化橡胶类 FF	树脂类	
				FS1	FS2
热空气老化 80℃(68h)	断裂拉伸强度保持率(%) ≥	80	80	80	80
	扯断伸长率保持率(%) ≥	70	70	70	70
耐碱性 10%Ca(OH)$_2$ 常温 168h	断裂拉伸强度保持率(%) ≥	80	60	80	80
	扯断伸长率保持率(%) ≥	80	60	80	80
臭氧老化 40℃,168h		无裂纹			
人工候化	断裂拉伸强度保持率(%) ≥	80		80	80
	扯断伸长率保持率(%) ≥	70		70	70

注：1. 以胶断伸长率为其扯断伸长率。
2. 带织物加强层的复合卷材，其主体材料厚度小于 0.8mm 时，不考虑胶断伸长率。
3. 卷材纵横向性能均应满足。
4. 厚度小于 0.8mm 的性能允许达到规定性能的 80%以上。

(2) 防水涂料

防水涂料是依靠成膜物质形成涂膜而防水的，其特点是：涂料呈液态施工，故能适应各种复杂的表面并可形成无接缝的完整防水涂膜；施工时不需加热，不污染环境，便于施工操作；涂膜与基层粘结良好，既保证了粘结质量，又节省了胶粘剂；但涂料多需现场配制，故成膜质量受现场条件、操作水平影响较大，且涂膜薄，耐穿刺性差。

防水涂料品种繁多，目前国内使用的效果较好的新型防水涂料是聚合物改性沥青防水涂料和合成高分子防水涂料。

1) 高聚物改性沥青防水涂料

高聚物改性沥青防水涂料的成膜物是高聚物改性沥青。常用高聚物为各类橡胶或胶乳，如氯丁橡胶沥青防水涂料（水乳型）、丁基橡胶沥青防水涂料（溶剂型）、丁苯胶乳沥青防水涂料（水乳型）、再生橡胶沥青防水涂料（溶剂型）等。由于高聚物的改性作用，所以在柔韧性、抗裂性、拉伸强度、耐高低温性、使用寿命等方面优于沥青基防水涂料（如乳化沥青类防水涂料等）。它具有成膜快、强度高、耐候性、抗裂性好、难燃、无毒等优点，适用于Ⅱ级或Ⅱ级以下防水等级的屋面、地面、地下室和卫生间等部位的防水工程。

国家标准《屋面工程质量验收规范》（GB 50207—2002）中，对改性沥青防水涂料的质量标准规定见表 1-74 所列。

改性沥青防水涂料的质量标准　　　　表 1-74

项 目		质 量 要 求	说 明
固体含量(%)不小于		43	指涂料中主要成膜物质的含量
耐热度(80℃,5h)		无流淌、起泡和滑动	在阳光辐射下不流淌的基本要求
柔性,−10℃,3mm 厚,φ20mm		无裂纹、断裂	保证涂膜在低温下仍有好的防水效果
不透水性	压力(MPa)≥	0.1	保证涂膜在一定压力和作用时间下不渗透，是防水涂料的基本要求
	保持时间(min)≥	30,不渗透	
延伸,20±2℃(mm)≥		4.5	保证涂膜有适应基层变形的能力

目前国内应用最多的高聚物改性沥青防水涂料是氯丁橡胶沥青防水涂料和再生橡胶沥青防水涂料,均为水乳型,一般稠度小,涂膜薄,在防水要求较高的工程中,不宜作为单独防水层,也不宜用于浸水环境的防水。

2)合成高分子防水涂料

合成高分子防水涂料是以合成橡胶或合成树脂为主要成膜物质制成的单组分或多组分的防水涂料。其品种有聚氨酯防水涂料、石油沥青聚氨酯防水涂料、硅橡胶防水涂料和丙烯酸酯防水涂料等。这类涂料比沥青基及改性沥青基防水涂料具有更好的弹性和塑性、耐久性以及耐高低温性能。主要的物理性能应符合《合成高分子防水涂料》(GB 50207—2002)的规定,见表1-75所列。

合成高分子防水涂料物理性能　　　　表1-75

项　目		性　能　要　求		
		反应固化型	挥发固化型	聚合物水泥涂料
固体含量(%)		≥94	≥65	≥65
拉伸强度(MPa)		≥1.65	≥1.5	≥1.2
断裂延伸率(%)		≥350	≥300	≥200
柔性(℃)		−30,弯折无裂纹	−20,弯折无裂纹	−10,弯折无裂纹
不透水性	压力(MPa)	≥0.3		
	保持时间(min)	≥30		

防水涂料种类很多,品质参差,性能各异,应正确合理选用。对屋面防水工程所使用的材料,应根据建筑物的性质、重要程度、使用功能要求、建筑结构的特点以及防水耐用年限等实际情况进行选用。

几种常用高分子防水涂料的性能和应用范围见表1-76。

常用合成高分子涂料的性能和应用范围　　　　表1-76

品　种	性　能	应　用　范　围
聚氨酯防水涂料	涂料固化时几乎不产生体积收缩,易成厚膜,操作简便,弹性好、延伸率大,并具有优异的耐候、耐油、耐磨、耐臭氧、耐海水、不燃烧等性能。一般耐用年限在10年以上	广泛应用于中高级建筑的卫生间、厨厕、水池及地下室防水工程和有保护层的屋面防水工程中
石油沥青聚氨酯防水涂料	涂膜防水层具有足够的拉伸强度和延伸能力及弹性,对防水基层伸缩或开裂变形的适应性较强。施工中,容易形成连续、弹性、整体的涂膜防水层,涂膜防水属冷操作,施工简便、安全,产品的性能稳定、耐久性好	最适用于外防外刷的地下室工程防水,特别是对阴阳角、管道根、水落口、地漏以及防水层的收头部位,封闭严密。也可应用于有刚性保护层(如上人屋面或倒置式屋面等)的屋面工程防水。缺点是涂膜厚度很难做到均匀一致,在施工时必须坚持"薄涂多遍、交叉涂刷"的工艺原则
硅橡胶防水涂料	具有一定渗透性,可形成抗渗性较高的防水膜;以水为分散介质,无毒、无味、不燃,安全性好;可在潮湿基层上施工,成膜速度快;耐候性好;涂膜无色且透明,也可配成各种颜色	地下工程、输水和贮水构筑物的防水、防潮;房屋建筑的厨房、厕所、卫生间以及楼地面的防水;防水等级为Ⅲ、Ⅳ级的屋面防水,也可用作Ⅰ、Ⅱ级屋面多道防水设防中的一道防水层
聚合物水泥防水涂料	无毒无害,可用于饮用水工程,施工安全、简单,工期短,涂层高弹性、高强度,还可按工程需要配制彩色涂层	产品分为Ⅰ型和Ⅱ型。以聚合物为主的防水涂料属Ⅰ型,适用于非长期浸水环境下的防水工程,以水泥为主的属Ⅱ型,适用于长期浸水环境的防水工程

(3)建筑密封材料

建筑密封材料主要用于混凝土等构配件的拼接缝,各种防水材料的接缝和接头的密封防水处理,常和防水卷材、防水涂料、刚性防水等配合使用,很少单独作防水层。

1) 密封材料的分类

建筑密封材料按状态分：定形和非定形两类。定形密封材料是指将密封材料按密封部位的不同要求制成带、条、垫片等形状的产品。非定形密封材料为黏稠膏状体，称为密封膏或密封胶。

按所用材料成分分：有高聚物改性密封材料和合成高分子密封材料；按性能不同可分为：弹性密封材料和塑性密封材料；按结构分为：单组分密封材料和双组分密封材料。

2) 密封材料的性能

为保证防水密封的效果，建筑密封材料应具有水密性和气密性，良好的粘结性，良好的耐高低温性和耐老化性能，一定的弹塑性和拉伸——压缩循环性能。

(A) 定型密封材料　定形密封材料包括密封条、带和止水带，如铝合金门窗橡胶密封条、丁腈胶-PVC门窗密封条、自粘性橡胶、水膨胀橡胶、橡胶止水带、塑料止水带等。定形密封材料按密封机理的不同可分为遇水非膨胀型和遇水膨胀型两类。下面简要介绍止水带的性能及用途。

止水带也称为封缝带，是处理建筑物或地下构筑物接缝（伸缩缝、施工缝、变形缝等）用的一种定形防水密封材料。橡胶止水带是以天然橡胶或合成橡胶为主要原料，掺入各种助剂及填料加工制成。它具有良好的弹性、耐磨性及抗撕裂性能，变形能力强，防水性能好。一般用于地下工程、小型水坝、贮水池、地下通道等工程的变形接缝部位的隔离防水以及水库、输水洞等处的闸门密封止水，不宜用于温度过高、受强烈氧化作用或受油类等有机溶剂侵蚀的环境中。塑料止水带目前多为软质聚氯乙烯（PVC）塑料止水带，是由PVC树脂、增塑剂、稳定剂等原料加工制成。塑料止水带的优点是原料来源丰富、价格低廉、耐久性好，可用于地下室、隧道、涵洞、溢洪道、沟渠等水工构筑物的变形缝的防水。

(B) 非定型密封材料　常用的非定形密封材料，改性沥青类的密封材料主要是沥青嵌缝油膏。沥青嵌缝油膏是以石油沥青为基料，加入废橡胶粉等改性材料、稀释剂及填充料混合制成的密封膏。其物理性能用符合《改性石油沥青密封材料》（GB 50207—2002）中的规定，见表1-77所列。

改性石油沥青密封材料物理性能　　　　　　　表1-77

项　目		性能指标	
		Ⅰ	Ⅱ
耐热度	温度(℃)	70	80
	下垂值(mm)	≤4.0	
低温柔性	温度(℃)	−20	−10
	粘结状态	无裂纹和剥离现象	
拉伸粘结性(%)		≥125	
浸水后拉伸粘结性(%)		≥125	
挥发性(%)		≤2.8	
施工度(mm)		≥22.0	≥20.0

注：改性石油沥青密封材料按耐热度和低温柔性分为Ⅰ类和Ⅱ类。

常用的高分子密封材料有如下几种：

(a) 丙烯酸酯密封膏　丙烯酸酯密封膏是在丙烯酸酯乳液中掺入表面活性剂、增塑剂、分散剂、填料等配制而成，通常为水乳型。它具有良好的粘结性能、弹性和低温柔性，无溶剂污染，无毒，具有优异的耐候性。适用于屋面、墙板、门、窗嵌缝。

(b) 聚氨酯密封膏　聚氨酯密封膏一般用双组分配制。使用时，将甲乙两组分按比例混合，经固化反应成弹性体。聚氨酯密封膏的弹性、粘结性及耐候性好，可做屋面、墙面的水平或垂直接缝，尤其适用于水池、公路及机场跑道的补缝、接缝，也可用于玻璃、金属材料的嵌缝。

(c) 硅酮密封膏　硅酮密封膏是以聚硅氧烷为主要成分的单组分或双组分室温固化型的建筑密封材料。目前大多为单组分，它以硅氧烷聚合物为主体，加入硫化剂、硫化促进剂以及增强填料组成。硅酮密封膏具有优异的耐热、耐寒性和良好的耐候性；与各种材料都有较好的粘结性能；耐拉伸—压缩疲劳性强，耐水性好。合成高分子密封材料的物理性能应符合表1-78的规定。

合成高分子密封材料的物理性能　　　　　表1-78

项　目		性　能　指　标	
		弹性体密封材料	塑性体密封材料
拉伸粘结性	拉伸强度(MPa)	≥0.2	≥0.02
	延伸率(%)	≥200	≥250
柔性(℃)		－30,无裂纹	－20,无裂纹
拉伸—压缩循环性能	拉伸—压缩率(%)	≥±20	≥±10
	粘结和内聚破坏面积(%)	≤25	

3) 密封材料的选用

选用建筑密封材料，应首先考虑它的粘结性能和使用部位。密封材料与被粘基层的良好粘结是保证密封的必要条件。因此，应根据被粘基层的材质、表面状态和性质来选择粘结性良好的密封材料。建筑物中不同部位的接缝，对密封材料的要求不同，如室外的接缝要求较高的耐候性，而伸缩缝则要求较好的弹塑性和拉伸—压缩循环性能。

(八) 木材及人造板材

古今中外，木材一直被广泛用于建筑室内装修与装饰，它以其特殊的质感给人以自然美的享受，使室内空间产生温暖与亲切感。

1. 木材分类

木材产自木本植物中的乔木，即针叶树和阔叶树。针叶树树干通直高大，枝杈较小，分布较密，易得大材，其纹理顺直，材质均匀。大多数针叶树材的木质较轻软而易于加工，故针叶树材又称软材。针叶树材强度较高，胀缩变形较小，耐腐蚀性强，建筑上广泛用做承重构件和装修材料。阔叶树树干通直部分一般较短，枝杈较大，数量较少。相当数量阔叶树材的材质重硬而较难加工，故阔叶树材又称硬材。阔叶树材强度高，胀缩变形大，易翘曲开裂。阔叶树材板面通常较美观，具有很好的装饰作用，适于做家具、室内装修及胶合板等。

2. 木材的物理和力学性质

(1) 含水量

木材中的含水量以含水率表示，即木材中所含水的质量占干燥木材质量的百分数。新伐倒的树木称为生材，其含水率一般在70%～140%。木材气干含水量因地而异，南方约为15%～20%，北方约为10%～15%。窑干木材的含水率约在4%～12%。

木材中所含水分可分为自由水和吸附水两种。

1）自由水

存在于木材细胞腔和细胞间隙中的水分。自由水影响木材的表观密度、保存性、抗腐蚀性和燃烧性。

2）吸附水

被吸附在细胞壁基体相中的水分。由于细胞壁基体相具有较强的亲水性，且能吸附和渗透水分，所以水分进入木材后首先被吸入细胞壁。吸附水是影响木材强度和胀缩的主要因素。

（2）纤维饱和点

湿木材在空气中干燥时，当自由水蒸发完毕而吸附水尚处于饱和时的状态，称为纤维饱和点。此时的木材含水率称为纤维饱和点含水率，其大小随树种而异，通常介于23%～33%。纤维饱和点含水率的重要意义不在于其数值的大小，而在于它是木材许多性质在含水率影响下开始发生变化的起点。在纤维饱和点之上，含水量变化是自由水含量的变化，它对木材强度和体积影响甚微；在纤维饱和点之下，含水量变化即吸附水含量的变化将对木材强度和体积等产生较大的影响。

（3）平衡含水率

潮湿的木材会向较干燥的空气中蒸发水分，干燥的木材也会从湿空气中吸收水分。木材长时间处于一定温度和湿度的空气中，当水分的蒸发和吸收达到动态平衡时，其含水率相对稳定，这时木材的含水率称为平衡含水率。木材平衡含水率随周围空气的温度、湿度而变化，所以各地区、各季节木材的平衡含水率常不相同。事实上，各树种木材的平衡含水率也有差异。

（4）湿胀与干缩

木材具有显著的湿胀干缩性。当木材从潮湿状态干燥至纤维饱和点时，自由水蒸发不改变其尺寸；继续干燥，细胞壁中吸附水蒸发，细胞壁基体相收缩，从而引起木材体积收缩。反之，干燥木材吸湿时将发生体积膨胀，直到含水量达到纤维饱和点时为止。细胞壁愈厚，则胀缩愈大。因而，表观密度大、夏材含量多的木材胀缩变形较大。

由于木材构造不均匀，各方向、各部位胀缩也不同，其中弦向最大，径向次之，纵向最小，边材大于心材。一般新伐木材完全干燥时，弦向收缩6%～12%，径向收缩3%～6%，纵向收缩0.1%～0.3%，体积收缩9%～14%。细胞壁基体相失水收缩时，纤维素束沿细胞轴向排列限制了在该方向收缩，且细胞多数沿树干纵向排列，所以木材主要表现为横向收缩。由于复杂的构造原因，木材弦向收缩总是大于径向，弦向收缩与径向收缩比率通常为2∶1。不均匀干缩会使板材发生翘曲（包括顺弯、横弯、翘弯）和扭弯。

木材湿胀干缩性将影响到其实际使用。为了避免发生这种情况，在木材加工制作前必须预先进行干燥处理，使木材的含水率比使用地区平衡含水率低2%～3%。

（5）木材的强度

由于木材构造各向不同，其强度呈现出明显的各向异性，因此木材强度应有顺纹和横纹之分。木材的顺纹抗压、抗拉强度均比相应的横纹强度大得多，这与木材细胞结构及细胞在木材中的排列有关。木材的受剪方式有顺纹剪切、横纹剪切和横纹切断三种。

木材强度等级按无疵标准试件的弦向静曲强度来评定（表1-79）。木材强度等级代号中的数值为木结构设计的强度设计值，这要比试件实际强度低数倍，这是因为木材实际强度会受到各种因素的影响。

木材强度等级评定标准　　　　　　　　　　　表1-79

木材种类	针叶树材				阔叶树材				
强度等级	TC11	TC13	TC15	TC17	TB11	TB13	TB15	TB17	TB20
静曲强度最低值(MPa)	48	54	60	74	58	68	81	92	104

3. 木材的防护

(1) 干燥

木材在加工和使用之前进行干燥处理，可以提高强度，防止收缩、开裂和变形，减小质量以及防腐防虫，从而改善木材的使用性能和寿命。大批量木材干燥以气体介质对流干燥法（如大气干燥法、循环窑干法）为主。家具、门窗及室内建筑用木料干燥至含水率6%～10%，室外建筑用木料干燥至含水率8%～15%。

(2) 防腐防虫

1）腐朽

木材的腐朽是由真菌在木材中寄生而引起的。侵蚀木材的真菌有三种，即霉菌、变色菌和木腐菌。霉菌一般只寄生在木材表面，并不破坏细胞壁，对木材强度几乎无影响。变色菌多寄生于边材，对木材力学性质影响不大。但变色菌侵入木材较深，难以除去，损害木材外观质量。

木腐菌侵入木材，分泌酶把木材细胞壁物质分解成可以吸收的简单养料，供自身生长发育。腐朽初期，木材仅颜色改变；以后真菌逐渐深入内部，木材强度开始下降；至腐朽后期，木材呈海绵状、蜂窝状或龟裂状等，颜色大变，材质极松软，甚至可用手捏碎。

2）虫害

因各种昆虫危害而造成的木材缺陷称为木材虫害。往往木材内部已被蛀蚀一空，而外表依然完整，几乎看不出破坏的痕迹，因此危害极大。白蚁喜温湿，在我国南方地区种类多、数量大，常对建筑物造成毁灭性的破坏。甲壳虫（如天牛、蠹虫等）则在气候干燥时猖獗，它们危害木材主要在幼虫阶段。木材中被昆虫蛀蚀的孔道称为虫眼或虫孔。虫眼对材质的影响与其大小、深度和密集程度有关。深的大虫眼或深而密集的小虫眼能破坏木材的完整性，降低其力学性质，也成为真菌侵入木材内部的通道。

3）防腐防虫的措施

真菌在木材中生存必须同时具备以下三个条件：水分、氧气和温度。木材含水率为35%～50%，温度为24～30℃，并含有一定量空气时最适宜真菌的生长。当木材含水率在20%以下时，真菌生命活动就受到抑制。浸没水中或深埋地下的木材因缺氧而不易腐朽，俗语有"水浸千年松"之说。所以，可从破坏菌虫生存条件和改变木材的养料属性着手，进行防腐防虫处理，延长木材的使用年限。

(A) 干燥　采用气干法或窑干法将木材干燥至较低的含水率，并在设计和施工中采取各种防潮和通风措施，如在地面设防潮层，木地板下设通风洞，木屋顶采用山墙通风等，使木材经常处于通风干燥状态。

(B) 涂料覆盖 涂料种类很多，作为木材防腐应采用耐水性好的涂料。涂料本身无杀菌杀虫能力，但涂刷涂料可在木材表面形成完整而坚韧的保护膜，从而隔绝空气和水分，并阻止真菌和昆虫的侵入。

(C) 化学处理 化学防腐是将对真菌和昆虫有毒害作用的化学防腐剂注入木材中，使真菌、昆虫无法寄生。防腐剂主要有水溶性、油溶性和油质防腐剂三大类。室外应采用耐水性好的防腐剂。防腐剂注入方法主要有表面涂刷、常温浸渍、冷热槽浸透和压力渗透法等。

(3) 防火

易燃是木材最大的缺点，木材防火处理的方法有：

(A) 用防火浸剂对木材进行浸渍处理，为了达到要求的防火性能，应保证一定的吸药量和透入深度。

(B) 将防火涂料涂刷或喷洒于木材表面，待涂料固结后即构成防火保护层。防火效果与涂层厚度或每平方米涂料用量有密切关系。

防火处理能推迟或消除木材的引燃过程，降低火焰在木材上蔓延的速度，延缓火焰破坏木材的速度，从而给灭火或逃生提供时间。但应注意：防火涂料或防火浸剂中的防火组分随着时间的延长和环境因素的作用会逐渐减少。

4. 木材制品

(1) 条木地板

条木地板是室内使用最普遍的木质地面，它由龙骨、水平撑和地板三部分构成。地板有单层和双层两种，目前使用最多的为实铺单层条木地板，也称普通木地板。

条木地板自重轻，弹性好，脚感舒适，导热性小，故冬暖夏凉，且易于清洁。条木地板被公认是优良的室内地面装饰材料，它适用于体育馆、练功房、舞台、幼儿园及民用住宅起居室等地面装饰。尤其经过表面涂饰处理，既显露木材纹理又保留木材本色，给人以清雅华贵之感。

(2) 拼花木地板

拼花木地板是较高级的室内地面装修，分双层和单层两种，二者的面层均为拼花硬木板层，双层者下层为毛板层。拼花木地板通过小木板条不同方向的组合，可拼造出多种图案花纹，常用的有正芦席纹、斜芦席纹、人字纹、清水砖墙纹等。

拼花木地板纹理美观，耐磨性好，且拼花小木板一般均经过远红外线干燥，含水率恒定（约12%），因而变形小，易保持地面平整、光滑而不翘曲变形。拼花木地板分高、中、低三个档次。高档产品适合于三星级以上中、高级宾馆、大型会场、会议室等室内地面的装饰；中档产品适用于办公室、疗养院、托儿所、体育馆、舞厅、酒吧等地面装饰；低档产品适用于各种民用住宅地面的装饰。

(3) 复合木地板

复合木地板是以中密度纤维板为基材，采用树脂处理，表面贴天然木纹板，经高温压制而成新型地面装饰材料。它表面采用珍稀木材，花纹美观，色彩一致，装饰性很强，经高温高压制成，不易收缩开裂和翘曲变形，并有较高的强度、防腐性、耐水性和耐气候性好。这种地板具有光滑平整、结构均匀细密、耐磨损、简洁高雅等优点。另外，安装时，不用地板胶粘剂，不用木垫栅，不用铁钉固定，不用刨平，只需地面平整，将带企口的复合木地板相互对准，四边用嵌条镶拼压扎紧，就不会松动脱开，搬家时拆卸镶拼。

复合木地板主要适用于会议室、办公室、实验室、中高档的宾馆、酒店等地面铺设，也适用于民用住宅的地面装饰。由于新型复合木地板尺寸较大，因此不仅可作为地面装饰，也可作为顶棚、墙面的装饰。

(4) 护壁板

护壁板又称木台度。护壁板可采用木板、企口条板、胶合板等制作，设计和施工时可采取嵌条、拼缝、嵌装等手法进行构图，以达到装饰墙壁的目的。

护壁板背面的墙面一定要做防潮层，有纹理的表面宜涂刷清漆，以显示木纹饰面。护壁板主要用于高级宾馆、办公室和住宅等的室内墙壁装饰。

(5) 木花格

木花格即为用木板和枋木制作成具有若干个分格的木架，这些分格的尺寸或形状一般各不相同。木花格宜选用硬木或杉木树材制作，并要求材质木节少、木色好、无虫蛀和腐朽缺陷。木花格具有加工制作较简便、饰件轻巧纤细、表面纹理清晰等特点。木花格多用作建筑物室内的花窗、隔断、博古架等，它能起到调整室内设计的格调、改进空间效能和提高室内艺术质量等作用。

(6) 木装饰线条

木装饰线条简称木线条。木线条种类很多；各类木线条立体造型各异，每类木线条又有多种断面形状。木线条都是采用材质较好的树材加工而成。建筑室内采用木线条装饰，可增添古朴、高雅、亲切的美感。木线条主要用作建筑物室内的墙腰装饰线、墙面洞口装饰线、护壁板和勒脚的压条饰线、门框装饰线、顶棚装饰角线、楼梯栏杆扶手、墙壁挂画条、镜框线以及高级建筑的门窗和家具等的镶边、贴附组花材料。特别是在我国的园林建筑和宫殿式古建筑的修建工程中，木线条是一种必不可缺的装饰材料。此外，建筑室内还有一些小部位的装饰，也是采用木材制作的，如窗台板、窗帘盒、踢脚板等，它们和室内地板、墙壁互相联系、相互衬托，有独特的装饰效果。

(7) 人造板材

人造板材就是将木材加工过程中的大量边角、碎料、刨花、木屑等，经过再加工处理，制成各种人造板材，可使木材利用率达90%以上。常用的人造板材有以下几种。

1) 胶合板

胶合板是用原木旋切成薄片，经干燥处理后，再用胶粘剂按奇数层数，以各层纤维互相垂直的方向，粘合热压而成的人造板材。一般为3～13层。工程中常用的是三合板和五合板。针叶树和阔叶树均可制作胶合板。

胶合板的特点：材质均匀，强度高，无明显纤维饱和点存在，吸湿性小，不翘曲开裂，无疵病，幅面大，使用方便，装饰性好。胶合板广泛用作建筑室内隔墙板、护壁板、顶棚、门面板以及各种家具和装修。

2) 纤维板

纤维板是以植物纤维为主要原料，经破碎浸泡、热压成型、干燥等工序制成的一种人造板材。纤维板的原料非常丰富，如木材采伐加工剩余物（树皮、刨花、树枝等）、稻草、麦秸、玉米秆、竹材等。

按纤维板的体积密度分为硬质纤维板（体积密度>800kg/m³），软质纤维板（体积密度<500kg/m³）和中密度纤维板（体积密度500～800kg/m³）；按表面分为一面光板和两

面光板；按原料分为木材纤维板和非木材纤维板。

（A）硬质纤维板　硬质纤维板的强度高、耐磨、不易变形，可用于墙壁、地面、家具等。硬质纤维板按其物理力学性能和外观质量分为特级、一级、二级、三级四个等级。

（B）中密度纤维板　中密度纤维板按体积密度分为 80 型（体积密度为 0.80g/cm³）、70 型（体积密度为 0.70g/cm³）、60 型（体积密度为 0.60g/cm³）；按胶粘类型分为室内用和室外用两种；按外观质量分为特级品、一级品、二级品三个等级。

（C）软质纤维板　软质纤维板的结构松软，故强度低，但吸声性和保温性好，主要用于吊顶等。

3）细木工板

细木工板属于特种胶合板的一种，芯板用木板条拼接而成，两个表面为胶贴木质单板的实心板材。细木工板按结构不同，可分为芯板条不胶拼的和芯板条胶拼的两种；按表面加工状况可分为一面砂光、两面砂光和不砂光三种；按所使用的胶合剂不同，可分为Ⅰ类胶细木工板、Ⅱ类胶细木工板两种；按面板的材质和加工工艺质量不同，可分为一、二、三等三个等级。细木工板具有质坚、吸声、绝热、易加工等特点，适用于家具、车厢和建筑物室内装修等。

4）刨花板、木丝板、木屑板

刨花板是利用施加胶料和辅料或未施加胶料和辅料的木材或非木材植物制成的刨花材料（如木材刨花、亚麻屑、甘蔗渣等）压制成的板材。按用途刨花板分有 A、B 两类；A 类刨花板按外观质量和物理力学性能等分为优等品、一等品、二等品；B 类板只有一个等级。刨花板属于低档次装饰材料，且强度低，一般主要用作绝热、吸声材料，用于地板的基层（实铺），还可用于隔墙、家具等。

木丝板、木屑板是分别以刨花渣、短小废料刨制的木丝、木屑等为原料，经干燥后拌入胶凝材料，再经热压而制成的人造板材。所用胶料可分为合成树脂，也可为水泥、菱苦土等无机胶结料。这类板材一般体积密度小，强度较低，主要用作绝热和吸声材料，也可做隔墙。其表面可粘贴塑料贴面或胶合板为饰面层，既可增加板材强度，又具装饰性，可用作吊顶、隔墙、家具等材料。

5）覆塑装饰板

覆塑装饰板一般采用酚醛树脂为胶粘剂，用热压法在胶合板、纤维板、刨花板、中密度纤维板涂胶，贴塑料贴面板压制而成。覆塑装饰板以覆塑的基层板命名，如覆塑胶合板、覆塑中密度纤维板等。其特点是施工方便、耐磨耐烫、美观、大方，适用于高级建筑的室内装修及制作家具用材。

（九）建筑塑料

塑料是一种以有机高分子材料为基体的固体材料，由于塑料有许多性能能满足建筑的需要，因此塑料制品已经渗透到建筑中各个部位，在一些国家，塑料建材已占全部建材的 80% 以上，我国虽然起步较晚，但近年来发展十分迅速，塑料新品种不断涌现，促进了我国建筑业进一步的发展。

1. 塑料的特性

塑料与传统建材相比，塑料有如下特性：

(A) 质量轻、比强度高。塑料制品的密度通常在 $0.8\sim2.2g/cm^3$ 之间,约为钢材的 1/5、铝的 1/2、混凝土的 1/3,与木材相近。塑料的比强度(按单位质量计算的强度)已接近甚至超过钢材,是一种优良的轻质高强材料。

(B) 绝缘性好。塑料对热、电、声都有良好的绝缘性。塑料的热导率小,约为 $0.020\sim0.046W/(m\cdot K)$,特别是泡沫塑料的导热性更小。一般塑料都无导电能力。塑料结构致密,隔声能力强。

(C) 耐腐蚀性好。塑料由饱和的化学价键构成,不会发生电化学腐蚀,一般塑料对酸、碱、盐、有机溶剂及油脂等均具有良好的抗腐蚀能力。

(D) 加工性能好,节能效果显著。塑料可以采用较简便的方法加工成多种形状的产品,且易成型、耗能量少。如生产聚氯乙烯(PVC)的耗能仅为钢材的 1/4、铝材的 1/8。此外,用塑料窗代替普通钢窗,可节约采暖能耗 30%~40%。

(E) 富有装饰性。塑料制品不仅可以着色,而且色彩鲜艳耐久。通过照相制版印制,模仿天然材料的纹理,可以达到以假乱真的程度。

塑料虽具有以上许多优点,但目前存在的主要缺点是易老化、易燃、耐热性差、刚性差等。塑料的这些缺点在某种程度上可以采取措施加工改进,如在配方中加入适当的稳定剂和优质颜料,可以改善老化性能;在塑料制品中加入较多的无机矿物质填料,可明显改变其可燃性;在塑料中加入复合纤维增强材料,可大大提高其强度和刚度等。

2. 建筑装饰塑料制品

塑料可用于建筑物的各个部位,既可美化环境、提高建筑功能,还有一定的节能作用。

(1) 塑料门窗

塑料门窗的主要原料为聚氯乙烯(PVC)树脂,加入适量添加剂,按适当的配合比混合,经挤出形成各种型材。型材经过加工,组装成建筑物的门窗。

塑料门窗可分为全塑窗、复合门窗和聚氨酯门窗,但以塑钢复合门窗为主。它由 PVC 中空型材和内部嵌入的金属型材拼装而成,有白色、深棕色、双色、仿木纹等品种。

我国生产的塑钢门窗有平开门、窗,推拉门、窗和地弹簧门五大类,20 多个尺寸系列的产品,还有能满足特殊需要的工业建筑用的防腐蚀门窗、中悬窗等。

塑料门窗与其他门窗相比,具有耐水、耐腐蚀,气密性、水密性、绝热性、隔声性、耐燃性、尺寸稳定性、装饰性好等特点,而且不需粉刷油漆,维修保养方便,同时还显著节能,在国外已广泛应用。鉴于国外经验和我国实情,以塑料门窗代替或逐步取代木门窗、金属门窗是节约木材、钢材、铝材,节省能源的重要途径。

(2) 塑料地板

塑料地板是以合成树脂为原料,掺入各种填料和助剂混合后加工而成的地面装饰材料。

塑料地板质轻、耐磨。塑料地板密度仅在 $2g/cm^3$ 左右,如聚酯、PVC 地板材料耐磨性都较理想。

塑料地板有防滑、耐腐蚀、可自熄、耐污性强和易清洗等特点,发泡地板还有弹性好,脚感舒适的特性。既可用于住宅,也可用于车间地面。

塑料地板花色品种多,装饰效果好,其表面可做出仿木材、天然石材、地面砖等花纹图案，卷材幅宽规格多，挑选余地大。

塑料地板的施工及维修极为方便，施工效率高。价格差别大，可满足不同层次的要求。

(3) 塑料壁纸

壁纸是当前使用最广泛的墙面装饰材料，尤其是塑料壁纸，其图案变化多样，色泽丰富多彩。通过印花、发泡等工艺，可仿制木纹、石纹、锦缎、织物，也有仿制瓷砖、普通砖等，如果处理得当，甚至能达到以假乱真的程度。塑料壁纸粘贴方便、使用寿命长，易维修保养，为室内装饰提供了极大的便利。

塑料壁纸的基本类型为：普通壁纸、发泡壁纸和特种壁纸三大类，但每类壁纸又有若干品种、几十甚至上百个花色。

1) 普通塑料壁纸

这种壁纸是以 $80g/m^2$ 的原纸作为基材，涂塑 $100g/m^2$ 左右 PVC 糊状树脂，经压花、印花而成。这种壁纸花色品种多，适用面广，价格低，属普及型壁纸。

根据加工方法、工序的不同，普通塑料壁纸又可分为：单色压花壁纸、印花压花壁纸、有光印花和平光花壁纸等。

2) 发泡壁纸

发泡壁纸是以 $100g/m^2$ 的原纸作为基材，涂塑 $300\sim400g/m^2$ 掺有发泡剂的 PVC 糊状树脂，印花后，再加热发泡而成。控制发泡剂掺量和加热温度可以制成高发泡壁纸和低发泡壁纸。高发泡壁纸发泡倍率较大，表面呈富有弹性的凹凸印花花纹，是一种兼具装饰、吸声、隔热多种功能的壁纸，常用于影剧院、住宅顶棚等处装饰。低发泡壁纸又可分为低发泡印花壁纸和低发泡印花压花壁纸，前者为在发泡平面印有图案的壁纸，后者又叫化学压花壁纸，是用有不同抑制发泡作用的油墨印花后再发泡，使表面形成具有不同色彩的凹凸花纹图案，也叫化学浮雕，常用于室内墙裙、客厅和内走廊的装饰。

3) 特种塑料壁纸（又称功能壁纸）

这种壁纸都具有某种特性或特殊功能，如有耐水壁纸、防火壁纸、彩色砂粒壁纸、金属热反射节能壁纸、镭射壁纸等很多品种。

(A) 耐水壁纸　是以玻璃纤维毡作基材，以提高其防水功能，适应卫生间、浴室等墙面装饰的要求。

(B) 防火壁纸　用 $100\sim200g/m^2$ 的石棉纸作基材，并在 PVC 树脂中掺用阻燃剂，使壁纸具有一定的阻燃防火功能，适用于防火要求较高的饰面和木制品表面装饰。

(C) 表面彩色砂粒壁纸　是在基材上撒布彩色砂粒（天然的或人工的），再喷涂胶粘剂，使表面具有砂粒毛面，常用作门厅、柱头、走廊等局部装饰。

(D) 金属热反射节能壁纸（简称金属壁纸）　是在纸基上真空喷镀一层铝膜，形成反射层，再加工成饰面。该壁纸红外线反射率达65%，可节能10%～30%。金属壁纸不会形成屏蔽效应，不影响无线电、电视接收。且壁纸有一定透气性，可防止墙壁结露、霉变。

(E) 镭射壁纸　是由纸基、镭射薄膜和透明带印花图案的 PVC 膜构成。其装饰效果比镭射玻璃更佳，且价格比镭射玻璃便宜，花色品种多，可不断更新。

(4) 塑料装饰板材

塑料装饰板材是指以树脂为浸渍材料或以树脂为基材，采用一定的生产工艺制成的具有装饰功能的普通或异型断面的板材。塑料装饰板材以其质量轻、装饰性强、生产工艺简单、施工简便、易于保养、适于与其他材料复合等特点在装饰工程中得到愈来愈广泛的应用。

1) 三聚氰胺层压板

三聚氰胺层压板由于采用的是热固性塑料，所以耐热性优良，在100℃以上的温度下不软化、开裂和起泡，具有良好的耐烫、耐燃性。由于骨架是纤维材料厚纸，所以有较高的机械强度，其抗拉强度可达90MPa，且表面耐磨。三聚氰胺层压板表面光滑致密，具有较强的耐污性，耐湿，耐擦洗，耐酸、碱、油脂及酒精等溶剂的侵蚀，经久耐用。主要用于建筑物的内墙面、柱面、台面、家具、吊顶等饰面工程。

2) 硬质PVC板

硬质PVC板有透明和不透明两种。按其断面形式可分为平板、波形板和异形板等。

硬质PVC平板 表面光滑、色泽鲜艳、不变形、易清洗、防水、耐腐蚀，同时具有良好的施工性能，可锯、可刨、可钻、可钉。常用于室内饰面、家具台面的装饰。

(A) 硬质PVC波形板

可任意着色，常用的有白色、绿色等。透明的波型板透光率可达$75\%\sim85\%$。彩色硬质PVC波形板可用作墙面装饰和简单建筑的屋面防水。透明PVC横波板可用作发光平顶。透明PVC纵波板，适宜做成拱形采光屋面，中间没有接缝，水密性好。

(B) 硬质PVC异形板，亦称PVC扣板

有两种基本结构，一种为单层异形板，另一种为中空异形板。与铝合金扣板相似，两边分别做成钩槽和插入边，既可达到接缝防水的目的，又可遮盖固定螺丝。硬质PVC异形板表面可印制或复合各种仿木纹、仿石纹装饰几何图案，有良好的装饰性，而且防潮、表面光滑、易于清洁、安装简单。常用作墙板和潮湿环境（盥洗室、卫生间）的吊顶板。

(C) 硬质PVC格子板

具有空间体形结构，可大大提高其刚度，不但可减小板面的翘曲变形而且可吸收PVC塑料板面在纵横两方向的热伸缩。格子板的立体板面可形成迎光面和背光面的强烈反差，使整个墙面或顶棚具有极富特点的光影装饰效果。格子板常用作体育馆、图书馆、展览馆或医院等公共建筑的墙面或吊顶。

3) 玻璃钢（GRP）板

玻璃钢（代号GRP）是以合成树脂为基体，以玻璃纤维或其制品为增强材料，经成型、固化而成的层压材料。

玻璃钢装饰制品具有良好的透光性和装饰性，可制成色彩艳丽的透光或不透光构件或饰件，其透光性与PVC接近，但具有散射光性能，故作屋面采光时，光线柔和均匀；其强度高（可超过普通碳素钢）、密度小（$\rho=1.4\sim2.2g/cm^3$，仅为钢的1/4～1/5，铝的1/3左右），是典型的轻质高强材料；其成型工艺简单灵活，可制作造型复杂的构件；具有良好的耐化学腐蚀性和电绝缘性；耐湿、防潮，可用于有耐潮湿要求的建筑物的某些部位。玻璃钢制品的最大缺点是表面不够光滑。

常用的玻璃钢装饰板材有波形板、格子板、折板等。

4) 塑铝板

塑铝板是一种以 PVC 塑料作芯板,正、背两表面为铝合金薄板的复合板材。该板材表面铝板经阳极氧化和着色处理,色泽鲜艳。由于采用了复合结构,所以兼有金属材料和塑料的优点,主要特点为密度小,坚固耐久,比铝合金薄板有强得多的抗冲击性和抗凹陷性;可自由弯曲,弯曲后不反弹,因此成型方便,沿弧面基体弯曲时,不需特殊固定,即可与基体良好的贴紧,便于粘贴固定;由于经过阳极氧化和着色、涂装表面处理,所以不但装饰性好而且有较强的耐候性;可锯、可铆、可刨(侧边)、可钻、可冷弯、冷折,易加工、易组装、易维修、易保养。塑铝板是一种新型金属塑料复合板材,愈来愈广泛地应用于建筑物的外幕墙和室内外墙面、柱面和顶面的饰面处理。为保护其表面在运输和施工时不被擦伤,塑铝板表面都贴有保护膜,施工完毕后再行揭去。

5) 聚碳酸酯(PC)采光板

聚碳酸酯采光板是以聚碳酸酯塑料为基材,采用挤出成型工艺制成的栅格状中空结构异型断面板材,是近年由国外引进的优质透光装饰板材。

聚碳酸酯采光板的特点为:轻、薄;且由于采用了多层空间栅格结构,所以刚性大、不易变形,能抵抗暴风雨、冰雹、大雪引起的破坏性冲击;外观美丽,有透明、蓝色、绿色、茶色、乳白等多种色调,极富装饰性;基本不吸水,有良好的耐水性和耐湿性;透光性好,6mm 厚的无色透明板透光率可达 80%;隔热、保温,由于采用中空结构,充分发挥了干燥空气导热系数极小的特点;阻燃性好,该种板材有良好的阻燃性、耐候性,板材表面经特殊的耐老化处理,长时间使用不老化、不变形、不褪色,长期使用的允许温度范围为 $-40 \sim 120℃$;有足够的变形性,作为拱形屋面最小弯曲半径可达 1050mm(6mm 厚的板材)。聚碳酸酯采光板适用于遮阳棚、大厅采光天幕、游泳池和体育场馆的顶棚、大型建筑和庭园的采光通道、温室花房或蔬菜大棚的顶罩等。

6) 有机玻璃板

有机玻璃是一种具有极好透光率的热塑性塑料,它是以甲基丙烯酸甲酯为主要原料,在特定的硅玻璃模或金属模内浇铸、聚合而成。有机玻璃板的透光率极好,可透过光线 90% 以上,并能透过紫外线光的 73.3%,机械强度较高;耐热性、抗寒性及耐气性较好;耐腐蚀性及绝缘性能良好;在一定的条件下,尺寸稳定,并容易成型加工。其缺点是质较脆;易溶于有机溶剂中(如低级酮、脂类及四氯化碳、苯等);表面硬度不大,容易擦毛等。

有机玻璃分为:无色透明有机玻璃、有色有机玻璃和珠光有机玻璃等。

(十)建筑装饰材料

建筑装饰材料在建筑工程中,占有十分重要的地位,建筑装饰工程的造价,在工业发达国家,一般占建筑总造价的 1/3 以上,有的高达 2/3。选用时应注意经济性、实用性、美化性的统一,对降低建筑装饰工程造价、提高建筑物的艺术性,都是十分必要的。装饰材料品种繁多。

(1) 按材质分

无机装饰材料,如石材、水泥、陶瓷、玻璃、不锈钢、铝型材等;

有机装饰材料,如木材、塑料、有机涂料等;

有机—无机复合材料,如人造大理石、彩色涂层钢板、塑铝板、塑钢门窗等。

(2) 按使用部位分

外墙装饰材料,如石材、装饰混凝土、塑铝板、外墙涂料等;

内墙装饰材料,如木制品、石膏、壁纸、内墙涂料、玻璃制品等;

地面装饰材料,如木地板、塑料地板、石材、陶瓷地砖、地面涂料等;

顶棚装饰材料,如石膏板、铝合金板、塑料板等。

(3) 按燃烧性能分

A级材料,具有不燃性,如大理石、石膏板、玻璃等;

B1级材料,具有难燃性,如装饰防火板、阻燃塑料地板、阻燃壁纸等;

B2级材料,具有可燃性,如胶合板、木工板、墙布等;

B3级材料,具有易燃性,如油漆等。

1. 装饰石材

(1) 大理石

大理石有极佳的装饰效果,纯净的大理石为白色,多数因含有其他深色矿物而呈红、黄、棕、绿等多种色彩,磨光后光洁细腻,纹理自然,美丽典雅,是室内的高级饰面材料。但其抗风化性能差,大多数大理石的主要化学成分是碳酸钙等碱性物质,会受到酸雨及空气中酸性氧化物(如SO_3等)遇水形成的酸类侵蚀而失去光泽,变得粗糙多孔,从而降低装饰性能,一般不宜用作室外装修(汉白玉、艾叶青除外)。此外,还应注意,当用作人员活动较多场所的地面装饰板材时,由于大理石的硬度较低,因而板材的磨光面易损坏。

大理石板可分为普通型板材(N)(正方形或长方形板材)、异形板材(S)(其他形状的板材);按其表面加工程度分为:粗磨板、细磨板、半细磨板、精磨板和抛光板等;按其外观质量(翘曲、裂纹、砂眼、凹陷、色斑、污点等)、镜面光泽度等品质分为:优等品(A)、一等品(B)、合格品(C)三个等级。因大理石抗风化能力差,主要用于建筑物室内饰面,如墙面、地面、柱面、台面、栏杆、踏步等。

(2) 花岗石

花岗石致密坚硬,表观密度为2500~2700kg/m^3,孔隙率小(0.04%~2.8%)、吸水率小(0.1%~0.7%),抗压强度高达120~250MPa,材质坚硬,莫氏硬度6以上,具有优异的耐磨性,对酸具有高度的抗腐蚀性,对于碱类侵蚀也有较强的抵抗力,耐久性很高,使用年限达75~200年。但花岗石的耐火性较差,当温度达800℃以上,花岗石中的二氧化硅晶体产生晶形转化,使体积膨胀,故发生火灾时花岗石会产生严重开裂而破坏。某些花岗石含有微量放射性元素,应进行放射性元素含量的检验。花岗石常用于重要的大型建筑物的基础、勒脚、柱子、栏杆、踏步等部位以及桥梁、堤坝等工程中,是建造永久性工程、纪念性建筑的良好材料,还常用于耐酸工程中。

天然花岗石板材按形状分为普通板材(N)和异形板材(S);按其表面加工程度分为:粗面板材(RU)、细面板材(RB)和镜面板材(PL);按其外观质量(缺棱、缺角、裂纹、色斑、色线、坑窝等)及尺寸、平面度、角度的偏差、光泽度等分为:优等品(A)、一等品(B)、合格品(C)三个等级。

花岗石板主要用于各类高级建筑物的墙、柱、地、楼梯、台阶等表面装饰及服务台、展示台和家具等。

(3) 进口天然石材

不同的地域和不同地理条件，形成不同质地的石材。进口天然石材因其特殊的地理形成条件，无论在质地、色泽与天然纹理上，都异于国产石材，再加上国外先进的加工与抛光技术，所以从整体外观与性能上说，进口天然石材优于国产石材，现在一些公共建筑、星级宾馆、高档会场的大面积装饰中常选用进口天然石材。

进口天然石材多为浅色系列，常用的有：西班牙的象牙白、西班牙红、希腊黑、卡地亚的沙利士红麻、印度的蒙特卡罗蓝、将军红、印度红等。

(4) 人造饰面石材

人造饰面石材是采用无机或有机胶凝材料作为胶粘剂，以天然砂、碎石、石粉或工业渣等为粗、细填充料，经成型、固化、表面处理而成的一种合成石，又称人造石材。

1) 人造饰面石材的特点

(A) 质量轻、强度大、厚度薄。某些种类的人造石材体积密度只有天然石材的一半，强度却较高，抗折强度可达30MPa，抗压强度可达110MPa。人造饰面石材厚度一般小于10mm，最薄的可达8mm。通常不需专用锯切设备锯割，可一次成型为板材。

(B) 色泽鲜艳、花色繁多、装饰性好。人造石材的色泽可根据设计意图制作，可仿天然花岗石、大理石或玉石，色泽花纹可达到以假乱真的程度。人造石材的表面光泽度高，某些产品的光泽度指标可大于100，甚至超过天然石材。

(C) 耐腐蚀、耐污染。天然石材或耐酸或耐碱，而聚酯型人造石材，既耐酸也耐碱，同时对各种污染具有较强的耐污力。

(D) 便于施工、价格便宜。人造饰面石材可钻、可锯、可粘结，加工性能良好。还可制成弧形、曲面等天然石材难以加工的几何形状。一些仿珍贵天然石材品种的人造石材价格只及天然石材的几分之一。

除以上优点外，人造石材还存着一些缺点，如有的品种表面耐刻划能力较差，某些板材使用中发生翘曲变形等，随着对人造饰面石材制作工艺、原料配比的不断改进、完善，这些缺点和问题是可以逐步克服的。

2) 人造饰面石材常用品种

(A) 聚酯型人造石制品　聚酯型人造石材是以不饱和聚酯树脂为胶结料而生产的聚酯合成石。聚酯合成石由于生产时所加颜料不同，采用的天然石料的种类、粒度和纯度不同，以及制作的工艺方法不同，则所制成的石材的花纹、图案、颜色和质感也就不同，通常制成仿天然大理石、天然花岗石和天然玛瑙石的花纹和质感，故分别称为人造大理石、人造花岗石和人造玛瑙石等。另外，还可以制成具有类似玉石色泽和透明状的人造石材，称为人造玉石。人造玉石也可仿造出紫晶、彩翠、芙蓉石等名贵玉石产品。

聚酯合成石除可以制作成饰面人造大理石板材、人造花岗石板材和人造玉石板材外，还常制作卫生洁具，如浴缸、带梳妆台的单、双盆洗脸盆、立柱式脸盆、坐便器等，也可做成人造大理石壁画等工艺品。

(B) 仿花岗石水磨石砖　仿花岗石水磨石砖，是使用颗粒较小的碎石米，加入各种颜色的色料，采用压制、粗磨、打蜡、磨光等生产工艺制成。其砖面的颜色、纹理和天然花岗石十分相似，光泽度较高，装饰效果好。主要用于宾馆、饭店、办公楼、住宅等的内外墙和地面装饰。

(C) 仿黑色大理石 主要以钢渣和废玻璃为原料,加入水玻璃、外加剂、水等混合成型烧结而成。其特点:具有利用废料、节电降耗、工艺简单的特点。主要用于内外墙、地面装饰贴铺,也可用于台面等。

(D) 透光大理石 是将加工成5mm以下具有透光性的薄型石材和玻璃相复合,芯层为丁醛膜,在140~150℃热压30min而成。其特点:可以使光线变得很柔和。应用范围:制作采光天棚、外墙装饰。

(E) 高级石化瓷砖 特点:具有仿天然花岗石的外观,同时还具有抗折强度高、耐酸、耐碱、耐磨、抗高温、抗严寒、石质感强、不吸水、防污防潮、不爆裂等优良性能。适用于高级豪华型建筑。

(F) 艺术石 由精选硅酸盐水泥、轻骨料、氧化铁混合加工倒模而成。所有石模都是精心挑选的天然石材制造。特点:其质感、色泽和纹理与天然石无异,不加雕饰就富有原始、古朴的雅趣,质轻、安装简便。适用于内外墙面、户外景观等场所。

2. 石膏装饰制品

由于石膏凝结快和体积稳定的特点,常用于制作建筑雕塑。

(1) 石膏装饰线脚、灯圈、角花

一般在灯座处或顶棚边缘及四角制出浮雕花型,美观、雅致。

(2) 石膏壁画

用小尺寸石膏浮雕预制件拼合成大型画面,有山水、松竹、飞鹤、腾龙等图案,整幅画面可达1.8m×4m。

(3) 石膏艺术廊柱

仿欧洲建筑流派风格造型,分上、中、下三部分,上部为柱头,有盆状、花篮状、漏斗状等;中部为方柱体或空心圆;下部为基座。多用于营业门面、厅堂、门窗洞口等处。也可单独制成人体或动物的立体雕塑。

(4) 装饰石膏板

由建筑石膏、适量纤维材料和水等经搅拌、浇筑、修边、干燥等工艺制得。装饰石膏板按表面形状分为平板、多孔板、浮雕板,按性能分有普通板和防潮板。装饰石膏板造型美观,装饰性强,且具有良好的吸声、防火等功能,主要用于公共建筑的内墙、吊顶等。此外还有嵌装式装饰石膏板。

3. 装饰混凝土和装饰砂浆

(1) 装饰混凝土

装饰混凝土是利用混凝土成型时良好的塑性,选择适当的组成材料,使成型后的混凝土表面具有装饰性的线形、纹理、质感及色彩效果,则可以满足建筑物立面装饰的不同要求。这一类混凝土就称为装饰混凝土。它可以将结构与装饰融为一体,结构施工与装饰处理同时进行,既简化了施工工序,缩短了工期,又可以根据设计要求获得别具一格的装饰效果。

使混凝土获得装饰效果的手段很多,常用的主要有三类。

1) 清水装饰混凝土

清水装饰混凝土是利用混凝土结构或构件的线条或几何外形的处理而获得装饰性的。

它具有简单、明快大方的立面装饰效果。也可以在成型时利用模板等在构件表面上做出凹凸花纹，使立面质感更加丰富，从而获得艺术装饰效果。这类装饰混凝土构件基本上保持了混凝土原有的外观质地，因此称为清水装饰混凝土。

2）露骨料混凝土

露骨料混凝土是在混凝土硬化前或硬化后，通过一定工艺手段使混凝土骨料适当外露，以骨料的天然色泽和不规则的分布，达到一定的装饰效果。制作方法有：水洗法、缓凝剂法、酸洗法、水磨法、喷砂法、抛丸法、凿剁法、火焰喷射法和劈裂法等。

3）彩色混凝土

彩色混凝土可用白色水泥或彩色水泥为胶凝材料制成，但由于我国目前白水泥、彩色水泥产量较少，价格较高，整体着色的白水泥、彩色水泥混凝土应用较少。因此在混凝土中掺入适量的彩色外加剂、无机氧化物颜料和化学着色剂等着色料，或者干撒着色硬化剂等，均是使混凝土着色的常用方法。还可在普通混凝土基材表面加做饰面层，如不同颜色的水泥混凝土花砖，按设计图案铺设，外形美观，色彩鲜艳，成本低廉，施工方便，用于园林、街心花园、庭院和人行便道等，均可获得理想的装饰效果。

(2) 装饰砂浆

涂抹在建筑物内外墙表面，具有美观装饰效果的抹面砂浆统称为装饰砂浆。装饰砂浆的底层和中层与普通抹面砂浆基本相同。主要是装饰的面层，要选用具有一定颜色的胶凝材料和骨料以及采用某些特殊的操作工艺，使表面呈现出不同的色彩、线条与花纹等装饰效果。常用装饰砂浆的饰面工艺做法有两类：灰浆类和石渣类。

1）灰浆类砂浆饰面

（A）拉条

拉条抹灰是采用专用模具把面层砂浆做出竖向线条的装饰做法。拉条抹灰有细条形、粗条形、半圆形、波形、梯形、方形等多种形式，是一种较新的抹灰做法。它具有美观大方，不易积灰，成本低等优点，并有良好的音响效果。适用门厅、会议室、观众厅等。

（B）假面砖

假面砖是采用掺氧化铁系颜料的水泥砂浆，通过手工操作达到模拟面砖装饰效果的饰面做法。适合于房屋建筑外墙抹灰饰面。

（C）假大理石

假大理石是用掺适当颜料的石膏色浆和素石膏浆按1:10比例配合，通过手工操作，做成具有大理石表面特征的装饰抹灰。这种装饰工艺对操作技术要求较高，但无论在颜色、花纹和光洁度等方面，都接近天然大理石效果。适用于高级装饰工程中的室内墙面抹灰。

2）石渣类砂浆饰面

（A）水刷石 用颗粒细小（约5mm）的石渣所拌成的砂浆作面层，待表面稍凝固后立即喷水冲刷表面水泥浆，使其半露出石渣。主要用于建筑物的外墙装饰，具有天然石材的质感，经久耐用。

（B）干粘石 将彩色石粒直接粘在砂浆层上的一种装饰抹灰做法。这种做法与水刷石相比，既节约水泥、石粒等原材料，减少湿作业，又能提高工效，应用广泛。

（C）斩假石 又称剁斧石，是在水泥砂浆基层上涂抹水泥白石屑浆，待硬化后，用剁斧、齿斧及各种凿子等工具剁出有规律的石纹，使其形成天然花岗石的效果。主要用于室外柱面、勒脚、栏杆、踏步等处的装饰。

(D) 水磨石　用普通水泥、白色水泥或彩色水泥和各种色彩的大理石碴及水按适当比例配合，需要时掺入适量颜料制成面层，硬化后用机械磨平抛光。水磨石多用于地面装饰，可事先设计图案和色彩，抛光后更具艺术效果。除可用作地面之外，还可预制做成楼梯踏步、窗台板、柱面、踢脚板和地面板等多种建筑构件。水磨石一般多用于室内。

4. 建筑装饰陶瓷

陶瓷制品是以黏土为主要原料，经配料、制坯、干燥和焙烧制得的无机非金属材料。

陶瓷自古以来就是优良的建筑装饰材料之一。随着科学技术生产力的发展和人类物质生活水平的迅速提高，陶瓷制品的应用更加广泛。现代建筑工程中应用的陶瓷制品，主要包括陶瓷墙地砖、陶瓷锦砖、琉璃制品等。

建筑装饰陶瓷制品按建筑部位可分为：内墙面砖、外墙面砖、地面砖等；按质量不同（以干制品吸水率划分）分为瓷质砖（$E \leqslant 0.5\%$），炻瓷砖（$0.5\% < E \leqslant 3\%$），细炻砖（$3\% < E \leqslant 6\%$），炻质砖（$6\% < E \leqslant 10\%$），陶质砖（$E > 10\%$）等五大类。

(1) 陶瓷饰面砖主要技术性质

陶瓷砖的技术性质应按 GB/T 3810—2006 规定的试验方法进行检验，主要包括：规格尺寸、表面质量（按陶瓷砖的表面质量分有两个等级：优等品和合格品）、吸水率、破坏强度、断裂模数、抗冲击性、耐磨性、热膨胀性、湿膨胀性、抗热震性、抗冻性、耐化学腐蚀性、耐污染性、色差及釉面砖的抗釉裂性等。

(2) 常用品种

建筑装饰陶瓷制品种类很多，这里仅介绍常用的釉面砖、彩色釉面陶瓷墙地砖、无釉陶瓷地砖和几种新型墙地砖。

1) 釉面砖

釉面内墙砖是以难熔黏土为主要原料加工制成，因主要用于建筑物内墙装饰又称内墙面砖；又因多数施有釉面，也简称釉面砖。

釉面砖按形状分有通用砖（正方形、长方形）和异形配件砖；按釉面色彩分为单色、花色和图案砖。目前，釉面砖产品规格趋向大而薄，色彩图案种类繁多，价格高低不等。

釉面砖属陶质砖，根据国标 GB/T 4100.5—2006 规定，按表面质量分优等品和合格品两种。主要物理力学性能见表 1-80 所列。釉面内墙砖具有许多优良性能，它强度高、表面光亮、防潮、易清洗、耐腐蚀、变形小、抗急冷急热。釉面内墙砖表面细腻，色彩和图案丰富，风格典雅，极富装饰性。由于釉面砖是多孔精陶坯体，在长期与空气接触的过程中，特别是在潮湿的环境中使用，坯体会吸收水分产生吸湿膨胀现象，所以在建筑装饰工程中，釉面砖只能用于室内，不能用于室外。

白色釉面砖常用于医院、实验室、游泳池、浴池、卫生间等处，也用于厨房的墙面装饰。各种色调、图案的釉面砖适于民用住宅和高级宾馆的浴室、厕所、盥洗室内。

2) 彩色釉面陶瓷墙地砖（彩釉砖）

彩釉砖是指适用于建筑物外墙面、地面装饰用的彩色釉面陶瓷面砖。彩釉砖的主要规格尺寸，按平面形状分定型（正方形和长方形）和非定型两种，其中长宽比大于3的通常

釉面砖主要物理力学性能　　　　　　　　　　　　　　　　　　　　　　　　表 1-80

项　目	性　能　指　标
主要规格(mm)长×宽	100×100、150×150、150×200、200×200、200×280、200×300、250×400
厚度(mm)	5～8
吸水率(%)	平均值 E>10%，单值不小于9%，当平均值 E>20%时，生产厂家应说明
破坏强度	厚度≥7.5mm 时，破坏强度平均值不小于600N 厚度<7.5mm 时，破坏强度平均值不小于200N
断裂模数	平均值不小于15MPa，单值不小于12MPa(不是用于破坏强度≥3000N 的砖)
抗冻性	不作要求

称为条砖。彩釉砖的厚度一般为 6～8mm。非定型和异形产品的规格由供需双方商定。目前市场上非定型产品中幅面最大可达 800mm×800mm。

彩釉砖按表面质量（表面缺陷和色差）与结构质量（变形、分层、背纹）要求分为优等品、合格品两个等级。

彩釉砖的表面有平面和立体浮雕面的；有镜面和防滑亚光面的；有纹点和仿大理石、花岗石图案的；有使用各种装饰釉作釉面的，色彩瑰丽，丰富多变，具有极强的装饰性和耐久性。彩釉砖广泛应用于各类建筑物的外墙和柱的饰面和地面装饰，一般用于装饰等级要求较高的工程。用于不同部位的墙地砖应考虑其特殊的要求，如用于铺地时应考虑彩釉砖的耐磨类别；用于寒冷地区的应选用吸水率尽可能小，抗冻性能好的墙地砖。

3）无釉陶瓷地砖（缸砖）

无釉陶瓷地砖简称无釉砖或缸砖，是专用于铺地的耐磨炻质无釉面砖。系采用难熔黏土加工而成。缸砖在早期只有红色的一种，形状有正方形和六角形两种。现在发展的品种多种多样，基本分成无光和抛光两种。

陶瓷地砖具有强度高、致密坚实、耐磨、吸水率小、抗冻、耐污染、易清洗、耐腐蚀、经久耐用等特点。无釉陶瓷地砖按产品的表面质量同样分为优等品和合格品两个等级。主要物理力学性能应符合 GB/T 4100—2006 的规定，见表 1-81 所列。

陶瓷地砖物理力学性质　　　　　　　　　　　　　　　　　　　　　　　　　表 1-81

项　目	细　炻　砖	炻　质　砖
吸水率(%)	平均值 3%<E≤6%，单值≤6.5%	平均值 6%<E≤10%，单值≤11%
破坏强度　厚度≥7.5mm 　　　　　　厚度<7.5mm	破坏强度平均值≥1000N 破坏强度平均值≥600N	破坏强度平均值≥800N 破坏强度平均值≥500N
断裂模数(MPa)	平均值≥22，单块值≥20	平均值≥18，单块值≥16
耐磨性	无釉砖耐深度磨损体积≤345mm³	无釉砖耐深度磨损体积≤540mm³
抗热震性	在 15℃和 145℃两种温度条件下循环 10 次不出现炸裂和裂纹	

注：断裂模数不适用于破坏强度≥3000N 的陶瓷砖。

无釉陶瓷地砖颜色以素色和色斑点为主，表面为平面、浮雕面和防滑面等多种形式，适用于商场、宾馆、饭店、游乐场、会议厅、展览馆的室内外地面。特别是近年来小规格的无釉陶瓷地砖常用于公共建筑的大厅和室外广场的地面铺贴，经不同颜色和图案的组合，形成质朴、大方、高雅的风格，同时兼有分区、引导、指向的作用。各种防滑无釉陶瓷地砖也广泛用于民用住宅的室外平台、浴厕等地面装饰。

4) 新型墙地砖

墙地砖的品种创新很快，劈离砖、金属光泽釉面砖、玻化砖等都是近年来市场上常见的陶瓷墙地砖的新品种。

(A) 劈离砖

劈离砖由于成型时为双砖背联坯体，烧成后再劈离成两块砖，故又称劈裂砖。

劈离砖种类很多，色彩丰富，有红、红褐、橙红、黄、深黄、咖啡、灰色等，色彩不褪不变，自然柔和。该制品表面质感变幻多样，粗质的浑厚，细质的清秀。表面的装饰分彩釉和无釉两种，施釉的光泽晶莹，富丽堂皇；无釉的古朴大方，无眩光反射。劈离砖坯体密实，抗压强度高，吸水率小，表面硬度大，耐磨防滑，性能稳定。其背面呈楔形凹槽纹，可保证铺贴时与砂浆层牢固粘结。

劈离砖适用于各类建筑物的外墙装饰，也适用作车站、机场、餐厅、楼堂馆所等室内地面的铺贴材料。厚型砖还用于广场、公园、人行道路等露天地面的铺设。例如北京亚运村国际会议中心和国际文化交流中心共5万多平方米的外墙饰面及5千多平方米的地坪，均采用了劈离砖装修，其装饰效果良好。

(B) 金属光泽釉面砖

金属光泽釉面砖是一种表面呈现金、银等金属光泽的釉面墙地砖。它采用了一种新的彩饰方法——釉面砖表面热喷涂着色工艺。是一种高级墙体饰面材料，可给人以清新绚丽，金碧辉煌的特殊效果。该种面砖的规格同普通的陶瓷墙地砖，特别是条型砖的应用较为广泛。

金属光泽釉面砖适用于高级宾馆、饭店以及酒吧、咖啡厅等娱乐场所的内墙饰面，其特有的金属光泽和镜面效果，使人在雍容华贵中享受到浓郁的现代气息。

(C) 玻化墙地砖

玻化墙地砖亦称全瓷玻化砖或玻化砖。它烧结程度很高，坯体致密。虽表面不上釉，但吸水率很低（不超过0.5%）。该种墙地砖强度高（抗压强度可达46MPa）、耐磨、耐酸碱、不褪色、耐清洗、耐污染。玻化砖有银灰、斑点绿、浅蓝、珍珠白、黄、纯黑等多种色调。调整其着色颜料的比例和制作工艺，可使砖面呈现不同的纹理、斑点，使其极似天然石材。

5) 陶瓷锦砖

陶瓷锦砖俗称陶瓷马赛克。陶瓷锦砖采用优质瓷土烧制而成，可上釉或不上釉。陶瓷锦砖的规格较小，直接粘贴很困难，故需预先反贴于牛皮纸上（正面与纸相粘），故又俗称"纸皮砖"，所形成的一张张的产品，称为"联"。联的边长有284mm、295mm、305mm、325mm四种。按常见的联长为305mm计算，每联约0.093m^2，重约0.65kg，每40张为一箱，每箱面积约3.7m^2。

陶瓷锦砖按尺寸允许偏差和外观质量分为优等品、合格品两个产品等级。其基本性能指标见表1-82所列。

陶瓷锦砖质地坚实、吸水率极小、耐酸、耐碱、耐火、耐磨、不渗水、易清洗、抗急冷急热。陶瓷锦砖色彩鲜艳、色泽稳定、可拼出风景、动物、花草及各种抽象图案。

陶瓷锦砖适用于洁净车间、门厅、餐厅、厕所、盥洗室、浴室、化验室等处的地面和墙面的饰面。并可应用于建筑物的外墙饰面，与外墙面砖相比具有面层薄、自重轻、造价低、坚固耐用、色泽稳定的特点。

陶瓷锦砖基本性能指标　　　　　表 1-82

项　目	指　标
吸水率(%)	≤0.5
破坏强度：厚度≥7.5mm	平均值≥1300N
厚度<7.5mm	平均值≥700N
断裂模数(MPa)	(不适用于破坏强度≥3000N 的砖)平均值≥35,单块值≥32
抗热震性	在 15℃和 145℃两种温度条件下循环 10 次,不出现炸裂和裂纹
耐磨性	无釉砖耐深度磨损体积≤175mm^3,釉面地砖应符合使用要求的磨损等级和转数
抗冻性	经抗冻试验后无裂纹或剥落
抗冲击性	经抗冲击性试验后,其平均恢复系数符合要求

6) 建筑琉璃制品

建筑琉璃制品是我国传统的极富民族特色的建筑陶瓷材料。由于它具有独特的装饰性能，不但仍用于古典式建筑物，也广泛用于具有民族风格的现代建筑物。

琉璃制品用难熔黏土制成坯泥，制坯成型后经干燥、素烧、施色釉、釉烧而成。其特点是：质细致密、表面光滑、不易沾污、坚实耐久、色彩绚丽、造型古朴，富有民族特点。常见的颜色有金黄、翠绿、宝蓝等。

琉璃瓦造型复杂，制作工艺较繁，因而造价高。故主要用于体现我国传统建筑风格的宫殿式建筑以及纪念性建筑上，还常用以制造园林建筑中的亭、台、楼、阁，构建古代园林的风格。琉璃制品还常用作近代建筑的高级屋面材料，可体现现代与传统的完美结合，富有东方民族精神，富丽堂皇、雄伟壮观。

5. 装饰玻璃

随着建筑发展的需要和玻璃生产技术的发展进步，玻璃已由过去单一的采光功能向多功能方向发展，玻璃表面的颜色、图案和质感等，可以满足建筑装饰的不同要求，现已成为门窗、外墙及室内重要的装饰材料之一。

(1) 装饰平板玻璃

1) 彩色玻璃

彩色玻璃又称有色玻璃。彩色玻璃按透明程度不同分为透明、半透明和不透明三种。

透明彩色玻璃是在普通平板玻璃的制作原料中加入了一定量的金属氧化物（如氧化钴、氧化铜、氧化铬、氧化铁和氧化锰等）而使玻璃具有各种色彩。

半透明彩色玻璃可通过在透明彩色玻璃的表面进行喷砂处理后制成，这种玻璃不仅具有透光不透视的性能，而且装饰性也很好。

不透明玻璃又称彩釉玻璃，它是将无机或有机釉料印制在玻璃的表面。无机釉料是经过高温烧结的，因而它的耐久性、耐温性等比有机釉料好，但有机釉料的加工工艺简单、成本低廉。

彩色玻璃不仅颜色丰富装饰性好，且具有耐腐蚀、易清洁的特点。在建筑装饰中，还可以用不同的彩色玻璃拼成一定的图案花纹，以取得某种艺术效果。彩色玻璃主要用于建筑物的门窗。内外墙面上和对光线有色彩要求的建筑部位，如教堂的门窗和采光屋顶、幼儿园的活动室门窗等处。

2）花纹玻璃

玻璃表面可用不同的加工工艺方法制出花纹饰面，常用的有压花玻璃、喷花玻璃、雕花玻璃、冰花玻璃等。

（A）压花玻璃　压花玻璃又称为滚花玻璃。有一般压花玻璃、真空镀膜压花玻璃和彩色膜压花玻璃等。

由于一般压花玻璃表面压有深浅不同的各种花纹图案，其表面凹凸不平，当光线通过玻璃时产生无规则的折射，因而压花玻璃具有透光而不透视的特点，且表面各种花纹图案具有良好的装饰性。

真空镀膜压花玻璃和彩色膜压花玻璃，由于有色彩，花纹图案的立体感更强，彩色膜的色泽、坚固性、稳定性均较好，还具有良好的热反射能力，而且给人们一种富丽堂皇和华贵的艺术感觉。适用于宾馆、饭店、餐厅、酒吧、浴室、游泳池、卫生间以及办公室、会议室的门窗和隔断等。也可用来加工屏风灯具等工艺品和日用品。

（B）刻花玻璃　刻花玻璃又称雕花玻璃。图案的立体感非常强，似浮雕一般，在室内灯光的照耀下，更是熠熠生辉。刻花玻璃主要用于高档场所的室内隔断、吊顶或屏风等处。

（C）冰花玻璃　冰花玻璃是一种利用平板玻璃经特殊处理形成具有自然冰花纹理的玻璃。冰花玻璃可用无色平板玻璃制造，也可用茶色、蓝色、绿色等彩色玻璃制造。其装饰效果优于压花玻璃，给人以典雅清新之感，是一种新型的室内装饰玻璃。可用于宾馆、饭店、酒吧间等场所的门窗、隔断、屏风和家庭装饰。

3）釉面玻璃

釉面玻璃是指在按一定尺寸切裁好的玻璃表面上涂敷一层彩色易熔的釉料，经过烧结而制成的具有美丽的色彩或图案的玻璃。釉面玻璃可以用普通平板玻璃、磨光玻璃、玻璃砖等为基材。釉面玻璃特点是：图案精美，不褪色，不掉色，易于清洗，花纹可按用户的要求或艺术设计图案制作。

釉面玻璃具有良好的化学稳定性和装饰性，广泛用于食品工业、化工工业、商业、公共食堂等室内饰面层；一般建筑物门厅和楼梯间的饰面层及建筑物外饰面层。

4）镭射玻璃

镭射玻璃是指普通玻璃经过复杂的特殊处理后，使照射到玻璃上的光线分解，得到多层次的七彩光，出现全息或其他光栅等物理衍射现象的玻璃品种。

镭射玻璃的颜色有蓝色、灰色、紫色、绿色等。它的结构组成有单层和双层两类。表面经过光线照射能够呈现出艳丽的色彩和图案，且色彩和图案可因光线的入射角度的不同而产生各种变化，使装饰面显得富丽堂皇、梦幻万千，可达到使人欢快、兴奋的效果。镭射玻璃适用于商场、宾馆、迪斯科厅、酒吧等场所的门面、地面和隔断的装饰。

5）镜面玻璃

镜面玻璃即镜子，指玻璃表面通过化学（银镜反应）或物理（真空镀铝）等方法形成反射率极强的镜面反射的玻璃制品。为提高装饰效果，在镀镜之前可对原片玻璃进行彩绘、磨刻、喷砂、化学蚀刻等加工，形成具有各种花纹图案或精美字画的镜面玻璃。

在装饰工程中，常利用镜子的反射、折射来增加空间感和距离感，或改变光照效果。

常用的镜面玻璃有以下几种：

明镜：为全反射镜，用作化妆台、壁面镜屏。

墨镜：也称黑镜，呈黑灰色。其颜色可分为深黑灰、中黑灰、浅黑灰。特点是反射率低，即使是在灯光照射下也不致太刺眼，有神秘气氛感。一般用于餐厅、咖啡厅、商店、旅馆等的顶棚、墙壁或隔屏等。

彩绘镜、雕刻镜：制镜时，于镀膜前在玻璃表面上绘出要求的彩色花纹图案，镀膜后即成为彩绘镜。如果镀膜前对玻璃原片进行雕刻，则可制得雕刻镜。

(2) 其他玻璃装饰制品

玻璃除主要用于门窗外，还可制成用于隔墙或贴面的材料。如玻璃空心砖、玻璃锦砖等。

1) 玻璃空心砖

玻璃空心砖是由两块压铸成凹形的玻璃，经熔接或胶结而成的正方形或矩形玻璃砖块。

玻璃空心砖有正方形、矩形及各种异形产品，它分为单腔和双腔两种。玻璃空心砖可以是平光的，也可以在里面或外面压有各种花纹，可以是无色的，也可以是彩色的，以提高装饰性。玻璃空心砖具有非常优良的性能，强度高、隔声、绝热、耐水、防火。玻璃空心砖常被用来砌筑透光的墙壁、建筑物的非承重内外隔墙、淋浴隔断、门厅通道。

2) 玻璃锦砖

玻璃锦砖又称玻璃马赛克，是一种小规格的方形彩色饰面玻璃。

玻璃锦砖是以玻璃为基料并含有未熔化的微小晶体（主要是石英砂）的乳浊制品，因熔融或烧结温度较低、时间较短，存有未完全熔融的石英颗粒与玻璃熔结在一起，使玻璃马赛克具有较高的强度和优良的热稳定性、化学稳定性；微小气泡的存在，使其表观密度低于普通玻璃；非均匀质各部分对光的折射率不同，造成了光散射，使其具有柔和的光泽。将单块的玻璃锦砖按设计要求的图案及尺寸，用胶粘剂粘贴到牛皮纸上成为一联（正面贴纸）。

根据国家标准《玻璃马赛克》（GB/T 7697—1996）的规定，单块马赛克的边长有20mm、25mm、30mm三种，相应的厚度为4.0mm、4.2mm和4.3mm。玻璃马赛克表面光滑、不吸水，所以抗污性好，具有雨水自涤、历久常新的特点；玻璃马赛克的颜色有乳白、姜黄、红、黄、蓝、白、黑及各种过渡色，有的还带有金色、银色斑点或条纹，可拼装成各种图案，或者绚丽豪华，或者庄重典雅，是一种很好的饰面材料，缺点是脆性大，易碎，抗冲击性和防滑性差，不适用于地面，较多应用于建筑物的外墙贴面装饰工程。

6. 金属装饰材料

(1) 建筑装饰用钢制品

装饰工程中常用的钢制品主要有：各种装饰钢板、钢管及轻钢龙骨。

1) 装饰钢板

(A) 不锈钢板：为防止钢材生锈，可在碳素钢中加入能提高抗腐蚀能力的合金元素，如铬、镍、钛、铜、锰、硅等制成合金钢。通常按化学成分分为：铬不锈钢、铬—镍不锈钢、铬—镍—钛不锈钢和高锰低钛不锈钢等；按耐腐蚀特点又分为：普通不锈钢和耐酸不锈钢两大类。常用不锈钢有 40 多个品种。不锈钢不但耐腐蚀，光泽度也好，其表面可加工成亚光、抛光、浮雕等形式，装饰效果极好。不锈钢的装饰制品主要是薄钢板，作包柱使用，广泛用于公共建筑入口、门厅、中厅等处。此外，还可将不锈钢加工成型材、管材及各种异型材，在建筑上可作屋面、幕墙、隔墙、栏杆、扶手等。

不锈钢板表面经化学浸渍着色处理后，可制得蓝、黄、红、绿等彩色不锈钢板，其彩色面层可耐 2000℃高温，弯曲 90°面层也不会被破坏。还可用真空镀膜技术在其表面喷镀一层钛金属膜，制成金光闪亮的钛金板，既保证了原有性能，还提高了装饰效果。彩色不锈钢板常用作电梯厢板、墙板、顶棚板、招牌等，也可用于高级建筑的局部装饰。

(B) 彩色涂层钢板：以冷轧或镀锌钢板（钢带）为基材，经表面处理后，涂以各种保护、装饰涂层而制成的产品。常用涂层有无机涂层、有机涂层和复合涂层三类，以有机涂层钢板发展最快，常用的有机涂层有聚氯乙烯（PVC）、环氧树脂、聚酯树脂、聚丙烯酸酯、酚醛树脂等。它具有强度高、刚性好、可加工性强（可剪、切、弯、卷、钻），有多变的色泽和表面质感，涂层耐腐蚀、耐湿热、耐低温，涂层经二次机械加工也不被破坏。常用于外墙板、屋面板、护壁板等。还可加工成管道、电气设备外壳等。

(C) 彩色压型钢板：以镀锌钢板为基材，经辊压、冷弯成异型断面，表面涂装彩色防腐涂层或烤漆制成的轻型复合板材。也可用彩色涂层钢板直接压制成型。该钢板表面立体感强、色彩柔和、外形规整、美观，适合作大型公共建筑和高层建筑的外幕墙板，与其配合的有专用扣件，施工维修都方便。

目前用彩色涂层压型钢板与 H 型钢、冷弯型材等各种断面型材配合建造的钢结构房屋，已发展成为一种完整而成熟的建筑体系，它使结构的质量大大减轻。某些以彩色涂层压型钢板为围护结构的全钢结构的用钢量，已接近或低于钢筋混凝土结构的用钢量。

(D) 彩钢复合板：这是以彩色压型钢板为面板，轻质保温材料为芯材，经施胶、热压、固化复合而成的轻质板材。彩钢复合板的面板可用彩色涂层压型钢板、彩色镀锌钢板、彩色镀铝钢板、彩色镀铝合金钢板或不锈钢板等。其中以彩色涂层压型钢板应用最为广泛。

彩钢复合板质量轻（为混凝土屋面质量的 1/30～1/20）、保温隔热好，其导热系数值 $\leqslant 0.035 W/(m^2 \cdot K)$，隔声、立面美观、耐腐蚀，可快速装配化施工（无湿作业，不需二次装修）并可增加有效使用面积。适用于工业厂房的大跨度结构屋面、公共建筑的屋面、墙面和建筑装修以及组合式冷库、移动式房屋等，使用寿命在 20～30 年。

2) 钢管

装饰工程中常将不锈钢制成管状，按截面可分为等径圆管和变径花形管，按表面光泽有抛光管、亚光管和浮雕管。近几年在大型建筑中不锈钢管已得到广泛应用，如鸭嘴形扁圆管用于楼梯扶手，取得了动态、个性及高雅、华贵的装饰效果。

3) 轻钢龙骨

轻钢龙骨是以镀锌钢带或薄钢板由特制轧机以多道工艺轧制而成。轻钢龙骨断面有 U 形、C 形、T 形及 L 形等。吊顶龙骨代号 D，隔断龙骨代号 Q。吊顶龙骨分主龙骨（大龙骨)、次龙骨(中龙骨、小龙骨)。主龙骨也叫"承重龙骨";次龙骨也叫"覆面龙骨"。隔断龙骨分竖龙骨、横龙骨和通贯龙骨等。技术要求包括外观质量、表面防锈、形状、尺寸和力学性能等,根据有关技术指标,轻钢龙骨分优等品、一等品和合格品三个等级。

轻钢龙骨具有强度大、通用性强、耐火性好、安装简易等优点,可装配各种类型的石膏板、钙塑板、吸声板等饰面材料,是室内吊顶装饰和轻质板材隔断的龙骨支架。轻钢龙骨广泛用于各种民用建筑及轻纺工业厂房。

(2) 建筑装饰用铝合金制品

铝是地壳中含量很丰富的一种金属元素,在地壳组成中占 8.13%,仅次于氧和硅,约占全部金属总量的 1/3。由于铝有优越的性能,使其在各方面的应用迅速发展,尤其在建筑和装饰工程中更显示了其他金属材料无法比拟的特点和优势。

1) 纯铝的性质

铝属于有色轻金属,密度为 $2.7g/cm^3$,仅为钢的 1/3。熔点较低,为 660.4℃。铝的导电、导热性能优良,仅次于铜。铝为银白色,呈闪亮的金属光泽,抛光的表面对光和热有 90% 以上的高反射率。

铝的化学性质很活泼,在空气中暴露,很容易与氧发生氧化反应,生成很薄的一层氧化膜,从而起到保护作用,使铝具有一定的耐蚀性,但由于这层自然形成的氧化膜厚度仅 $0.1\mu m$ 左右,因此仍抵抗不了盐酸、浓硫酸、氢氟酸等强酸、强碱及氯、溴、碘等卤族元素的腐蚀。

纯铝有良好的塑性和延展性,其伸长率可达 40% 以上,极易制成板、棒、线材,并可用挤压法生产薄壁空腹型材。纯铝压延成的铝箔厚度仅为 $6\sim25\mu m$。但纯铝的强度和硬度较低(抗拉强度 80~100MPa,布氏硬度 200MPa),因此在结构工程和装饰工程中常采用的是掺入合金元素后形成的铝合金。

2) 铝合金及其特性

为了提高纯铝的强度、硬度,而保持纯铝原有的优良特性,在纯铝中加入适量的铜、镁、锰、硅、锌等元素而得到的铝基合金,称为铝合金。

铝合金一改纯铝的缺点,又增加了许多优良性能。铝合金强度高(屈服强度可达 210~500MPa,抗拉强度可达 380~550MPa)、密度小,所以有较高的比强度(比强度为 73~190,而普通碳素钢的比强度仅 27~77),是典型的轻质高强材料。铝合金的耐腐蚀性有较大的提高,同时低温性能好,基本不呈现低温脆性。铝合金易着色,有较好的装饰性。但铝合金也仍存在着一些缺点,主要是弹性模量小(约为钢的 1/3),虽可减小温度应力,但用作结构受力构件,刚度较小,变形较大。其次铝合金耐热性差、热胀系数较大、可焊性也较差。

3) 铝合金的分类及牌号

铝合金有不同的分类方法,一般来说,可按加工工艺分为变形铝合金和铸造铝合金。变形铝合金又可按热处理强化性分为热处理强化型和热处理非强化型。变形铝合金按其性能又可分为防锈铝、硬铝、超硬铝、锻铝、特殊铝和硬钎铝。

变形铝合金是指通过冲压、弯曲、辊轧、挤压等工艺使合金组织、形状发生变化的铝合金。铸造铝合金是供不同种类的模型和方法(砂型、金属型、压力铸造等)铸造零件用的铝合金。热处理非强化型是指不能用淬火的方法提高强度的铝合金,而热处理强化型是指可通过热处理的方法提高强度的铝合金，如硬铝、超硬铝及锻铝等。

(A) 变形铝合金的牌号

变形铝合金的牌号用汉语拼音字母和顺序号表示，顺序号与合金钢牌号中的数字不同，不表示合金含量范围，而只是表示顺序号。变形铝合金牌号中的汉语拼音字母含义如下：LF——防锈铝合金（简称防锈铝）；LY——硬铝合金（简称硬铝）；LC——超硬铝合金（简称超硬铝）；LD——锻铝合金（简称锻铝）；LT——特殊铝合金（简称特殊铝）；LQ——硬钎铝合金（简称硬钎铝）。变形铝合金产品的分组及代号见表1-83所列。

变形铝合金产品的分组及代号　　　　表1-83

分组	代号
防锈铝	LF2、LF3、LF4、LF5-1、LF6、LF10、LF11、LF12、LF13、LF14、LF21、LF33、LF45
硬铝	LY1、LY2、LY3、LY4、LY5、LY6、LY8、LY9、LY10、LY11、LY12、LY13、LY16、LY17
超硬铝	LC3、LC4、LC9、LC10、LC12
锻铝	LD2、LD2-1、LD2-2、LD5、LD6、LD7、LD8、LD9、LD10、LD11、LD30、LD31
特殊铝	LT1、LT13、LT17、LT41、LT62、LT66、LT75

(B) 铸造铝合金的牌号

目前应用的铸造铝合金有铝硅（Al-Si）、铝铜（Al-Cu）、铝镁（Al-Mg）及铝锌（Al-Zn）四个组系。按规定，铸造铝合金的牌号用汉语拼音字母"ZL"（铸铝）和三位数字组成，如ZL101、ZL201等。三位数字中的第一位数（1～4）表示合金的组别，其中1代表铝硅合金；2代表铝铜合金；3代表铝镁合金；4代表铝锌合金。后面两位数表示该合金的顺序号。

(3) 铝合金的用途

建筑中广泛使用的铝合金制品主要是铝合金门窗、铝合金装饰板和铝合金龙骨。

1) 铝合金门窗

铝合金门窗是按特定要求成型并经表面处理的铝合金型材。按其结构与开启方式可分为：推拉窗（门）、平开窗（门）、悬挂窗、回转窗（门）、百叶窗、纱窗等。

铝合金门窗产品通常要进行以下主要性能的检验：

(A) 强度　测定铝合金门窗的强度是在压力箱内进行的，通常用窗扇中央最大位移量小于窗框内沿高度的1/70时所能承受的风压等级表示。

(B) 气密性　气密性是指在一定压力差的条件下，铝合金门窗空气渗透性的大小。以每平方米面积的窗在每小时内的通气量表示。

(C) 水密性　水密性是指铝合金门窗在不渗漏雨水的条件下所能承受的脉冲平均风压值。

(D) 隔热性　铝合金门窗的隔热性能常按传热阻值分为三级，即Ⅰ级$\geqslant 0.50(m^2 \cdot K)/W$，Ⅱ级$\geqslant 0.33(m^2 \cdot K)/W$，Ⅲ级$\geqslant 0.25(m^2 \cdot K)/W$。

(E) 隔声性　铝合金门窗的隔声性能常用隔声量（dB）表示。隔声铝合金窗的隔声量在25～40dB以上。

(F) 开闭力　铝合金窗装好玻璃后,窗户打开或关闭所需的外力应在49N以下,以保证开闭灵活方便。

铝合金门窗按其抗风压强度、气密性和水密性三项性能指标,将产品分为A、B、C三类,每类又分为优等品、一等品和合格品三个等级。

2) 铝合金装饰板

(A) 铝合金花纹板　铝合金花纹板是采用防锈铝合金等坯料,用特制的花纹轧辊轧制而成。花纹美观大方,筋高适中、不易磨损、防滑性能好、防腐蚀性能强、便于冲洗。通过表面处理可得到各种颜色。广泛用于公共建筑的墙面装饰、楼梯踏板等处。铝合金花纹板的花纹图案,有方格形花纹、扁豆形花纹、五条形花纹、三条形花纹、指针形花纹和菱形花纹等。

铝质浅花纹板是我国特有的建筑装饰制品。它的花纹精巧别致、色泽美观大方,具有普通铝板共有的优点。另外,铝质浅花纹板的刚度提高20%,抗污垢、抗划伤、抗擦伤能力均有提高,尤其是增加了立体图案和美丽的色彩,更使建筑物生辉。铝质浅花纹板在酸(包括强酸)中的耐蚀性良好,对白光的反射率达75%~90%,热反射率达85%~95%,通过表面处理可得到不同色彩的浅花纹板。

(B) 铝合金压型板　铝合金压型板是目前应用十分广泛的一种新型铝合金装饰材料。它具有质量轻、外形美观、耐久性好、安装方便等优点,通过表面处理可获得各种色彩。主要用于屋面和墙面等。铝合金压型板性能指标应符合表1-84的规定。

铝合金压型板的性能指标　　　　　　　　　　　　　　　表1-84

材　料	抗拉强度（MPa）	伸长率（%）	弹性模量（MPa）	剪切模量（MPa）	线膨胀系数(10^{-6}/℃)		对白色光的反射率（%）	密　度（g/cm³）
					-6~20℃	20~100℃		
纯铝	100~190	3~4	7.2×10^4	2.7×10^4	22	24	90	2.7
LF21	150~220	2~6						2.73

(C) 铝及铝合金冲孔吸声板　铝及铝合金冲孔吸声板是金属冲孔板的一种,是用平板经机械冲孔而成,孔径一般为6mm,孔距为10~14mm,在工程使用中降噪效果为4~8dB。铝及铝合金冲孔板的特点是具有良好的防腐蚀性能,光洁度高,有一定强度,易于机械加工成各种规格,有良好的抗震、防水、防火性能和吸声效果。经过表面处理后,可得到各种色彩。

铝及铝合金冲孔板主要用于具有吸声要求的各类建筑中。如棉纺厂、各种控制室、计算机房的顶棚及墙壁,也可用于噪声大的厂房车间,更是影剧院理想的吸声和装饰材料。

3) 铝合金龙骨

铝合金龙骨是以铝合金挤压而成的顶棚骨架支承材料,其断面为T形。按其位置和功能可分为T形主龙骨(代号LYM)、次龙骨(横撑龙骨)、边龙骨、异型龙骨和配件。

铝合金龙骨一般与轻钢龙骨(称为大龙骨)组合使用。即主要承重龙骨为轻钢龙骨,然后铝合金主龙骨按一定间距用吊勾与轻钢主龙骨挂接。T形龙骨上可插接或浮摆饰面板材,使龙骨明露或暗设,形成不同风格的吊顶平面。

铝合金龙骨具有自重轻、防火、抗震、外观光亮挺括、色调美观、加工和安装方便等特点，适用于医院、会议室、办公室、走廊等吊顶工程，常与小幅面石膏装饰板或岩棉（矿棉）吸声板配用。

7. 建筑涂料

涂料是一种涂覆在物体表面并能在一定条件下形成牢固附着的连续薄膜的功能材料的总称。早期的涂料以天然油脂和天然树脂为主要原料，故被称为油漆。现在各种高分子合成树脂广泛用作涂料的原料。习惯将以天然油脂、树脂为主要原料经合成树脂改性的涂料称为油漆；将以合成树脂为主要原料的称为涂料。建筑涂料是指用于建筑物上起装饰、保护、防水等作用的一类涂料。

建筑涂料品种很多，通常按建筑物的使用部位分：外墙涂料、内墙涂料（包括顶棚涂料）及地面涂料等。

（1）外墙涂料

外墙涂料的主要功能有两方面，一是装饰外墙面，美化环境；二是保护被覆墙体，延长其使用寿命。为此，外墙涂料必须具有良好的装饰性、耐水耐候性和耐沾污性，并应施工及维修方便。常用的外墙涂料有三类：溶剂型涂料、乳液型涂料和硅酸盐无机涂料。

1）溶剂型外墙涂料

溶剂型涂料是以高分子合成树脂为主要成膜物质，有机溶剂为稀释剂。涂刷后，随着溶剂的挥发，成膜物质与其他不挥发组分共同形成均匀连续的薄膜。溶剂型涂料涂层较致密，通常具有较好的硬度、光泽、耐水性、耐酸碱性、耐候性及耐污染性，但有机溶剂通常易燃、有毒、易污染环境且价格较贵。国内常用品种有氯化橡胶外墙涂料、丙烯酸酯外墙涂料、聚氨酯系外墙涂料及丙烯酸酯有机硅外墙涂料等。

2）乳液型外墙涂料

乳液型涂料俗称乳胶漆，是采用乳液型成膜物质。涂料以水为分散介质，无毒、不燃、节约溶剂资源、施工方便、装饰效果好，又有良好的耐水性、耐候性和耐沾污性，有很好的发展前途。但目前乳液型涂料的光泽、流平性、附着力等性能尚不及溶剂型涂料。另外，太低温度下不能形成优质的涂膜，固不宜冬季施工。

国内常用的乳液型外墙涂料品种有苯—丙乳胶漆、丙烯酸酯乳液涂料等。

3）硅酸盐无机涂料

硅酸盐无机涂料指以水溶性碱金属硅酸盐或水分散性二氧化硅胶体（俗称硅溶胶）为主要成膜物质的建筑涂料。其耐候性、耐热性好，遇火不燃、无烟；耐污染性好，不易吸灰；施工中无挥发性有机溶剂产生，不污染环境；原料丰富。

目前国内生产和使用的主要品种有：硅酸钠水玻璃和硅酸钾水玻璃以及硅溶胶外墙涂料等品种。

（2）内墙和顶棚涂料

内墙涂料的主要功能是装饰和保护建筑物内墙。因此要求内墙涂料色彩丰富、调和，质地细腻、平滑；耐碱性好，并有一定的耐水及耐洗刷性；透气性良好，以减少墙面的结露、挂水；施工简便，重涂容易，以适应人们翻修墙面，改善居住环境的需要。一般用于外墙的涂料也可以用于内墙，只是对耐候性、耐久性和耐水性的要求可低于外墙。内墙涂料也适用于顶棚。目前国内常用的内墙涂料有四类：溶剂型涂料、乳液型涂料、水溶性涂料和特种涂料。

1) 溶剂型涂料

溶剂型内墙涂料的组成、性能与溶剂型外墙涂料基本相同。其透气性差、易结露，施工时有溶剂逸出，应注意防火和通风。但涂层光洁度好，易于冲洗，耐久性也好，多用于厅堂、走廊等，较少用于住宅内墙。

常用品种有：过氯乙烯内墙涂料、氯化橡胶内墙涂料、丙烯酸酯内墙涂料和聚氨酯系内墙涂料等。

2) 乳液型涂料

乳液型外墙涂料均可用于内墙。乳胶漆按其光泽可分为平光、亚光、半光、高光等几种。通常将半光到高光涂料称为有光涂料。有光涂料的乳液含量高，涂膜光洁细腻，抗污染性好，多用于外墙涂料以及在特殊场合使用。平光、亚光乳胶漆用于内墙装饰。

目前常用品种有：聚醋酸乙烯乳液内墙涂料、乙—丙有光乳胶漆、丙—苯乳胶漆等。

3) 水溶性内墙涂料

目前用于内墙的水溶性涂料主要是聚乙烯醇类涂料。这类涂料原料资源丰富，价格低廉，生产工艺简单。涂料为水溶性、无毒、无味、不燃、施工方便；涂层干燥快，表面光洁平滑，色彩品种多，与基层有一定粘结力，装饰性较好。但耐水性差，易脱粉，单独成膜的综合性能较差。

主要品种有：聚乙烯醇水玻璃内墙涂料（又称 106 涂料）、聚乙烯醇缩甲醛内墙涂料（又称 803 涂料）。

4) 特性涂料

这是一类新型涂料，具有一定独特、新颖的装饰效果，现品种也较多，如多彩涂料、梦幻涂料、绒面涂料及隐形变色发光涂料等。

多彩内墙涂料　这是一种常用的内墙、顶棚装饰材料。多彩内墙涂料具有以下特点：涂层色泽丰富，富有立体感，装饰效果好；涂膜的耐久性好；涂膜质地较厚，具有弹性，类似壁纸，整体性好；耐油、耐水、耐腐、耐洗刷，并具有较好的透气性。多彩内墙涂料按其介质可分为水包油型、油包水型、油包油型和水包水型四种。其中常用的是水包油型。

梦幻涂料　梦幻涂料是用特种树脂乳液和专门的有机、无机颜料制成的高档水性内墙涂料。主要用于办公室、住宅、宾馆、商店、会议室等的内墙、顶棚装饰。

(3) 地面涂料

地面涂料的主要功能是装饰与保护室内地面，使地面清洁美观，与室内墙面及其他装饰相适应。它的特点是：耐磨性好、耐碱性好、耐水性好、抗冲击性好、施工方便、价格合理。

由于现在地面装修普遍采用各种陶瓷地砖、天然石材、复合地板和实木地板，而用水泥砂浆加涂料层的装饰不多，故地面涂料品种较少。

常用的地面涂料有：过氯乙烯地面涂料、聚氨酯地面涂料、环氧树脂厚质地面涂料等。

(4) 特种建筑涂料

特种建筑涂料不仅具有保护和装饰作用，而且可赋予建筑物某些特殊功能，如防霉、防腐蚀、防火、防锈、防辐射、防虫、隔热、吸声等功能，此外还有彩色闪光涂料、高温耐热涂料等品种。

1) 防霉涂料

在普通涂料中添加适量抑菌剂或杀菌剂即可制成防霉涂料。常用的防霉剂有多菌灵、百菌清、福美双、防霉剂 TBZ 等。自然环境中霉菌的种类较多，一种防霉剂往往只对一种或几种霉菌有抑制作用，所以在配制防霉涂料时应根据需抑制的霉菌种类，选用合适的防霉剂，同时涂料的其他组分也应选用不适于霉菌生长的物质，才能获得满意的效果。

常用的防霉涂料有丙烯酸乳胶防霉涂料、醇酸聚氨酯防霉涂料、沥青及氯化橡胶系防霉涂料、聚醋酸乙烯防霉涂料、氯—偏共聚乳液防霉涂料等。

2) 防腐蚀涂料

涂于建筑物表面，能够保护建筑物避免酸、碱、盐及各种有机物侵蚀的涂料称为建筑防腐蚀涂料。

防腐蚀涂料的主要作用原理是把腐蚀介质与被涂基层材料隔离开来，使腐蚀介质无法渗入到被涂覆基层中去，从而达到防腐蚀的目的。因此在选择原材料时应根据环境的具体要求，选用防腐蚀性和耐候性好的原料。

常用的防腐蚀涂料有聚氨酯防腐蚀涂料、环氧树脂防腐蚀涂料、乙烯树脂类防腐蚀涂料、橡胶树脂防腐蚀涂料、改性呋喃树脂防腐蚀涂料等。

3) 建筑防火涂料

建筑防火涂料指能降低被涂基层材料可燃性的一类功能涂料。防火涂料本身不燃或难燃，其涂层能使基层与火隔离，从而延长热侵入被涂物和到达被涂物另一侧所需的时间，达到延迟和抑制火焰蔓延的作用。热侵入被涂物所需时间越长，涂料的防火性能越好。故防火涂料的主要作用是阻燃，如遇大火，防火涂料就几乎不起作用。

防火涂料通常按涂层受热后的状态分为膨胀型和非膨胀型防火涂料两类。常用品种为膨胀型丙烯酸乳胶防火涂料、SS-Ⅰ型钢结构防火涂料、TN-106 预应力混凝土防火涂料等。

（十一）其他工程材料

1. 绝热材料

在建筑中，习惯上把用于控制室内热量外流的材料叫做保温材料；把防止室外热量进入室内的材料叫做隔热材料。保温材料和隔热材料的本质是一样的，其标准术语为绝热材料。

（1）传热方式

热量的传递方式有三种：传导换热、对流换热和辐射换热。

热量以上述三种方式从建筑物中散发出去，其传递方式主要是导热，同时也有对流和热辐射存在。主要的散热区域是墙体、顶棚和屋顶、楼板、门窗，建筑物的缝隙和开着的门窗会大大增加热量的散发。

在北方的冬季，散热问题是一个严重的经济问题。使用绝热材料可避免建筑物在夏季过多吸收热量，在冬季过分散失热量。

（2）绝热材料的类型

1) 多孔型

多孔材料的传热方式较为复杂。对于平板状材料，当热量从高温面向低温面传递时，固相中的导热方向垂直于材料平面；在碰到气孔后，固相导热的方向发生变化，总的传热路线大大增加，从而使传热速度减缓。另外，由于气孔壁面存在着温差，也会发生传热，其传热方式有：

（A）高温固体表面对低温固体表面的辐射换热；

（B）气体的对流换热；

（C）气体的传导换热。

由于在常温下对流和辐射换热在总的传热中所占比例很小，故以气孔中气体的导热为主，但由于空气的导热系数仅为 0.0029W/(m·K)，大大小于固体的导热系数，所以热量通过气孔传递的阻力较大，从而使传热速度大大减缓。

2) 纤维型

与多孔材料类似。顺纤维方向的传热量大于垂直于纤维方向的传热量。

3) 反射型

具有反射性的材料，由于大量热辐射在表面被反射掉，使通过材料的热量大大减少，而达到了绝热目的。其反射率大，则材料绝热性好。

(3) 常用绝热材料

绝热材料通常应具备下列基本条件：导热系数小于 0.2W/(m·K)，足够的抗压强度（一般不低于 0.3MPa），使用温度为 −40～+60℃，在温度湿度变化时保持热稳定性，以及防火性能。除此以外，还要根据工程的特点，考虑材料的吸温性、耐腐蚀性等性能以及技术经济指标。为了保证材料的绝热性，安装时应根据情况设置隔汽层或防水层。常用绝热材料的品种、性能见表 1-85 所列。

常用绝热材料 表 1-85

序号	名 称	表观密度(kg/m³)	导热系数[W/(m·K)]
1	矿棉 矿棉毡 酚醛树脂矿棉板	45～150 135～160 <150	0.049～0.44 0.048～0.052 <0.045
2	玻璃棉(短) 玻璃棉(超细)	100～150 ＞18	0.035～0.058 0.028～0.037
3	陶瓷纤维	140～150	0.116～0.186
4	微孔硅酸钙 泡沫玻璃	250 150～600	0.041 0.06～0.13
5	泡沫塑料	15～50(堆积密度)	0.028～0.055
6	膨胀蛭石 膨胀珍珠岩	80～200(堆积密度) 40～300(堆积密度)	0.046～0.07 0.025～0.048

2. 吸声材料、隔声材料

(1) 材料的吸声性

声音在传播过程中，一部分声能随着距离的增大而扩散，另一部分则因空气分子的吸收而减弱。声能的这种减弱现象，在室外空旷处颇为明显，但若房间的体积不太大，声能减弱就不起主要作用，而重要的是墙壁、顶棚、地板等材料表面对声能的吸收。

1) 吸声系数

吸声系数是评定材料吸声性能好坏的指标。当声波遇到材料表面时,一部分从材料表面反射,一部分透射过材料,还有一部分被材料吸收。吸声系数 α 定义为在给定频率和条件下,吸收及透射的声能通量与入射声能通量之比。即:

$$\alpha = \frac{\text{吸收及透射的声能通量}}{\text{入射声能通量}} \tag{1-27}$$

声源停止后,声音由于多次反射或散射而延续的现象称为混响。稳态声源停止后,声压级衰变 60dB 所需要的时间,称为混响时间。为了与实际情况更接近,建筑材料吸声系数并非按上述定义式计算,而是通过测量吸声材料放入混响室前、后的两个混响时间,来计算吸声材料试件的吸声量(即相当于具有同样吸声效果的完全吸声板的面积,m^2),然后按下式计算混响室法吸声系数 α_s:

$$\alpha_s = \frac{\text{试件的吸声量}}{\text{平板试件的面积}} \tag{1-28}$$

材料的吸声特性与声波的方向有关,在混响室内装有声音扩散体,使声波入射角各向均衡,因此所测得的吸声系数具有代表性。材料的吸声特性还与声波的频率有关,为了全面反映材料的吸声特性,通常测量 250Hz、500Hz、1000Hz 和 2000Hz 四个频带的实用吸声系数。每个频带的实用吸声系数由该频带内 3 个 1/3 倍频带的吸声系数计算算术平均值而得。例如,250Hz 频带的实用吸声系数是 200Hz、250Hz 和 315Hz 三个 1/3 倍频带吸声系数的算术平均值。

2) 降噪系数、降噪量

以 250Hz、500Hz、1000Hz 和 2000Hz 四个频带实用吸声系数的算术平均值作为降噪系数(NRC)。建筑吸声材料的吸声性能按降噪系数分为四级,见表 1-86 所列。

建筑吸声产品吸声性能分级表　　　表 1-86

吸声等级	Ⅰ	Ⅱ	Ⅲ	Ⅳ
降噪系数(NRC)	NRC≥0.80	0.80>NRC≥0.60	0.60>NRC≥0.40	0.40>NRC≥0.20

在建筑物室内使用吸声材料后的降噪效果,可以用现场实测的混响时间来衡量,或按下式计算降噪量:

$$\Delta L_p = 10 \lg \frac{T_1}{T_2} \tag{1-29}$$

式中　ΔL_p——吸声降噪量,dB;

T_1、T_2——吸声处理前、后的室内混响时间,s。

(2) 吸声材料及其构造

1) 多孔吸声材料

声波进入材料内部互相贯通的孔隙,空气分子受到摩擦和黏滞阻力,使空气产生振动,从而使声能转化为机械能,最后因摩擦而转变为热能被吸收。这类多孔材料的吸声系数,一般从低频到高频逐渐增大,故对中频和高频的声音吸收效果较好。材料中开放的、互相连通的、细致的气孔越多,其吸声性能越好。

2) 柔性吸声材料

具有密闭气孔和一定弹性的材料,如泡沫塑料,声波引起的空气振动不易传递至其内部,只能相应地产生振动,在振动过程中由于克服材料内部的摩擦而消耗了声能,引起声波衰减。这种材料的吸声特性是在一定的频率范围内出现一个或多个吸收频率。

3) 帘幕吸声体

帘幕吸声体是用具有通气性能的纺织品,安装在离墙面或窗洞一定距离处,背后设置空气层。这种吸声体对中、高频都有一定的吸声效果。

4) 悬挂空间吸声体

悬挂于空间的吸声体,增加了有效的吸声面积,加上声波的衍射作用,大大提高了实际的吸声效果。吸声体可设计成多种形式悬挂在顶棚下面。

5) 薄板振动吸声结构

将胶合板、薄木板、纤维板、石膏板等的周边钉在墙或顶棚的龙骨上,并在背后留有空气层,即成薄板振动吸声结构。该吸声结构主要吸收低频率的声波。

6) 穿孔板组合共振吸声结构

穿孔的各种材质薄板周边固定在龙骨上,并在背后设置空气层即成穿孔板组合共振吸声结构。这种吸声结构具有适合中频的吸声特性,使用普遍。

7) 空腔共振吸声结构

空腔共振吸声结构由封闭的空腔和较小的开口所组成,它有很强的频率选择性,在其共振频率附近,吸声系数较大,而对离共振频率较远的声波吸收很小。

(3) 隔声材料

建筑上将主要起隔绝声音作用的材料称为隔声材料,隔声材料主要用于外墙、门窗、隔墙、隔断等。

隔声可分为隔绝空气声(通过空气传播的声音)和隔绝固体声(通过撞击或振动传播的声音)两种。两者的隔声原理截然不同。隔声不但与材料有关,而且与建筑结构有密切的关系。

1) 空气声的隔绝

材料隔绝空气声的能力,可以用材料对声波的透射系数或材料的隔声量来衡量:

$$\tau = \frac{E_t}{E_0} \tag{1-30}$$

$$R = 10 \lg \frac{1}{\tau} \tag{1-31}$$

式中 τ——声波透射系数;

E_t——透过材料的声能;

E_0——入射总声能;

R——材料的隔声量,dB。

材料的 τ 越小,则 R 越大,说明材料的隔声性能越好。材料的隔声性能与入射声波的频率有关,常用 125~4000Hz 六个倍频带的隔声量来表示材料的隔声性能。对于普通教室之间的隔墙和楼板,要求达到大于等于 40dB 的隔声量,也即透射声能小于入射声能的万分之一。

隔绝空气声,主要服从质量定律,即材料的体积密度越大,质量越大,隔声性能越好,因此应选用密实的材料作为隔声材料,如砖、混凝土、钢板等。如采用轻质材料或薄壁材料，需辅以多孔吸声材料或采用夹层结构，如夹层玻璃就是一种很好的隔声材料。

2) 固体声（撞击声）的隔绝

材料隔绝固体声的能力是用材料的撞击声压级来衡量的。测量时，将试件安装在上部声源室和下部受声室之间的洞口，声源室与受声室之间没有刚性连接，用标准打击器打击试件表面，受声室接受到的声压级减去环境常数，即得材料的撞击声压级。普通教室之间楼板的标准化撞击声压级应小于75dB。

隔绝固体声最有效的措施是采用不连续的结构处理，即在墙壁和承重梁之间、房屋的框架和墙板之间加弹性衬垫，如毛毡、软木、橡皮等材料，或在楼板上加弹性地毯。

3. 建筑材料的环保性能及要求

(1) 材料的放射性

材料的放射性主要是来自其中的天然放射性核素，主要以铀（U）、镭（Ra）、钍（Th）、钾（K）为代表，这些天然放射性核素在发生衰变时会放出α和β等各种射线，对人体会造成严重影响。^{226}Ra、^{220}Th衰变后会成为氡（^{222}Rn、^{220}Rn），氡是气体。氡气及其子体又极易随着空气中尘埃等悬浮物进入人体，对人体健康造成伤害。而材料衰变过程中所释放的射线等则主要以外部辐射方式对人体造成伤害。故相应标准《建筑材料放射性核素限量》（GB 6566—2001）中对建材的放射性强度分别以内照射指数和外照射指数来衡量，无论哪一种超标均认为该材料的放射性核素含量超标，会对人体造成放射性伤害（如破坏细胞结构、影响造血系统、破坏免疫功能和致癌等）。

《建筑材料放射性核素限量》（GB 6566—2001）规定的核素限量见表1-87所列。

各类材料放射性核素限量值 表1-87

建筑材料类别		限量要求≤		使用范围
		内照射指数	外照射指数	
建筑主体材料		1.0	1.0	使用范围不受限制
	空心率>25	1.0	1.3	使用范围不受限制
装修材料	A类	1.0	1.3	使用范围不受限制
	B类	1.3	1.9	Ⅱ类民用建筑物内饰面及其他一切建筑物的内、外饰面
	C类		2.8	建筑物的外饰面及室外其他用途

注：外照射指数大于等于2.8的花岗石只可用于碑石、海堤、桥墩等人类很少涉及到的地方。

(2) 装饰装修材料中游离甲醛的含量

甲醛是无色、具有强烈气味的刺激性气体。气体相对密度1.06，略重于空气，易溶于水，其35%~40%的水溶液通称福尔马林。甲醛（HCHO）是一种挥发性有机化合物，污染源很多，污染浓度也较高，是室内主要污染物。

自然界中甲醛是甲烷循环中的一个中间产物，背景值很低。室内空气中的甲醛主要有两个来源，一是来自室外的工业废气、汽车尾气、光化学烟雾；二是来自建筑材料、装饰物品以及生活用品等化工产品。

对于室内装饰装修材料，应测定游离甲醛含量或释放量。涂料、胶粘剂应通过蒸馏后分光光度法测定游离甲醛含量，而一部分人造板、木家具、壁纸及地毯等应通过分光光度法测定游离甲醛释放量，并且，测定结果应符合国家十项强制标准中对甲醛的限量规定。

因此，工程中应选用质量较好的人造板与建筑涂料、建筑胶粘剂等类产品，尤其是装饰装修工程中使用较多（500m^2）人造板或饰面人造板时，必须检验其甲醛释放量，以确保工程的空气污染能得以控制。

(3) 装饰装修材料中苯及甲苯、二甲苯的含量

苯是一种无色、具有特殊芳香气味的油状液体，微溶于水，能与醇、醚、丙酮和二硫化碳等互溶。甲苯和二甲苯都属于苯的同系物，都是煤焦油分馏或石油的裂解产物。以前使用涂料、胶粘剂和防水材料产品，主要采用苯作为溶剂或稀释剂。而《涂装作业安全规程劳动安全和劳动卫生管理》中规定："禁止使用含苯（包括工业苯、石油苯、重质苯，不包括甲苯、二甲苯）的涂料、稀释剂和溶剂。"所以目前多用毒性相对较低甲苯和二甲苯，但由于甲苯挥发速度较快，而二甲苯溶解力强，挥发速度适中，所以二甲苯是短油醇酸树脂、乙烯树脂、氯化橡胶和聚氨酯树脂的主要溶剂，也是目前涂料工业和胶粘剂应用面最广，使用量最大的一种溶剂。

苯属中等毒类，苯于1993年被世界卫生组织确定为致癌物。苯对人体健康的影响主要表现在血液毒性、遗传毒性和致癌性三个方面。

甲苯和二甲苯因其挥发性，主要分布在空气中，对眼、鼻、喉等黏膜组织和皮肤等有强烈刺激和损伤，可引起呼吸系统炎症。长期接触，二甲苯可危害人体中枢神经系统中的感觉运动和信息加工过程，对神经系统产生影响，具有兴奋和麻醉作用，导热烦躁、健忘、注意力分散、反应迟钝、身体协调性下降以及头晕、恶心、呼吸困难和四肢麻木等症状，严重的导致黏膜出血、抽搐和昏迷。女性对苯以及其同系物更为敏感，甲苯和二甲苯对生殖功能也有一定影响。孕期接触苯系物混合物时，妊娠高血压综合症、呕吐及贫血等并发症的发病率明显增高，专家发现接触甲苯的实验室人员自然流产率明显增高。苯还可导致胎儿的畸形、神经系统功能障碍以及生长发育迟缓等多种先天性缺陷。

(4) 装饰装修材料中可挥发性有机物总量（TVOC）的控制

装饰装修材料大部分是化学合成材料制成，且成分十分复杂。如为了改进涂料、塑料、胶粘剂产品的性能，往往除基料外还要加入各种如溶剂、稀释剂、增塑剂、催干剂、抗氧化剂等，这些化学成分也会挥发，因此进入空气中的有机化学物种类繁多，有资料报导室内空气中的有机化合物可能多达数百种，而这些有机物均会对人体健康不利，为此人们对在规定试验条件下测得的材料中（或空气中）的挥发性有机化合物的总量（TVOC）做出限量规定，以控制它们对空气的污染，保障施工人员或其中生活、工作人员的健康。

VOC是挥发性有机化合物（Volatile Organic Compounds）的英文缩写，包括碳氢化合物、有机卤化物、有机硫化物等，在阳光作用下与大气中氮氧化物、硫化物发生光化学反应，生成毒性更大的二次污染物，形成光化学烟雾。

TVOC定义有以下几种：

1) 指任何能参加气相光化学反应的有机化合物；

2) 指一般压力条件下，沸点低于或等于250℃的任何有机化合物；

3) 指世界卫生组织对总挥发性有机化合物（TVOC）的定义：熔点低于室温、沸点范围在50～260℃之间的挥发性有机化合物的总称。

这些定义有共同之处，对于涂料、胶粘剂，VOC是在一般压力条件下，沸点低于250℃且参加气相化学反应的有机化合物；对于室内空气，TVOC指在一般压力条件下，

沸点低于250℃的任何有机化合物。

据统计，全世界每年排放的大气中的溶剂约1000万t，其中涂料和胶粘剂释放的挥发性有机化合物是VOC的重要来源。

(5) 其他污染物

1) 重金属

重金属主要来源于各种材料生产时加入的各种助剂（如催干剂、防污剂、消光剂）以及颜料和各种填料中所含的杂质。室内环境中重金属污染主要来自溶剂型木器涂料、内墙涂料、木家具、壁纸、聚氯乙烯卷材地板等装饰装修材料。涂料中的重金属主要来自着色颜料，如红丹、铅铬黄、铅白等，木家具、木器涂料中有毒重金属对人体的影响主要是通过木器在使用过程中干漆膜与人体长期接触，如误入口中，其可溶物将对人体造成危害。聚氯乙烯卷材地板中若含有铅、镉，随着地板的使用与磨损，铅、镉向表层迁移，在空气中形成铅尘、镉尘，通过接触误入口中而摄入体内，则造成危害。

铅、镉、铬、汞等重金属元素的可溶物进入人的机体后，会逐渐在体内蓄积，转化成毒性更强的金属有机化合物，对人体健康产生严重影响。过量的铅能损害神经、造血和生殖系统，引起抽搐、头痛、脑麻痹、失明、智力迟钝；铅还可引起免疫功能的变化，包括增加对细菌的易感性，抑制抗体产生，以及对巨噬细胞的毒性而影响免疫。铅对儿童的危害更大，因为儿童对铅有特殊的易感性，铅中毒可严重影响儿童生长发育和智力发展，因此铅污染的控制已成为世界性关注热点。长期吸入镉尘可损害肾、肺功能。长期接触铬化合物可引起接触性皮肤炎或湿疹。慢性汞中毒主要影响中枢神经系统等。

2) TDI

甲苯二异氰酸酯TDI是一种无色液体，是溶剂性涂料中较易存在的一种有毒物质。聚氨酯树脂是多异氰酸酯和两个以上活性氢原子反应生成的聚合物。由于聚氨酯树脂反应条件以及其他因素的限制，在以聚氨酯树脂为基料生产的涂料和胶粘剂中，会存在一定量的游离的TDI及其他异氰酸酯化合物。

这些异氰酸酯单体都是毒性很大的物质，对呼吸道有明显刺激，可引起头痛、气短、支气管炎及过敏性哮喘呼吸道疾病，刺激阈浓度0.5ppm。对人的眼睛也有明显刺激，引起眼角发干、疼痛、严重时引起视力下降。与皮肤接触后，会引起过敏性皮炎，严重时引起皮肤开裂、溃烂。

3) 氨

氨是无色气体，易溶于水、乙醇和乙醚。常温下1体积水可以溶解700体积的氨，溶于水后的氨形成氢氧化铵，俗称氨水。建筑中的氨，主要来自建筑施工中使用的混凝土外加剂。混凝土外加剂的使用有利于提高混凝土的强度和施工速度，冬期在混凝土墙体中加入会释放氨气的膨胀剂和防冻剂，或为了提高混凝土凝固速度，加入会释放氨气的高碱膨胀剂和早强剂，将留下氨污染隐患。室内家具涂饰时所用的添加剂和增白剂大部分都用氨水，也是造成氨污染的来源之一。

氨气可通过皮肤和呼吸道引起中毒，嗅觉阈值为 $0.1\sim1.0\text{mg/m}^3$。因极易溶于水，对眼、喉、上呼吸道作用快，刺激性极强，轻者引起喉炎、声音嘶哑，重都可发生喉头水肿、喉痉挛而引起窒息，出现呼吸困难、肺水肿、昏迷和休克。但是氨污染释放期比较短，不会在空气中长期大量积存，对人体的危害相应小一些，但也应该引起注意。

(6) 室内装饰装修材料中有害物质限量

1) 《室内装饰装修材料人造板及其制品中甲醛释放限量》(GB 18580—2001)（表1-88）

室内装饰装修材料人造板及其制品中甲醛释放限量　　　　表1-88

产品名称	试验方法	限量值≤	使用范围	限量标志
中密度纤维板、高密度纤维板、刨花板、定向刨花板等	穿孔萃取法	9mg/100g	可直接用于室内	E1
		30mg/100g	必须饰面处理后可允许用于室内	E2
胶合板、装饰单板贴面胶合板、细木工板等	干燥器法	1.5mg/L	可直接用于室内	E1
		5.0mg/L	必须饰面处理后可允许用于室内	E2
饰面人造板（包括浸渍纸层压木质地板、实木复合地板、竹地板、浸渍胶膜纸饰面人造板等）	气候箱法	0.12mg/m³	可直接用于室内	E1
	干燥器法	1.5mg/L		

2) 《室内装饰装修材料溶剂性木器涂料中有害物质限量》(GB 18581—2001)（表1-89）

室内装饰装修材料溶剂性木器涂料中有害物质限量　　　　表1-89

项目		限量值		
		硝基漆类	聚氨酯漆类	醇酸漆类
挥发性有机化合物(VOC)(g/L)≤		750	光泽(60°)≥80,600 光泽(60°)<80,700	500
苯(%)≤		0.5		
甲苯和二甲苯总和(%)≤		45	40	10
游离甲苯二异氰酸酯(TDI)(%)≤		—	0.7	—
重金属(限色漆)(mg/kg)≤	可溶性铅	90		
	可溶性镉	75		
	可溶性铬	60		
	可溶性汞	60		

3) 《室内装饰装修材料内墙涂料中有害物质限量》(GB 18582—2001)（表1-90）

室内装饰装修材料内墙涂料中有害物质限量　　　　表1-90

项目		限量值
挥发性有机化合物(VOC)(g/kg)≤		200
游离甲醛/(g/kg)≤		0.1
重金属/(mg/kg)	可溶性铅　≤	90
	可溶性镉　≤	75
	可溶性铬　≤	60
	可溶性汞　≤	60

4) 《室内装饰装修材料胶粘剂中有害物质限量》(GB 18583—2001)（表1-91、表1-92）

溶剂型胶粘剂中有害物质限量值　　　　　　　　　　　　表1-91

项　目	指　标		
	橡胶胶粘剂	聚氨酯类胶粘剂	其他胶粘剂
游离甲醛/(g/kg)≤		0.5	
苯/(g/kg)≤	5		
甲苯+二甲苯/(g/kg)≤	200		
甲苯二异氰酸酯/(g/kg)≤		10	
总挥发性有机物/(g/L)≤	750		

水基型胶粘剂中有害物质限量值　　　　　　　　　　　　表1-92

项　目	指　标				
	缩甲醛类胶粘剂	聚乙酸乙烯酯胶粘剂	橡胶类胶粘剂	聚氨酯类胶粘剂	其他胶粘剂
游离甲醛/(g/kg)≤	1	1	1	—	1
甲苯+二甲苯/(g/kg)≤			0.2		
甲苯二异氰酸酯/(g/kg)≤			10		
总挥发性有机物/(g/L)≤			50		

5)《室内装饰装修材料木家具中有害物质限量》(GB 18584—2001)(表1-93)

室内装饰装修材料木家具中有害物质限量　　　　　　　　　　　　表1-93

项　目		限量值
甲醛释放量(mg/L)		≤1.5
重金属含量(限色漆)(mg/kg)	可溶性铅	≤90
	可溶性镉	≤75
	可溶性铬	≤60
	可溶性汞	≤60

6)《室内装饰装修材料壁纸中有害物质限量》(GB 18585—2001)(表1-94)

室内装饰装修材料壁纸中有害物质限量　　　　　　　　　　　　表1-94

有害物质名称		限　量　值
重金属(或其他)元素(mg/kg)	钡	≤1000
	镉	≤25
	铬	≤60
	铅	≤90
	砷	≤8
	汞	≤20
	硒	≤165
	锑	≤20
氯乙烯单体(mg/kg)		≤1.0
甲醛(mg/kg)		≤120

7)《室内装饰装修材料聚氯乙烯卷材地板中有害物质限量》(GB 18586—2001)(表1-95)

室内装饰装修材料聚氯乙烯卷材地板中有害物质限量　　　　表1-95

项　目		指　标			
		发泡类卷材地板		非发泡类卷材地板	
		玻璃纤维基材	其他基材	玻璃纤维基材	其他基材
挥发物(g/m^2)≤		75	35	40	10
氯乙烯(mg/kg)≤		5			
可溶性重金属(mg/m^2)≤	铅	20			
	镉	20			

8)《室内装饰装修材料地毯、地毯衬垫及地毯胶粘剂有害物质限量》(GB 18587—2001)(表1-96～表1-98)

地毯有害物质限量　　　　表1-96

序　号	有　害　物　质	限量[$mg/(m^2·h)$]	
		A　级	B　级
1	总挥发性有机化合物(TVOC)	≤0.500	≤0.600
2	甲醛	≤0.050	≤0.050
3	苯乙烯	≤0.400	≤0.500
4	4-苯基环乙烯	≤0.050	≤0.050

地毯衬垫有害物质释放限量　　　　表1-97

序　号	有　害　物　质	限量[$mg/(m^2·h)$]	
		A　级	B　级
1	总挥发性有机化合物(TVOC)	≤1.000	≤1.200
2	甲醛	≤0.050	≤0.050
3	丁基羟基甲苯	≤0.030	≤0.030
4	4-苯基环乙烯	≤0.050	≤0.050

地毯胶粘剂有害物质释放限量　　　　表1-98

序　号	有　害　物　质	限量[$mg/(m^2·h)$]	
		A　级	B　级
1	总挥发性有机化合物(TVOC)	≤10.000	≤12.000
2	甲醛	≤0.050	≤0.050
3	2-乙基乙醇	≤3.000	≤3.500

4. 给水、排水工程材料

(1)室内给排水常用管材

1)常用金属管材

一般建筑给排水常用金属管材的习惯表示方式：镀锌或不镀锌的焊接钢管以及铸铁管通常用公称直径(DN)表示，无缝钢管以外径乘以壁厚来表示。

(A) 无缝钢管 无缝钢管按制造方法分为热轧管和冷拔（轧）管。冷拔（轧）管的最大公称直径为 200mm。热轧管的最大公称直径为 600mm。在给排水管道工程中，管径超过 57mm，常选用热轧管，管径在 57mm 以内时常选用冷拔（轧）管。

(B) 焊接钢管 建筑给排水工程常用的焊接钢管为低压流体输送用焊接钢管，可分为镀锌管（俗称白铁管）和不镀锌管（俗称黑铁管）。其管壁纵向有一条焊缝，因而不能承受高压。根据管壁的不同厚度又可分为普通管（工作压力≤1.0MPa）和加强管（工作压力≤1.6MPa）。这两种壁厚均可用手动工具或套丝机在管端加工螺纹，以便采用螺纹连接。

在实际工程中，镀锌焊接钢管因其卫生及环保原因，从 20 世纪末起已在建筑生活给水系统中被淘汰，目前常用于消防管道、喷淋管道及工艺给水管道。常用的最小公称直径为 15mm，最大公称直径为 150mm。

(C) 螺旋缝电焊钢管 螺旋缝电焊钢管采用普通碳素钢或低合金钢制造，一般用于工作压力不超过 2MPa，介质温度最高不超过 200℃的直径较大的管道，如水冷机组冷却水、室外煤气管道等。

(D) 球墨铸铁排水管 球墨铸铁是一种碳、硅、铁的合金，其中碳以球状游离石墨的形式存在，球墨铸铁具有铁的本质、钢的性能。采用离心方式生产的离心球墨铸铁管，具有极强的抗压、耐腐蚀性和良好的刚性，已经取代了普通的砂模铸造铸铁管，通常用于高层建筑的排水系统和室外给水管道中。

室内排水常用的球墨铸铁管规格从 $DN50$ 至 $DN200$。其接口形式有两种：一种是采用法兰对夹连接，橡胶圈密封；另一种是柔性平口连接排水铸铁管，这种管材没有大小头，没有承插之分，都是平口连接，用不锈钢卡箍连接，橡胶套密封。在工程上这两种铸铁管都可称为柔性抗震铸铁排水管，可用于防震、抗渗要求较高的场合。

2）常用非金属管材

非金属管材是 20 世纪 90 年代在我国逐渐兴起推广采用的，并逐步替代传统的金属给排水管材。目前常用的几种非金属管材均属于新型塑料化学建材，与金属管道相比，具有质量轻、耐压强度好、输送流体阻力小、耐化学腐蚀性能强、安装方便、投资低、省钢节能、使用寿命长等特点，且无毒、无害、卫生。

(A) 硬聚氯乙烯（U-PVC）管 硬聚氯乙烯（U-PVC）管有给水管和排水管两种，主要区别是材料要求和工作压力的不同，制造 U-PVC 给水管的 PVC 塑料粒子原料必须符合卫生规范的要求。

建筑硬聚氯乙烯（U-PVC）排水管的额定工作压力为 0.63MPa、给水管的公称压力为 1.6MPa；其规格以外径计，共有 20～315mm 等 18 种规格，壁厚从 1.6～15.0mm 不等，连接方式采用常温粘结。

U-PVC 给水管的给水温度不得大于 45℃，给水压力不得大于 0.60MPa。给水管道不得用于消防给水管道。

U-PVC 排水管的最大缺点是工作时噪声大，现在常见的新产品有芯层发泡 U-PVC 管、螺旋内壁 U-PVC 管等，减噪效果较明显，可用于对隔声要求比较高的室内排水系统。

(B) 聚丙烯（PP-R）给水管 聚丙烯（PP-R）给水管的公称压力有 1.0MPa 和

2.0MPa两种。前者适用于工作压力不大于0.6MPa、工作水温不大于70℃的给水系统；后者适用于工作压力不大于1.6MPa、水温不大于95℃的给水或热水系统。PP-R管的规格以外径计，常用的最小外径为12mm，最大为110mm，其连接方式采用熔接。

（C）交联聚乙烯（PEX）给水管　交联聚乙烯是将聚乙烯加交联剂进行化学改性，提高了耐热、耐压、耐化学腐蚀及使用寿命。PEX管常规产品的压力等级为1.25MPa，其管材及管件有冷水型、热水型两种。工作温度冷水型小于等于45℃，热水型小于等于95℃。

PEX管规格以外径计，常用最小外径为20mm，最大为63mm，管道与管件连接采用卡箍式或卡套式连接。

（D）工程塑料（ABS）给水管　给水用ABS管材选用合适的ABS树脂及其他原料，经挤压成型（或注射成型）制得。ABS树脂是丙烯腈、丁二烯和苯乙烯的三元共聚物，能表现出三种单体的协同性能。因此，ABS管综合性能良好，特别是耐压能力、耐低温能力等，力学性能是目前所有塑料管材中最强的，适用于恶劣、寒冷条件下的场合。工程中常用的ABS管材规格以内径计，从$DN15$至$DN300$不等，公称压力$PN=1.0$MPa，适用于工作温度$-40\sim+80$℃的场合，采用ABS冷胶融合。其缺点是管材生产工艺较为复杂，成本相对较高。

3）常用复合管材

复合管材是一种最新逐步推广应用的建材，它综合了金属管和塑料管材的优点，既有金属管材的机械强度，又有塑料管材的耐腐蚀性和卫生性。常见的有铝塑复合管、钢塑复合管等，在给水系统中已经被广泛采用。

（A）钢塑复合管

钢塑复合管是指在钢管内壁衬（涂）一定厚度塑料层复合而成的管材，它可分为衬塑钢管和涂塑钢管两种，前者是采用紧衬复合工艺将塑料管衬于钢管内而制成的复合管；后者是将塑料涂料均匀涂敷于钢管内表面并加工而制成的复合管。内衬（涂）塑料通常采用交联聚乙烯（PEX）、氯化聚氯乙烯（PVC-C）、聚丙烯（PP）及环氧树脂等。

钢塑复合管的规格，公称压力等级均以外层钢管计，在工程中应根据设计选用。管材可采用螺纹连接、法兰连接或沟槽式连接。

（B）铝塑复合管

铝塑复合管是由内外层塑料（PE）、中间层铝合金及胶粘层复合而成的管材，符合卫生标准，具有较高的耐压、耐冲击、抗裂能力和良好的保温性能。在实际工程中，铝塑复合管有普通管和耐高温管两种，工作压力均为1.0MPa，前者适用于温度≤60℃的自来水、饮用水的输送，通常管材呈白色或蓝色（饮用水）；后者适用于温度≤95℃的热水系统，管材主要颜色为桔黄色，铝塑复合管能够自行弯曲，采用专门配件嵌入压装式连接。

（2）室外给排水常用管材

1）常用金属管材

（A）钢管　室外给排水常用的无缝钢管、焊接钢管与室内给排水所用的基本相同，只是埋地管道应当按设计要求作好防腐、保温处理。

（B）球墨铸铁管　室外大口径给水管道通常采用球墨铸铁给水管，由于其兼有普通灰铁管的耐腐蚀性和钢管的强度及韧性，使它足以承受复杂的外部条件，包括路面负荷，这一点是其他管材所不及的。

室外球墨铸铁给水管常用管径从 $DN80$ 至 $DN1200$ 不等，工作压力为 1.0MPa。采用 T 形滑入式柔性接口，橡胶圈密封。为降低铸铁管糙度系数，管材通常内衬一层 3~6mm 的水泥砂浆，并经修磨，对流体阻力很小。

2) 常用非金属管材

（A）聚乙烯（PE）管　聚乙烯管的公称压力分为 0.4MPa、0.6MPa、0.8MPa、1.0MPa、1.25MPa、1.6MPa 等级别。其规格以外径计，从 16~710mm 不等，适用温度范围为 -60~60℃，由于 HDPE 管具有良好的耐磨性、低温抗冲击性和耐化学腐蚀性，因此在实际工程中常用于大口径室内外给水、排水管道。

（B）硬聚氯乙烯（U-PVC）管　硬聚氯乙烯（U-PVC）管也常用于室外埋地给排水系统，其规格公称外径从 20~630mm 不等，公称压力分为 0.6MPa、0.8MPa、1.0MPa、1.25MPa 和 1.6MPa 五个规格，管材颜色一般给水管为蓝色，排水管为白色，适用于温度不低于 0℃，不高于 45℃ 的场合。

室外硬聚氯乙烯（U-PVC）管道的连接通常采用粘结或滑入式柔性连接（橡胶圈密封）。为增加管材的强度，室外 U-PVC 管常采用波纹加强筋或玻璃纤维增强的加强管材。

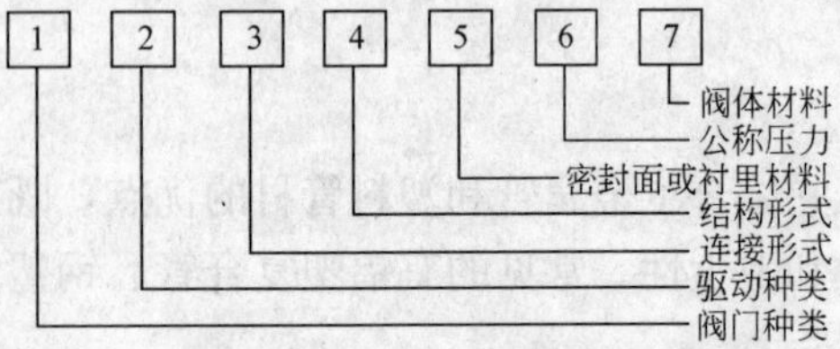

图 1-20 阀门型号示意图

（3）常用阀门、管件的分类及使用

1) 常用阀门

（A）阀门型号　阀门产品的型号由 7 个单元组成，各单元表示的意义如图 1-20 所示。

第 1 单元以汉语拼音字母表示阀门类别。

闸阀 Z；截止阀 J；节流阀 L；球阀 Q；止回阀 H；安全阀 A；减压阀 Y；旋塞阀 X；蝶阀 D；隔膜阀 G；疏水阀 S。

第 2 单元以一位数字表示阀门驱动类别。

蜗轮 3；齿轮 4；伞齿轮 5；气动 6；液动 7；电磁 8；电动 9；对于手轮、手柄、扳手驱动式的阀门则省略本单元。

第 3 单元以一位数字表示阀门的连接形式。

内螺纹 1；外螺纹 2；法兰 4；焊接 6；对夹 7；卡箍 8；卡套 9。

第 4 单元用一位数字表示阀门的结构形式。因阀门类别不同，故结构形式的代号各异。

截止阀、节流阀：

直通式 1；直角式 4；直流式 5；波纹管式 8；平衡直通式 6；平衡角式 7。

闸阀：

楔式明杆弹性闸板 0；楔式明杆单闸板 1；楔式明杆双闸板 2；楔式暗杆单闸板 5；楔式暗杆双闸 6；平行式明杆单闸板 3；平行式明杆双闸板 4；单闸板中包括弹性闸板 7。

止回阀：

升降直通式 1；升降立式 2；旋启式单瓣 4；旋启式多瓣 5；旋启式双瓣 6。

球阀：

浮球直通式 1；浮球三通式 L4；浮球三通式 T5；固定球直通式 7；固定球三通式 8。

旋塞：

填料直通式 3；填料三通式 4；填料四通式 5；油密封直通式 7；油密封三通式 8；

第 5 单元用汉语拼音字母表示阀门密封面或衬里材料。

铜合金 T；不锈钢 H；巴氏合金 B；渗氮钢 D；硬质合金 Y；渗硼钢 P；橡胶 X；尼龙塑料 N；氟塑料 F；搪瓷 C；衬胶 J；衬铅 Q。

密封面是在阀体上直接加工出来的，用代号 W 表示。

第 6 单元直接用数字标明阀门的工作压力，用一位、二位或三位数字表示。

第 7 单元用汉语拼音字母表示阀体材料。

灰铸铁 Z；可锻铸铁 K；高硅铸铁 G；球墨铸铁 Q；铸钢 C；铜与铜合金 T；铬钼合金钢 I；铬镍不锈钢 P；铬镍钼耐酸钢 R；铬镍钒合金钢 V。

公称压力 $P_N \leqslant 1.6$MPa 的灰铸铁阀体和 $P_N \leqslant 2.5$MPa 的碳素钢阀体则省略本单元。

(B) 阀门涂色标识（表 1-99～表 1-101）

不同阀体材质的涂色 表 1-99

阀体材质	识别涂色	阀体材质	识别涂色
灰铸铁、可锻铸铁	黑色	耐酸钢、不锈钢	天蓝色
球墨铸铁	银色	合金钢	中蓝色
碳素钢	中灰色		

注：1. 耐酸钢、不锈钢阀体可不涂色；
 2. 铜合金阀体不涂色。

不同密封面材质的涂色 表 1-100

密封面材质	识别涂色	密封面材质	识别涂色
铜合金	大红色	蒙乃尔合金	深黄色
锡基轴承合金（巴氏合金）	淡黄色	塑料	紫红色
耐酸钢、不锈钢	天蓝色	橡胶	中绿色
渗氮钢、渗硼铜	天蓝色	铸铁	黑色
硬质合金	天蓝色		

不同衬里材质的涂色 表 1-101

衬里材质	识别涂色	衬里材质	识别涂色
搪瓷	红色	铅锑合金	黄色
橡胶及硬橡胶	绿色	铝	铝白色
塑料	蓝色		

2）常用管件

(A) 钢制管件　钢管道的管件按制作方法分为两类：用压制法、热推弯法及管段弯制法制成的无缝管件；用管段或钢板焊接制成的焊接管件。

无缝钢管件以其制作省工及适于在安装加工现场管道集中预制，因而采用十分广泛，并已成为安装单位所用管件的主要采取的类型。

无缝钢管件及焊接钢管件的常用类型和尺寸见表 1-102 所列。

无缝管件及焊接管件的常用类型和尺寸 表 1-102

类　　型	P_N(MPa)<	DN(mm)
1. 90°、60°、45°急弯弯头	10	10~500
2. 15°、30°、45°、60°、90°弯头	10	20~400
3. 30°、45°、60°、90°焊接弯头	6.4	150~1600
4. 斜截面角度为15°、22°、30°的焊接弯头	6.4	150~1600
5. 斜截面角度为30°的焊接弯头	6.4	150~1600
6. 等径无缝三通	10	40~350
7. 等径无缝三通	10	40~1600
8. 异性无缝三通	10	50~350
9. 异性无缝三通	10	40~1600
10. 同心异径管（无缝）	10	50~400
11. 偏心异径管（焊接）	4	150~500
12. 同心异径管（焊接）	4	150~500
13. 偏心异径管（无缝）	10	50~400
14. 卷边盲板（封头）	10	40~150
15. 平管底	2.5	40~500
16. 带加强肋的平管	2.5	400~600

注：焊接管件的使用范围根据管件使用的管材种类和钢号确定。

（B）可锻铸铁管件　此类管件采用可锻铸铁浇注成型，并经机械加工形成螺纹，主要用于焊接钢管的螺纹连接。一般管件内外表面均镀锌。

可锻铸铁管件主要包括三通（等径、异径）、四通（等径、异径）、弯头（90°、45°）、活接头、异径管、内螺纹接头、外螺纹接头、内外螺纹接头、堵头、锁紧螺母等，其规格公称直径一般为 $DN15$ 至 $DN100$，公称压力为 1.0MPa，允许最大压力为 1.6MPa。

（C）球墨铸铁管件　此类管件是与球墨铸铁管配套使用的，从壁厚及工作压力可分为给水铸铁管件和排水铸铁管件两种，从连接方式可分为机械式柔性连接管件、T 形承插式柔性连接管件、平口柔性连接管件、法兰管件等几种。

（D）硬聚氯乙烯（U-PVC）管件　硬聚氯乙烯管件分为给水管件和排水管件两种，主要有弯头、三通、四通、套管、P 弯、S 弯、检查管、塑料阀门等。

U-PVC 管件除阀门外均采用承插粘结，阀门接口处带有紧锁螺母及短节，使用时管道应与短节用塑料焊接。排水管件使用压力不超过 0.5MPa，使用温度 0~40℃之间。

（4）卫生器具及附件

1）卫生器具

卫生器具是人们在日常生活中接触最多的给排水器具，它与人们的舒适度、身体健康和环境卫生息息相关。

（A）洗脸盆：从安装方式上分，有墙式、立式、台式等，从材质上分，以陶瓷为主，也有少数玻璃产品。

（B）洗涤盆：包括各种类型的洗涤盆、污水盆、妇女卫生盆等，材质以陶瓷为主，也有一定数量的不锈钢、石质和水泥制品。

（C）大便器：常见的有座式大便器和蹲式大便器两种，人流量大的在公共场合还设有大便槽。

（D）小便器：有小便槽和小便器两种形式，其中常见的小便器从安装方式上可分为立式和挂式两种。

(E) 淋浴器：目前常见的有浴盆、浴房两种，在公共浴室，还有成排淋浴器。

2) 附件

(A) 给水附件：卫生器具给水附件主要包括各种类型的水嘴、冲洗阀、浮球阀、配水阀门（三角阀）、配水短管等。

(B) 排水附件：卫生器具排水附件主要包括排水栓、地漏、存水弯（S弯和P弯）、雨水斗等。

(5) 主要的辅助材料

1) 型钢

给水排水工程中常用的型钢主要有圆钢、扁钢、角钢、钢板、槽钢、工字钢等。

(A) 圆钢：常用规格为 $\phi 6 \sim \phi 22mm$，用于制作吊钩、卡箍等。

(B) 扁钢：常用规格为 $20mm \times 4mm \sim 40mm \times 4mm$，用于制作吊环、卡环、活动支架等。

(C) 角钢：各种规格，用于制作支架、法兰等。

(D) 钢板：各种规格，用于制作各种容器、法兰、支架、套管、预埋铁件等。

(E) 槽钢：工字钢用于制作管道及设备支架、支座等。

2) 填料

填料是指充填缝隙的材料，常用作管道承插连接或螺纹连接的接口材料，起充实防止渗漏的作用，常用的有麻丝、石棉绳、聚四氟乙烯（生料带）、橡胶圈等。

3) 垫料

垫料是夹衬的材料，即垫圈，常用于法兰接口。工程中常用的垫料从承压来分，可分为低压垫圈、中压垫圈和高压垫圈三类。从材质来分，可分为橡胶类、石棉类、金属类、纸板类和塑料类等五类。

5. 采暖工程材料

(1) 散热器

1) 灰铸铁柱型及细柱型散热器

灰铸铁柱型及细柱型散热器型号表示方法为：TZ（XZ）×—×—×；从左至右，第一位T表示铸铁，Z表示柱型（XZ表示细柱型），第一个×表示柱数，第二个×表示同侧进出水口中心距（单位100mm），第三个×表示工作压力（单位为0.1MPa）。

2) 灰铸铁长翼型和圆型散热器

长翼型散热器型号表示方法为：TC×/×—×；从左至右，第一位T表示铸铁，C表示长翼型，第一个×表示片长（单位1000mm），第二个×表示同侧进出水口中心距（单位100mm），第三个×表示工作压力（单位为0.1MPa）。

圆型散热器型号表示方法为：TY×—×；从左至右，第一位T表示铸铁，Y表示圆翼型，第一个×表示长度，第二个×表示工作压力（单位为0.1MPa）。

3) 板式散热器

板式散热器型式有 A_1、A_2、A_3、A_4、A_5，长度由设计决定，涂层颜色、安装形式以及进出水口位置、放气阀数量应在定货时加以说明。

4) 钢制板型和柱型散热器

钢制板型和柱型散热器型号表示方法为：GB（Z）×—×/×—×；从左至右，第一位 G 表示钢制，B 表示板型（Z 表示柱型），第一个×表示单面水道槽为 1、双面水道槽为 2（柱型则表示柱数），第二个×表示 D 表示为单板、S 表示为双板（柱型则表示散热器宽度）第三个×表示同侧进出水口中心距（单位 100mm），第四个×表示工作压力（单位为 0.1MPa）。

5) 辐射对流散热器和光管散热器

辐射对流散热器型号表示方法为：TFD—×—×；从左至右，第一位 T 表示灰铸铁，FD 表示辐射对流式，第一个×表示同侧进出水口中心距（单位 100mm），第二个×表示工作压力（单位为 0.1MPa）。

光管散热器则分为 A 型和 B 型，A 型用于蒸汽热媒，B 型用于热水热媒。

6) 钢制扁管散热器

钢制扁管散热器分为：GBG/D 型（单板不带对流片）、GBG/DL 型（单板带对流片）和 GBG/SL 型（双板带对流片）；规格有 370mm、470mm 和 570mm 三种。

7) 闭式对流散热器

闭式对流散热器型号表示方法为：GCB—×—×；从左至右，第一位 G 表示钢制，CB 表示串片闭式，第一个×表示同侧进出水口中心距（单位 100mm），第二个×表示工作压力（单位为 0.1MPa）。

(2) 阀门

1) 闸阀

装在管路上作启闭（主要是全开、全关）管路及设备中介质用，其特点是介质通过时阻力小。暗杆闸阀的阀杆不作升降运动，适用于高度受限制的地方；明杆闸阀只能用于高度不受限制的地方。常用的有内螺纹暗杆楔式闸阀、暗杆楔式闸阀、楔式闸阀、平行式双闸板闸阀。

2) 疏水阀

装于蒸汽管路或加热器、散热器等蒸汽设备上，能自动排除管路或设备中的冷凝水，并能防止蒸汽泄漏。常用的有内螺纹钟形浮子式疏水阀、内螺纹热动力式疏水阀、内螺纹双金属片式疏水阀。

3) 活塞式减压阀

装于工作压力 P_{30}≤1.3MPa、工作温度≤300℃的蒸汽或空气管路上，能自动将管路内介质压力减低到规定的数值，并使之保持不变。阀体材料采用球墨铸铁，密封面材料采用不锈钢，公称压力为 1.6MPa。

4) 暖气直角式截止阀

装于室内暖气设备（散热器）上，作为开关及调节流量设备。阀体材料采用灰铸铁、可锻铸铁、铜合金。适用温度≤225℃，公称压力为 1.0MPa。

6. 电气工程材料

(1) 绝缘电线

(A) BV（铜芯聚氯乙烯绝缘电线）、BLV（铝芯聚氯乙烯绝缘电线）、BVV（铜芯聚氯乙烯绝缘聚氯乙烯护套电线）、BLVV（铝芯聚氯乙烯绝缘聚氯乙烯护套电线）BVR（铜芯聚氯乙烯绝缘软线）系列电线（简称塑料线）。供各种交流、直流电器装置、电工仪表、电讯设备、电力及照明装置配线用。其线芯长期允许工作温度不超过+65℃，敷设温度不低于-15℃。用于交流500V及以下，直径1000V及以下线路中，可明设、暗设，护套线可直接埋地。

(B) RV（铜芯聚氯乙烯绝缘软线）、RVB（铜芯聚氯乙烯绝缘平型软线）、RVS（铜芯聚氯乙烯绝缘绞型软线）、RVV（铜芯聚氯乙烯绝缘聚氯乙烯护套软线）型聚氯乙烯绝缘软线。该系列电线供各种交流、直流移动电器、电工仪表、电器设备及自动化装置接线用。其线芯长期允许温度不超过+65℃；安装温度不低于-15℃。截面为0.06mm²及以下的电线，只适于用做低压设备内部接线。

(C) RFB（复合物绝缘平型软线）、RFS（复合物绝缘绞型软线）型丁腈聚氯乙烯复合物绝缘软线。该产品简称复合物绝缘软线，供交流250V及以下和直流500V及以下的各种移动电器、无线电设备和照明灯座等接线用。线芯的长期允许工作温度为+70℃。

(D) BXF（铜芯氯丁橡皮线）、BLXF（铝芯氯丁橡皮线）、BXR（铜芯橡皮软线）、BLX（铝芯橡皮线）、BX（铜芯橡皮线）型橡皮绝缘电线。该系列电线（简称橡皮线）供交流500V及以下，直流1000V及以下的电器设备和照明装置配线用。线芯长期允许工作温度不超过+65℃。BXF型氯丁橡皮线具有良好的耐老化性能和不延燃性，并有一定的耐油、耐腐蚀性能，适用于户外敷设。

(E) RXS（橡皮绝缘棉纱编织双绞软线）、RX（橡皮绝缘棉纱总编织软线）型橡皮绝缘棉纱编织软线。该产品适用于交流250V及以下、直流500V及以下的室内干燥场所，供各种移动式日用电器设备和照明灯座与电源连接用。线芯长期允许工作温度不超过+65℃。

(F) FVN型聚氯乙烯绝缘尼龙护套电线。该电线系铜芯镀锡聚氯乙烯绝缘尼龙护套电线，用于交流250V及以下、直流500V及以下的低压线路中。线芯长期允许工作温度为-60~+80℃，在相对湿度为98%条件下使用时环境温度应小于+45℃。

(G) 电力和照明用聚氯乙烯绝缘软线。该产品采用各种不同的铜线芯、绝缘及护套，能耐酸、碱、盐和许多溶剂的腐蚀，能经得起潮湿和霉菌作用，并具有阻燃性能，还可以制成多种颜色有利于接线操作及区别线路。技术数据见表1-103所列。

标记号、名称及应用范围　　　　　　　　　　　　　　表1-103

标记号	电压等级(V/V)	名　称	应　用　范　围
21	300/500	单芯聚氯乙烯绝缘无护套内接线用软线	适用于交流额定电压300/500V和300/300V及以下的各种电气装置、仪器仪表、电讯设备、电力及照明等安装接线用。用于环境温度和导体负载温升相结合不超过+70℃和短路时导体最高温度不超过+160℃的场所。使用温度：-30~+70℃敷设温度：不低于-15℃
23	300/500	两芯绞合聚氯乙烯绝缘无护套内接线用软线	
24	300/300	两芯平形聚氯乙烯绝缘线	
25	300/300	两芯方形平行聚氯乙烯绝缘软线	
26	300/300	两芯平行聚氯乙烯绝缘和聚氯乙烯护套轻型软线	
27	300/300	两芯圆形聚氯乙烯绝缘和聚氯乙烯护套轻型软线	
28	300/300	三芯圆形聚氯乙烯绝缘和聚氯乙烯护套轻型软线	
41	300/500	两芯平形聚氯乙烯绝缘和聚氯乙烯护套普通软线	
42	300/500	两芯圆形聚氯乙烯绝缘和聚氯乙烯护套普通软线	
43	300/500	三芯圆形聚氯乙烯绝缘和聚氯乙烯护套普通软线	
44	300/500	四芯圆形聚氯乙烯绝缘和聚氯乙烯护套普通软线	
45	300/500	五芯圆形聚氯乙烯绝缘和聚氯乙烯护套普通软线	

(2) 电线穿管

1) 电线管

电线管的公称口径有 13mm、16mm、20mm、25mm、32mm、38mm、50mm 等各种规格。

2) 自熄塑料电线管及配件

自熄塑料管及配件以改性聚氯乙烯作材质,电性能优良,耐腐性、自熄性能良好,并且韧性大,曲折不易断裂。其全套组件的连接只须用胶粘剂粘结,与金属管材比较,减轻了质量,降低了造价,色泽鲜艳,具有防火、绝缘、耐腐、材轻、美观、价廉、便于施工等优点。

自熄塑料管型号与规格:PVC-016、PVC-019、PVC-025、PVC-032、PVC-040、PVC-050。

配件主要有接线盒(A型、B型)、灯头接线盒(小号、大号)、直角弯头、束节、入盒接头等。

3) 聚乙烯电线管及地面接线盒

适用于水泥地坪或混凝土构件内暗敷或明敷保护照明线路。根据标称直径,有 10mm、13mm、16mm、20mm、24mm 等规格。

地面接线盒则分为小、中、大三个型号。

(3) 电光源

1) 白炽灯泡

白炽灯泡是利用钨丝通电加热而发光的一种热辐射光源。有普通照明灯泡和双螺旋普通照明灯泡之分。具有结构简单,使用方便的特点。

2) 反射型普通照明灯泡

采用聚光型玻壳制造。玻壳圆锥部分的内表面蒸镀有一层反射性很好的镜面铝膜。灯泡型号有 PZF220-15、25、100、300、500 等。

3) 蘑菇形普通照明灯泡

灯泡采用全磨砂、乳白色的玻壳制造。有 PZM220-15、25、40、60 等型号。

4) 装饰灯泡

采用各种彩色玻壳制成,其种类有磨砂、彩色透明、彩色瓷料及内涂色等。

5) 荧光灯管

普通荧光灯为热阴极预热式低气压汞蒸气放电灯,与普通白炽灯相比,具有发光效率高、寿命长、用电省等优点。分为直管荧光灯管、U形与圆形荧光灯和低温快速启动荧光灯。

(4) 开关与插座

1) 开关

开关的型号很多,有单控拉线开关、双控拉线开关、单控跷板开关、双控跷板开关、电铃开关、节能定时开关、拉线式多控开关、按钮式多控开关。

2) 插座

插座有单相二极、单相三极、三相四极之分。常用的有单相二极普通插座、单相二极安全插座、单相三极普通插座、单相三极安全插座、T型二极普通插座、三相四极普通插座、单相二极防脱锁紧型插座、单相三极防脱锁紧型插座、三相四极防脱锁紧型插座等。

相对应的,插头有单相二极插头、单相三极插头、三相四极插头、T型二极插头、二极防脱锁紧型配套插头、三极防脱锁紧型配套插头、四极防脱锁紧型配套插头等。

二、建筑识图与构造

（一）点、线、面的正三面投影，物体的三面投影

1. 正投影

在日常生活中我们常常看到影子这种自然现象。如阳光照射下的人影、树影、房屋或景物的影子。产生影子需要两个条件：一是光线，二是要有承受影子的平面，缺一不可。而影子一般只能大致反映出物体的形状，如要准确地反映出物体的形状和大小，光线对物体的照射要按一定的规律进行。要使光线在承受面上产生的影子能准确反映物体的形状和大小，光线要互相平行，并且垂直照射投影平面，由此产生的该物体某一面的"影子"，称为物体的一个正投影。

图 2-1 是一块三角板的投影。这里要说明图上几个图形：

1）图上的箭头表示投影的方向，虚线为投射线，投射线垂直投影面；
2）P 平面称为投影面；
3）三角板就是投影的物体。

我们把这种投影方法称为正投影。正投影是建筑施工图中常用的投影方法。

正投影指光线与投影面垂直，这种光线投射到物体上，在投影面上得到的图形，称为正投影。一

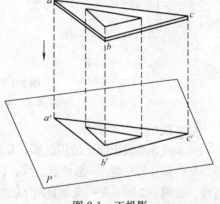

图 2-1 正投影

般来说，只用一个投影不能完全确定空间形体的形状和大小，为此，需设立三个相互垂直的平面作为投影面，水平投影面用 H 标记，简称水平面或 H 面；正立投影面用 V 标记，简称正面或 V 面；侧立投影面用 W 标记，简称侧面或 W 面。两投影面的交线称为投影轴，H 面与 V 面的交线为 OX 轴，H 面与 W 面的交线为 OY 轴，V 面与 W 面的交线为 OZ 轴，三轴的交点为原点 O。如图 2-2 所示。

一个物体一般都可以在空间六个竖直面上投影（以后讲投影都是指正投影），如一个长方体它可以向上、下、左、右、前、后的六个平面上投影，反映出它的大小和形状。由于长方体是一块平行的六面体，它有两个面是相同的，所以只要取它向下、后、右三个

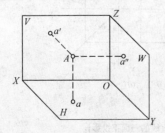

图 2-2 点的三面正投影

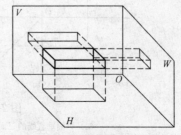

图 2-3 长方体的三面正投影

127

平面的投影图形，就可以知道这个长方体的形状了。图 2-3 就是长方体的下（H 面）、后（V 面）、右（W 面）三个平面上的投影。

建筑图纸的绘制，就是按照这种方法绘制出来的，我们只要学会了看懂这种图形，就可以在头脑中想象出一个物体的立体形象。

2. 点、线、面的正三面投影

（1）点的正三面投影

一个点在空间的各个投影面上的投影总是一个点，如图 2-2 所示。将图 2-2 中的 V 面、H 面、W 面展开后得到三面投影，如图 2-4 所示。

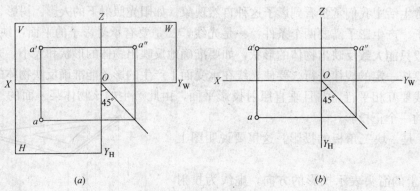

图 2-4 点的三面正投影及展开
(a) 点的三面正投影展开；(b) 点的三面正投影

（2）线的正三面投影

一条线在各投影面上的正投影，是由点和线来反映的。根据直线与三个投影面的相对位置，可将其分为三类：一般位置直线、投影面平行线、投影面垂直线。后两类统称为特殊位置直线。如图 2-5 (a) 是一条垂直向下的线的正投影，图 2-5 (b) 是一条水平线的正投影。

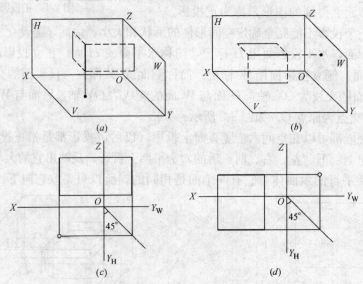

图 2-5 线的正三面投影
(a) V 面垂直线的三面正投影；(b) W 面垂直线的三面正投影；
(c) V 面垂直线的三面正投影图；(d) W 面垂直线的三面正投影图

将图 2-5（a）及（b）中的 V 面、H 面、W 面展开后得到三面投影如图 2-5（c）及图 2-5（d）所示。

（3）面的正三面投影

一个几何形的面，在空间向各投影面上的正投影，是由面和线来反映的。按平面与三个投影面的相对位置，平面可分为三类：一般位置平面、投影面垂直面、投影面平行面。后两类统称为特殊位置平面。如图 2-6（a）是一个平行于 H 面的长方形的三面投影。图 2-6（b）是一个平行于 W 面的长方形的三面投影。

将图 2-6（a）及（b）中的 V 面、H 面、W 面展开后分别得到三面投影如图 2-6（c）及（d）所示。

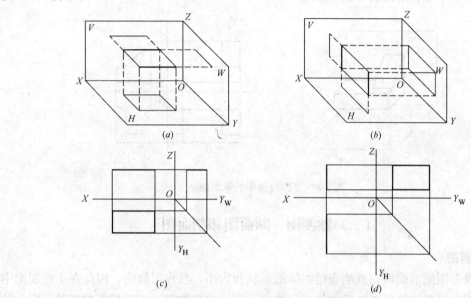

图 2-6　投影面平行面的三面正投影
(a) H 面平行面三面正投影；(b) W 面平行面三面正投影；
(c) H 面平行面三面正投影图展开；(d) W 面平行面三面正投影图展开

3. 物体的三面投影

物体的三面投影比较复杂，它在空间各投影面上，都以面的形式反映出来的。图 2-7 就是一个台阶的外形的正投影。

水平投影：光线由上往下垂直于水平面（H 面）投射，物体在水平面（H 面）上的投影。

正面投影：光线由前往后垂直于正立面（V 面）投射，物体在正立面（V 面）上的投影。

侧面投影：光线由左往右垂直于侧立面（W 面）投射，物体在侧立面（W 面）上的投影。

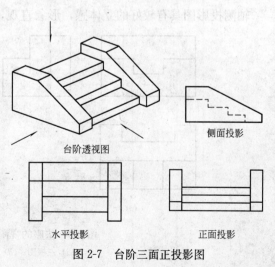

图 2-7　台阶三面正投影图

三面投影图的投影关系："长对正，高平齐，宽相等"是形体的三面投影图之间的最基本的投影关系，也是画图和读图的基础。

形体三面投影图的基本画法：绘制形体的投影图时，应将形体上的棱线和轮廓线都画出来，并且按投影方向可见的线用实线表示，不可见的线用虚线表示，当虚线和实线重合时只画实线。

如图 2-8 所示形体，可以看成是由一个长方块和一个三角块组合而成的形体，组合后就成了一个整体。当三角块的左侧面与长方块的左侧面平齐（即共面）时，实际上中间是没有线隔开的，在 W 投影中在此处不应画线。但形体右边还有棱线，从左向右投影时被遮住了，故看不见，所以图中画为虚线。

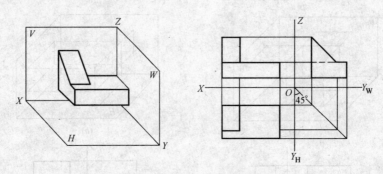

图 2-8　三面投影图的基本画法

（二）轴测图、断面图和剖面图

1. 轴测图

三面投影图能准确而完整地表达物体的形状和大小，且作图简便，因此在工程制图中被广泛采用。但是这样的图缺乏立体感，要有一定的投影知识才能看懂。如图 2-9 所示的垫座，如果画出它的三面投影，每个投影只能反映垫座的长、宽、高三个向度中的两个，缺乏立体感。如画出垫座的轴测投影图，就比较容易看出垫座的各个部分的形状，具有较好的立体感。

轴测投影图具有较好的立体感，形象直观，便于度量，一般人都能看懂。但由于它投

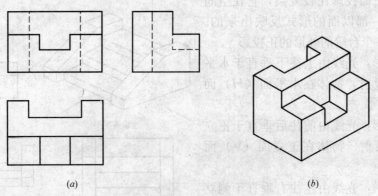

图 2-9　垫座的视图与轴测投影图
(a) 三视图；(b) 轴测投影图

影面上反映物体三个向度的形状，属单面投影图，有时对物体的表达不够全面，且绘制复杂物体的轴测投影图也较麻烦，故工程上常常用来作为辅助图样。

（1）轴测投影图的形成

轴测投影体系由一束平行投影线（轴测投影方向）、一个投影面（轴测投影面）和被投影的物体组成。

将物体连同其参考直角坐标系沿不平行于任一坐标平面的方向，用平行投影法向轴测投影面进行投影，所得的图形叫做轴测投影图。简称轴测图，如图 2-10 所示。轴测投影属于平行投影，当投影线与轴测投影面垂直时为正轴测投影，当投影线与轴测投影面倾斜时为斜轴测投影。

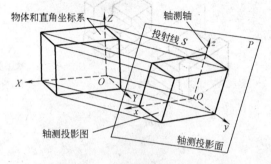 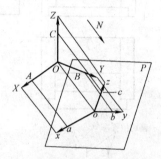

图 2-10　轴测投影图的形成　　　　　图 2-11　轴测轴间角与轴向伸缩系数

（2）轴间角和轴向伸缩系数

在轴测投影中，投影面 P 称为轴测投影面；物体的参考坐标轴 OX、OY、OZ 的轴测投影 ox、oy、oz 称为轴测轴；轴与轴之间的夹角，即 $\angle xoz$，$\angle xoy$，$\angle yoz$ 称为轴间角。在一般情况下，坐标轴上某一长度与其轴测投影相对应线段的长度并不相等。把轴测轴上线段长度与坐标轴上相对应线段长度之比称为轴向伸缩系数。如图 2-11 所示，在坐标轴 OX、OY、OZ 上分别取 A，B，C 三点，它们的轴测投影长度分别为 oa、ob、oc，则：

X 轴的轴向伸缩系数 $p=oa/OA$；

Y 轴的轴向伸缩系数 $q=ob/OB$；

Z 轴的轴向伸缩系数 $r=oc/OC$。

轴间角和轴向伸缩系数，是作轴测投影的两个基本参数。随着物体与轴测投影面相对位置的不同以及投影方向的改变，轴间角和轴向伸缩系数也随之变化，从而可以得到各种不同的轴测投影。

（3）轴测投影的特性

由于轴测投影属于平行投影，因此它必然具有如下特性：

（A）空间互相平行的线段，它们的轴测投影仍然相互平行。因此，凡是与坐标轴平行的线段，其轴测投影与相应的轴测轴平行。

（B）空间相互平行的线段的长度之比，等于它们的轴测投影的长度之比。因此，凡是与坐标轴平行的线段，它们的轴向伸缩系数相等。

由轴测投影的特性可知，在轴测投影中，只有平行于轴测轴的方向才可以度量。对于在空间不与坐标轴平行的线段，可先作出该线段两端点的轴测投影，然后相连，不能沿非轴测轴方向直接度量。

2. 剖面图

(1) 定义

假想用剖切面把物体剖开，移去观察者与剖切面之间的部分，将剩余部分向投影面作投影，并将剖切面与物体接触的部分画上剖切线或材料图例，这样得到的视图称为剖面图。如图2-12为一台阶的三视图，现假想用一侧面作为剖切面，把台阶沿踏步剖开，移去观察者与剖切平面之间的那部分台阶，然后作出台阶剩余部分的投影，并将剖切平面与台阶接触的部分画上剖切线，得到如图2-12（c）中所示的1—1剖面。

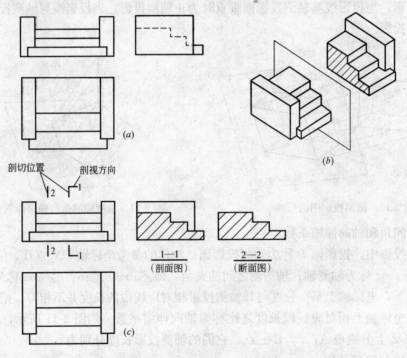

图2-12 台阶的剖面图与断面图
(a) 三视图；(b) 剖切情况；(c) 剖面图与断面图

(2) 标注方法

1) 剖切位置

一般把剖切面设置成垂直于某个基本投影面的位置，剖切面在该面上积聚成直线，所以剖切面的起止处各画一粗短实线表示剖切位置，此线尽可能不与物体的轮廓线相交。

2) 剖视方向

在剖切位置线的两端画与之垂直的短粗实线，表示剖切后的投影方向。

3) 剖面线

物体被剖切后，被剖切面切到的实体部分应画上剖切线。剖面线为互相平行的间隔相等的45°斜细实线。如果需要指明材料种类，可画出材料图例，材料图例又称为材料符号。

(3) 剖面图的种类

根据不同的剖切方式，剖面图有全剖面图、半剖面图、局部剖面图、阶梯剖面图、旋转剖面图和展开剖面图。下面介绍常用的几个剖面图的种类。

1) 全剖面图

采用一个剖切平面把物体全部"切开"后所得到的剖面图称为全剖面图,如图 2-13 所示。全剖面图一般用于不对称或者虽然对称但外形简单、内部比较复杂的物体。图 2-13(b)为一重力式桥台,用一个正平面作为剖切平面沿对称面"切开"图 2-13(c)后所得的全剖面图。这时正立面图上原先的虚线图 2-13(a)变为可见,故改画成实线,画上剖面线便显示了桥台的内部结构。

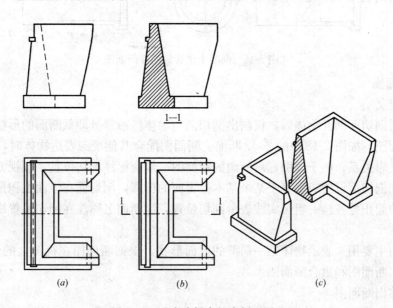

图 2-13 重力式桥台的全剖面图
(a)视图;(b)全剖面图的画法;(c)剖切情况

2) 半剖面图

当物体具有对称平面时,在垂直于对称平面的投影面上的投影,以对称线为分界,一半画剖面,一半画普通视图,这种组合的图形为半剖面图。如图 2-14 所示为一钢筋混凝土基础,因它的左右和前后均对称,故正立面和侧立面图均可采用半剖面表示,使其内外形状均表达清楚。见 1—1 半剖面图和 2—2 半剖面图。

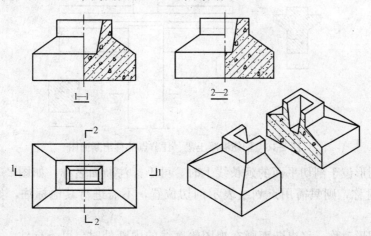

图 2-14 钢筋混凝土基础的半剖面图

3）局部剖面图

物体被局部地剖切后所得到的视图，称为局部剖面图。如图2-15是混凝土水管的一组视图，为了表示其内部形状，正立面图采用了局部剖面，局部剖切的部分画出了水管的内部结构和断面材料图例，其余部分仍画外形视图。

图2-15 混凝土水管的局部剖面图

3. 断面图

（1）定义

假想用剖切面剖开物体后，仅画出剖切面与物体接触部分即截断面的形状，所得的图形称为断面图。如图2-12中的2—2断面。断面图配合其他视图表达物体时，为了明确视图之间的投影关系，便于读图，对所画的断面图一般应标注剖切位置、剖视方向、断面名称。一般把剖切面设置成垂直于某个基本投影面的位置，剖切面在该面上积聚成直线，所以剖切面的起止处各画一粗短实线表示剖切位置，以断面名称注在剖切位置线的一侧表示投影方向。

断面图主要用来表示物体某一局部的截面形状。根据断面图在视图上的位置的不同，可分为移出断面图和重合断面图。

（2）移出断面图

画在视图轮廓线外面的断面称为移出断面。如图2-16所示为钢筋混凝土梁、柱节点的正立面图与移出断面图。

移出断面图的轮廓线用粗实线画出。移出断面图一般应标注剖切位置、投影方向和断面名称，如图2-16中所示的1—1、2—2、3—3断面。

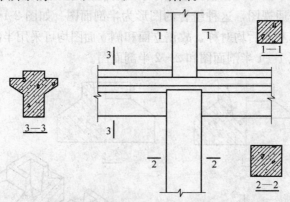

图2-16 钢筋混凝土梁、柱节点的移出断面图

当断面图形位于剖切平面的延长线上时，可不标注断面名称，如图2-17（b）所示。如断面图形对称，则只需用点划线表示剖切位置，不需进行其他标注，如图2-17（a）所示。

当断面图形对称，移出断面画在视图轮廓线的中断处时，可不标注，如图2-17（c）

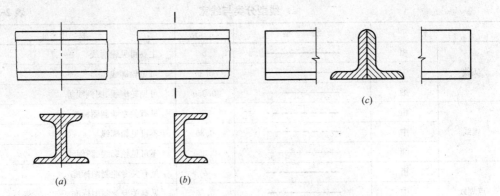

图 2-17 工字、钢槽、钢角钢的移出断面

所示。

(3) 重合断面图

画在视图轮廓线内的断面图称为重合断面图。如图 2-18 所示,在厂房的屋面平面图上采用同一比例加画断面图,用以表示天窗、屋面的形式和坡度。这种断面图是假想用一个垂直于屋脊线的剖切面剖开屋面,然后把断面向右旋转,使它与平面图重合后画出来的,为避免与视图的轮廓线混淆,重合断面的轮廓线用细实线画出,并且不加任何标注。视图上与断面上重合的轮廓线,不应断开,仍需完整画出。

在表示土建工程图的花饰时,仅画出其凹凸起伏状况而不把整个厚度画出来,如图 2-19 所示为外墙立面图上用重合断面表示的装饰花纹,图中右边小部分墙面没画出断面,以供对比。

图 2-18 屋面平面图上的重合断面

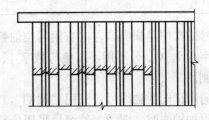

图 2-19 外墙立面图上的重合断面

(三) 施工图符号

1. 图线

在建筑施工图中,为表示不同的意思,并达到图线的主次分明,必须采用不同的线型和不同宽度的图线来表达。线型分类和线的宽度见表 2-1 所列(线的宽度用 b 作单位,其宽度按表 2-2 取值)。

2. 线条的种类和用途

线条的种类有定位轴线、剖面的剖切线、中心线、尺寸线、引出线、折断线、虚线、波浪线、图框线等等。

(1) 定位轴线

它是表示建筑物的主要结构或墙体的位置,亦可作为标志尺寸的基线。施工图中,采用细点划线表示。在线的端部画一直径为 8~10mm 的细线圆,圆内注写编号。在建筑图

线型分类与线宽　　　　表 2-1

名　称		线　型	线　宽	一　般　用　途
实线	粗	———————	b	主要可见轮廓线
	中	———————	$0.3b$	可见轮廓线
	细	———————	$0.35b$	可见轮廓线、图例线等
虚线	粗	— — — — —	b	见有关专业制图标准
	中	— — — — —	$0.3b$	不可见轮廓线
	细	— — — — —	$0.35b$	不可见轮廓线、图例线等
点划线	粗	—·—·—·—	b	见有关专业制图标准
	中	—·—·—·—	$0.3b$	见有关专业制图标准
	细	—·—·—·—	$0.35b$	中心线、对称线等
双点划线	粗	—··—··—	b	见有关专业制图标准
	中	—··—··—	$0.3b$	见有关专业制图标准
	细	—··—··—	$0.35b$	假想轮廓线、成型前原始轮廓线
折断线		∿	$0.25b$	断开界线
波浪线		～～～	$0.35b$	断开界线

线宽　　　　表 2-2

线宽比	线　宽　组(mm)					
b	2.0	1.4	1.0	0.7	0.5	0.35
$0.5b$	1.0	0.7	0.5	0.35	0.25	0.18
$0.35b$	0.7	0.5	0.35	0.25	0.18	

上编号的次序是横向自左向右用阿拉伯数字编写，竖向自下而上用大写的汉语拼音字母编写，字母 I、O、Z 不用，以免与数字 1、0、2 混淆。定位轴线的编号宜注写在图的下方和右侧。

通用详图的轴线号，只用"圆圈"，不注写编号，画法如图 2-20 所示，两轴线之间，如有附加轴线时，图线上的编号采用分数表示，分母表示前一轴线的编号，分子表示附加的第几道轴线，分子用阿拉伯数字顺序注写，表示方法如图 2-21 所示。

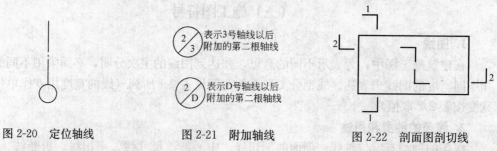

图 2-20　定位轴线　　　图 2-21　附加轴线　　　图 2-22　剖面图剖切线

（2）剖面的剖切线

一般采用粗实线。图线上的剖切线是表示剖面的剖切位置和剖视方向。编号是根据剖视方向注写于剖切线的一侧，如图 2-22 所示，其中"1—1"剖切线表示人站在图的右面向左方向视图。转折的剖切线的转折次数一般以一次为限。（如图 2-22 中"2—2"剖切线）。再有，构件的截面采用剖切线时，编号也用阿拉伯数字，编号根据剖视方向注写于剖切线的一侧，如图2-23所示。

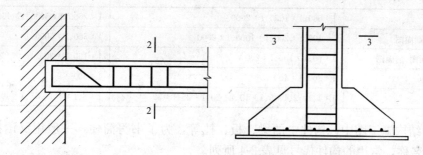

图2-23 构件剖切线

(3) 中心线（对称符号）

中心线用细点划线或中粗点划线绘制，是表示建筑物或构件、墙身的中心位置。如图2-24所示是一屋架中心线的表示。此外，在图上为了省略对称部分的图面，在图上用点划线和两条短平行线绘在图上，称为对称符号，这个中心对称符号是表示该线的另一边的图面与已绘出的图面，相对位置是完全相同的。

(4) 尺寸线

多数用细实线绘出。尺寸线在图上表示各部位的实际尺寸。它由尺寸界线、起止点的短斜线（或圆黑点）和尺寸线所组成。尺寸大小的数字应填写在尺寸线上方的中间位置。如图2-25所示。

(5) 引出线

用细实线绘出。因图面上书写部位尺寸有限，用引出线将文字引到适当部位加以注解（具体见详图）。

(6) 折断线

用细实线绘出。绘图时为少占图纸而把不必要的部分省略不画的表示。如图2-24所示。

3. 尺寸和比例

(A) 图纸中，除标高以"m"为单位，其余均以"mm"为单位。

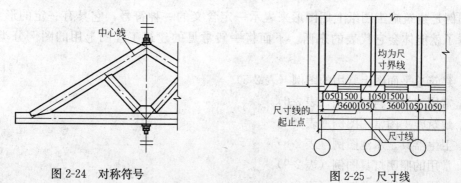

图2-24 对称符号　　　　图2-25 尺寸线

(B) 图纸的常用比例：图纸上不可能按实际的尺寸画出，常把建筑物缩小几十倍、几百倍、几千倍，把这种"缩小"称为"比例"。常用比例见表2-3所列。

图纸常用比例　　　　　　　　　　　　　表2-3

图　名	常　用　比　例	必要时可增加的比例
总平面图	1：500、1：1000、1：2000	1：2500、1：5000、1：10000
总图专业的断面图	1：100、1：200、1：1000、1：2000	1：500、1：5000
平面图、立面图、剖面图	1：50、1：100、1：200	1：150、1：300
次要平面图	1：300、1：400	1：300
详图	1：1、1：2、1：5、1：10、1：20、1：25、1：30	1：3、1：4、1：30、1：40

(C) 结构施工图中，构件中的梁、板、柱等，为了书写简便，一般用汉语拼音字母代表构件名称，常用的构件代号见表2-4所列。

常用构件代号　　　　　　　　　　　　　表2-4

序号	名　称	代号	序号	名　称	代号	序号	名　称	代号
1	板	B	15	吊车梁	DL	29	基础	J
2	屋面板	WB	16	圈梁	QL	30	设备基础	SJ
3	空心板	KB	17	过梁	GL	31	桩	ZH
4	槽形板	CB	18	连系梁	LL	32	柱间支撑	ZC
5	折板	ZB	19	基础梁	JL	33	垂直支撑	CC
6	密肋板	MB	20	楼梯梁	TL	34	水平支撑	SC
7	楼梯板	TB	21	檩条	LT	35	梯	I
8	盖板或沟盖板	GB	22	屋架	WJ	36	雨棚	YP
9	挡雨板或檐口板	YB	23	托架	TJ	37	阳台	YT
10	吊车安全走道板	DB	24	天窗架	CJ	38	梁垫	LD
11	墙板	QB	25	框架	KJ	39	预埋件	M
12	天沟板	TGB	26	刚架	GJ	40	天窗端壁	TD
13	梁	L	27	支架	ZJ	41	钢筋网	W
14	屋面梁	WL	28	柱	Z	42	钢筋骨架	G

（四）工程图常用图例

图例是建筑施工图纸上用图形来表示一定含义的一种符号，它具有一定的形象性，使人看了就能体会它代表的东西。下面将一般常见的建筑工程图上用的图例分类绘制成表。

1. 建筑总平面图上常用的图例（表2-5）
2. 常用建筑材料的图例（表2-6）
3. 建筑施工图常用图例（表2-7）
4. 卫生器具、水池图例（表2-8）
5. 常用的照明灯具图例（表2-9）
6. 常用的照明开关图例（表2-10）
7. 插座图例或特殊表示法（表2-11）
8. 常用线路图例（表2-12）

常用总平面图图例 表 2-5

名　称	图　例	说　明
围墙及大门	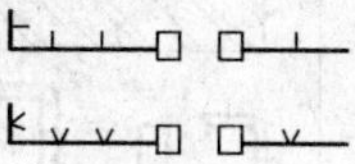	上图为砖石、混凝土或金属材料的围墙 下图为镀锌钢丝网篱笆等围墙 如仅表示围墙时不画大门
坐标	X 105.00 Y 425.00 A 131.51 B 278.25	上图表示测量坐标 下图表示施工坐标
室内标高	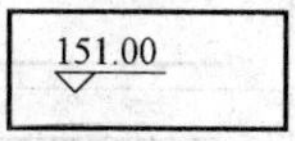 151.00	
室外标高	▼143.00	
原有的道路		用细实线表示
计划扩建的道路	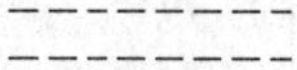	用细虚线表示
护坡		护坡较长时,可在一端或两端局部表示
风向频率玫瑰图	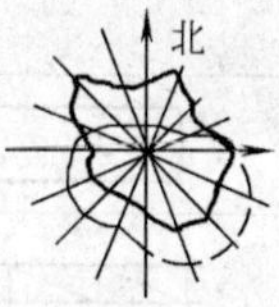	根据当地多年统计的各方向平均吹风次数绘制 实线——表示全年风向频率, 虚线……表示夏季风向频率,按 6,7,8 三个月统计
新建的建筑物	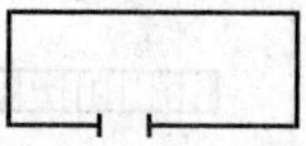	1. 用粗实线表示 2. 需要时可在图形右上角以点数或数字(高层宜用数字)表示层数
原有的建筑物		1. 应注明利用者 2. 用细实线表示
计划扩建的建筑物或预留地		1. 应注明拟利用者 2. 用中虚线表示
拆除的建筑物		用细实线表示
地下建筑物或构筑物	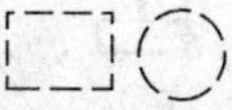	用粗虚线表示
散状材料露天堆场	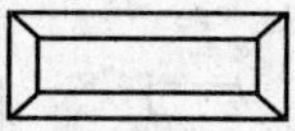	需要时可注明材料名称
其他材料露天堆场或露天作业场		需要时可注明材料名称
指北针	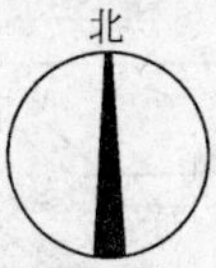 北	圆圈直径为 24mm,指针尾部宽度为直径的 1/8

常用建筑材料图例 表 2-6

名称	图例	说明	名称	图例	说明
自然土壤		包括各种自然土壤	金属		1. 包括各种金属 2. 图形小时，可涂黑
夯实土壤			玻璃		包括平板玻璃、磨砂玻璃、夹层玻璃、钢化玻璃等
砂、灰土		靠近轮廓线点较密的点	防水材料		构造层次多或比例较大时，采用上面图例
天然石材		包括岩层、砌体、铺地、贴面等材料	粉刷		本图例点以较薄的点
混凝土		1. 本图例仅适用于能承重的混凝土及钢筋混凝土 2. 包括各种强度等级、骨料、添加剂的混凝土 3. 在剖面图上画出钢筋时，不画图例线 4. 断面较窄，不易画出图例线时，可涂黑	毛石		
钢筋混凝土			普通砖		1. 包括砌体、砌块 2. 断面较窄，不易画出图例时，可涂红
多孔材料		包括水泥珍珠岩、沥青珍珠岩、泡沫混凝土、非承重加气混凝土、泡沫塑料、软木等	耐火砖		包括耐酸砖等
			空心砖		包括各种多孔砖
石膏板			白面砖		包括断地砖、陶瓷锦砖、陶瓷釉砖、人造大理石等

建筑施工图图例 表 2-7

名称	图例	说明	名称	图例	说明
楼梯		1. 上图为底层楼梯平面，中图为中间层楼梯平面，下图为顶层楼梯平面 2. 楼梯的形式及步数应按实际情况绘制	单扇门（平开或单面弹簧）		用于平面图中
			单扇双面弹簧门		用于平面图中
			双扇门（包括平开或单面弹簧）		用于平面图中
坡道			对开折叠门		用于平面图中
空门洞		用于平面图中	双扇双面弹簧门		用于平面图中

续表

名 称	图 例	说 明	名 称	图 例	说 明
检查孔	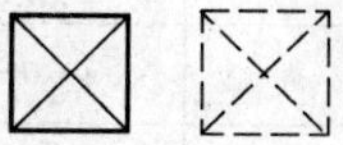	左图为可见检查孔,右图为不可见检查孔	单层外开平开窗	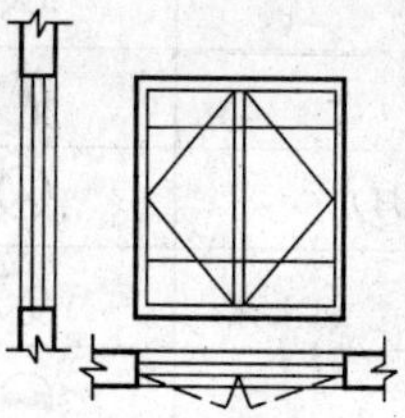	立面图中的斜线表示窗的开关方向,实线为外开,虚线为内开
单层固定窗	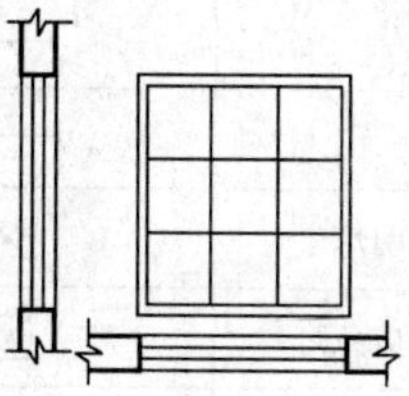	窗的立面形式应按实际情况绘制	高窗	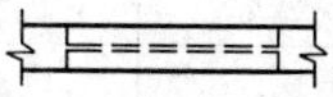	用于平面图中
单层外开上悬窗	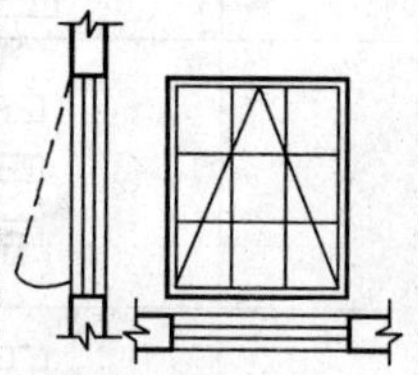	立面图中的斜线表示窗的开关方向,实线为外开,虚线为内开	墙上预留孔	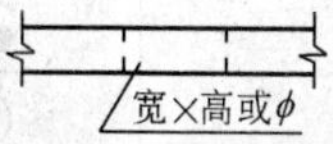 宽×高或φ	用于平面图中
中悬窗	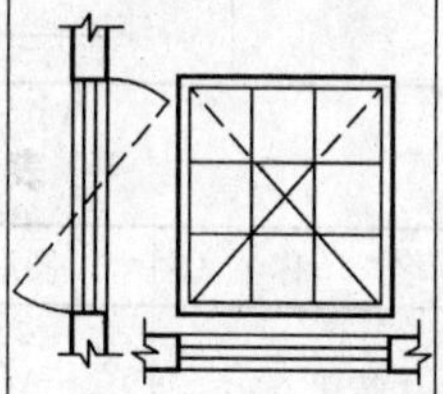	立面图中的斜线表示窗的开关方向,实线为外开,虚线为内开	墙上预留槽	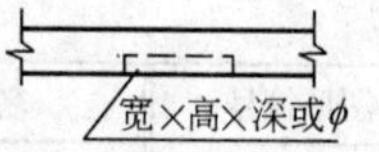 宽×高×深或φ	用于平面图中

卫生器具、水池图例 表 2-8

名 称	图 例	说 明	名 称	图 例	说 明
水盆水池	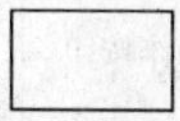	用于一张图内只有一种水盆或水池	坐式大便器	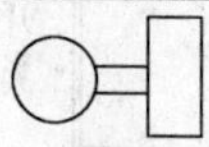	
洗脸盆	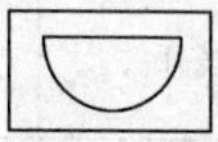		小便槽	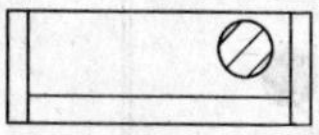	
浴盆	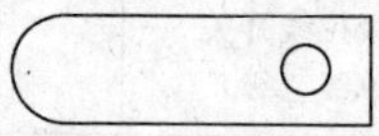		淋浴喷头		
洗脸盆洗涤盆	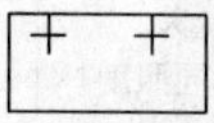		圆形地漏		
盥洗槽	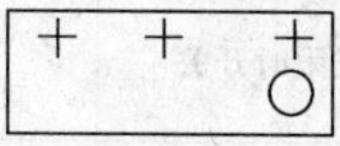		水落口	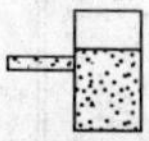	
盥洗槽			阀门井、检查井	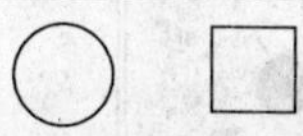	
立式小便器			水表井	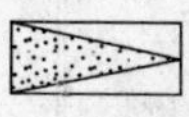	
蹲式大便器	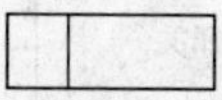		矩形化粪池	 HC	HC 为化粪池代号

常用照明灯具图例　　　　　　　　　　　　　　　　　　　　　　　　　表 2-9

名　称	图形符号	名　称	图形符号
灯具一般符号		泛光灯	
深照型灯		荧光灯具一般符号	
广照型灯（配照型灯）		三管荧光灯	
防水防尘灯		五管荧光灯	
安全灯		防爆荧光灯	
隔爆灯		在专用电路上的应急照明灯	
顶棚灯		自带电源的应急照明装置（应急灯）	
球形灯		气体放电灯的辅助设备	
花灯		疏散灯	
弯灯			
壁灯			
投光灯一般符号		安全出口标志灯	
聚光灯		导轨灯导轨	

常用照明开关图例　　　　　　　　　　　　　　　　　　　　　　　　　表 2-10

名　称		图形符号	名　称	图形符号	名　称	图形符号
开关，一般符号			明装		按钮	
带指示灯的开关			暗装		带指示灯的按钮	
单极开关	明装		密闭（防水）		防止无意操作按钮	
	暗装		防爆		单极拉线开关	
	密闭（防水）		双控开关（单极三线）		双级拉线开关（单极三级）	
	防爆		调光器		多拉开关（如用于不同照度）	
双极开关	明装		钥匙开关		单极限时开关	
	暗装		"请勿打扰"门铃开关		限时设备定时器	
	密闭（防水）		风扇调速开关		定时开关	
	防爆		风机盘管控制开关		中间开关	

插座的图例 表 2-11

名称		图形符号	名称		图形符号
单相插座	明装		带接地插孔的三相插座	明装	
	暗装			暗装	
	密闭(防水)			密闭(防水)	
	防爆			防爆	
带接地插孔的单相插座	明装		带中性线和接地插孔的三相插座	明装	
	暗装			暗装	
	密闭(防水)			密闭(防水)	
	防爆			防爆	
多个插座(示出三个)			具有连锁开关的插座		
具有保护板的插座			具有隔离变压器的插座(如电动剃须刀插座)		
具有单极开关的插座			带熔断器单相插座		

常用线路图例 表 2-12

名称	图形符号	名称	图形符号
电线、电缆一般符号		线槽内配线	
示出三根导线		电缆桥架	
示出三根导线	3	向上配线	
应急照明线路		向下配线	
挂在钢索上的线路		垂直通过配线	
接地一般符号		端子板	

（五）建筑工程图内容

建筑工程图按专业不同，可分为：建筑施工图（简称建施），包括建筑平面图、建筑立面图、建筑剖面图及建筑详图；结构施工图（简称结施），包括结构布置图、结构详图；设备施工图（简称设施），包括给水排水施工图、采暖通风施工图、电气施工图。一套完整的施工图应包括：

（1）图纸目录

从建施 01～n、结施 01～n、水施 01～n、电施 01～n（又分强电、弱电、讯施 01～n）、通风 01～n、暖气 01～n 等。

（2）设计总说明

内容包括：工程设计依据（批文、资金来源、地勘资料等），建筑面积，造价；设计标准（建筑标准、结构荷载等级、抗震要求，采暖通风要求，照明标准，防火等级等）；施工要求（技术与材料），项目±0.000 与总图绝对标高的相对关系，室内外用材、强度等级，装修表、门窗表。

（3）建筑施工图（简称建施）

1）表示建筑物内部布置、外部形状、装修、构造、施工要求等，包括：纵横墙布置、门、窗、楼梯和公共设施（如洗手间、开水房等）；

2）总平面，平面、立面、剖面和各构造详图（包括墙身剖面、楼梯、门窗、厕所、浴室、走廊、阳台等构造和详细做法、尺寸）；

3）文字说明，图注。

（4）结构施工图（简称结施）

1）表示承重结构的布置、构件类型、大小尺寸、构造做法；

2）结构说明，基础（包括桩基布置、埋置深度），各层结构布置平面和各构件的结构详图（包括柱、梁、板、楼梯、雨棚、屋面等）。

（5）设备施工图（简称设施）

1）给水排水、采暖通风、电气照明说明，管网布置、走向、标高；

2）平面布置、系统轴测、详图安装要求，接线原理。

阅读施工图步骤：

1）先细阅读说明书、首页图（目录），后看建施、结施、设施；

2）每张图，先图标、文字，后图样；

3）先建施，后结施、设施；

4）建施先看平面、立面、剖面，后详图；

5）结施先看基础、结构布置平面图，后看构件详图；

6）设施先看平面，后看系统、安装详图。

1. 建筑施工图

（1）建筑总平面图

建筑总平面图是较大范围内的建筑群和其他工程设施的水平投影图。主要表示新建、拟建房屋的具体位置、层数、朝向、高程、占地面积，以及与周围环境，如原有建筑物、道路、绿化等之间的关系。它是整个建筑工程总体布局图。图中包括：比例、图例、图线、地形、定位、指北针、尺寸标注、注写名称等等。为定位、施工放样、土方施工及绘制水、电、卫、暖、煤气、通信、有线电视的总平面图和施工总平面图的依据。图2-26为某培训楼的总平面图。比例1：500。图中用粗实线表示的轮廓是新设计建造的培训楼，右上角黑点表示该建筑层数。总平图上标注的尺寸，一律以m（米）为单位，尺寸15.45m和31.90m为该建筑的宽度和长度，9.60m和4.60m是该房屋的定位尺寸。右下角指北针显示该建筑物坐北朝南。室外地坪▼10.40，室内地坪10.70均为绝对标高，室内外高差300mm。建筑物南面用中实线表示的新建道路，西面为原有建筑。北面有花台和实验室，东北有三层办公楼和五层教学楼，东面是将来要建的四层服务楼。

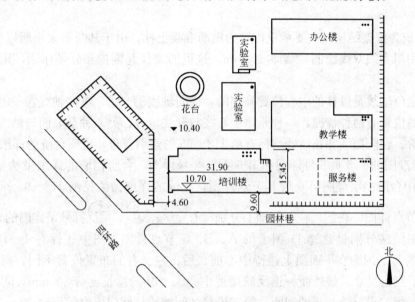

图 2-26 培训楼总平面图

（2）建筑平面图

建筑平面图是在正常窗台高度以上人眼高度以下沿建筑物门、窗洞位置作水平剖切并移去上面部分后，向下投影所形成的全剖面图。主要表示建筑物的形状、大小、房间布局、楼梯、走道安排、墙体厚度及承重构件的尺寸等。平面图是建筑施工图中重要的图样。

多层建筑的平面图由底层平面图、中间层平面图、顶层平面图、屋顶平面图等组成。所谓中间层是指底层到顶层之间的楼层，如果这些楼层布置相同或基本相同，可共用一个标准层平面图，否则每一楼层均需画平面图。

建筑平面图的读图方法：

1) 首先读图标，了解图名、图号和比例。

2) 了解平面图的总长、总宽及纵横向轴线间的尺寸；弄清各房间的功能及布置方式；查看承重墙的位置、厚度与材料。

3) 弄清门窗洞口尺寸、型号，并与门窗表核对。查看楼梯出入口的位置和尺寸等内容。

4) 了解剖切符号的位置，且与剖面图对照识读。

5) 查看室外设备及设施的位置尺寸。

6）核对各种平面尺寸及标高有无错误，了解详图索引的所指位置。

平面图包括：比例、定位轴线、图线、尺寸标注、代号及图例、投影要求、其他标注、门窗表、局部平面图和详图等。

1) 一层平面图

图2-27是某接待中心的底层平面图，是用1∶100的比例绘制。该建筑平面形状L形，以门厅为中心，南边是中、小餐厅，大小会议室，西北边服务间、厕所、值班室等。门厅西侧设有楼梯间，门厅正门朝北，标注M1，为双弹簧门，平台外有三级台阶。门厅标高为±0.000，室外地坪高为-0.450。在小餐厅南侧和中餐厅西侧各设置了一个休息平台。

该建筑为框架结构，主要承重构件为钢筋混凝土柱，由于其断面太小所以涂黑表示，剖切到墙用粗实线双线绘制，墙厚240mm，这里的墙仅起围护和分隔作用，用混凝土砌块砌筑。

房屋定位轴线是以柱的中心位置确定的，横向轴线①~⑮，纵向轴线Ⓐ~Ⓙ。应注意墙与轴线的位置有两种情况，一种是墙中心线与轴线重合，另一种是墙面与轴线重合。

在台阶、台阶挡墙和花池处均标有浙J18—95的索引符号，说明台阶的详细做法见浙J18—95标准图的第5页6号详图和第6页第2号详图，台阶挡墙的详细做法见浙J18—95标准图中台阶挡墙详图第6页B节点详图，花池的详细做法见浙J18—95标准图花池详图的B节点详图。在②、Ⓒ、Ⓔ轴上分别标有 Ⓐ/₁₁、Ⓑ/₁₁、Ⓒ/₁₁ 符号是详图的索引符号，它表明详细做法分别见建施11图上的A、B、C节点详图。图中还标有1—1、2—2和3—3剖切符号。因为在平面图上接待中心前、后、左、右的布置位置不同，所以沿图四周都标注了三道尺寸。最外面一道反映接待中心①~⑪的总长度25800mm，Ⓐ~Ⓙ总宽20200mm，第二道反映柱子的间距，第三道是柱间墙或柱间门、窗的尺寸。

2) 二层平面图

图2-28是接待中心二层平面图。与一层平面图相比减去了室外的附属设施踏步及指北针。楼梯表示方法与底层不同，不仅画出本层上第三层的部分楼梯踏步，还将本层下第一层的楼梯踏步画出。房间布置也有很大的变化，除了设有一个休息厅，两个工作室外，其他的为客房。二层的标高为3.600。

3) 屋顶平面图

图2-29是屋顶平面图，该屋顶为坡屋顶，从屋顶平面图中可以知道不同部位屋脊的标高分别为9.000、9.900、5.400。屋脊、天沟的详图在2005浙J15标准图中，沟的排水方向，沟的排水坡度为1%，落水口位置，沿沟做法详见建施10上6号详图等内容。

(3) 建筑立面图

建筑立面图是房屋不同方向的立面投影图。立面图可根据主要入口来命名，如正立面、背立面、左侧立面、右侧立面；也可以根据朝向来命名，如东立面、西立面、南立面、北立面；还可以根据立面图两端轴线的编号来命名。

建筑立面图主要表明建筑物的体形和外貌，以及外墙的面层材料、色彩，女儿墙的形式，线脚、腰线、勒脚等饰面做法，阳台的形式及门窗布置，雨水管位置等。

建筑立面图应画出可见的建筑外轮廓线，建筑构造和构配件的投影，并注写墙面做法

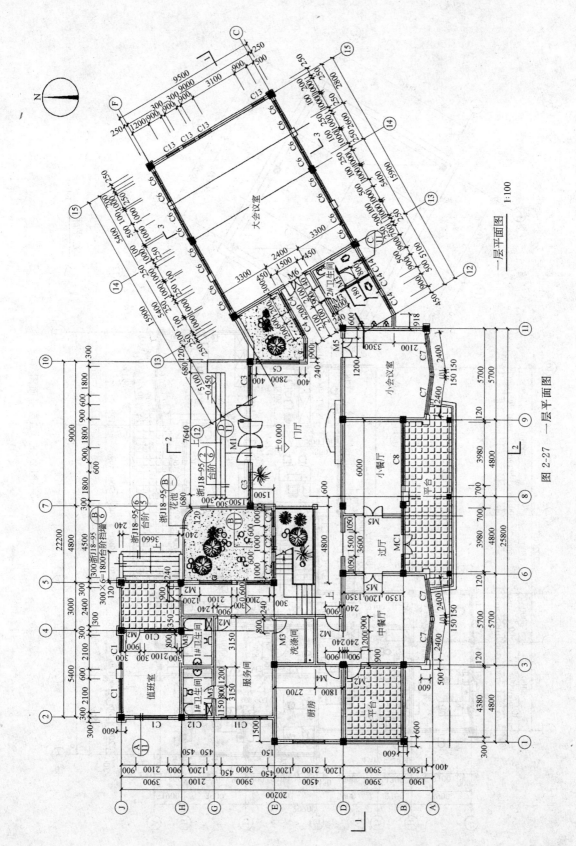

图 2-27 一层平面图

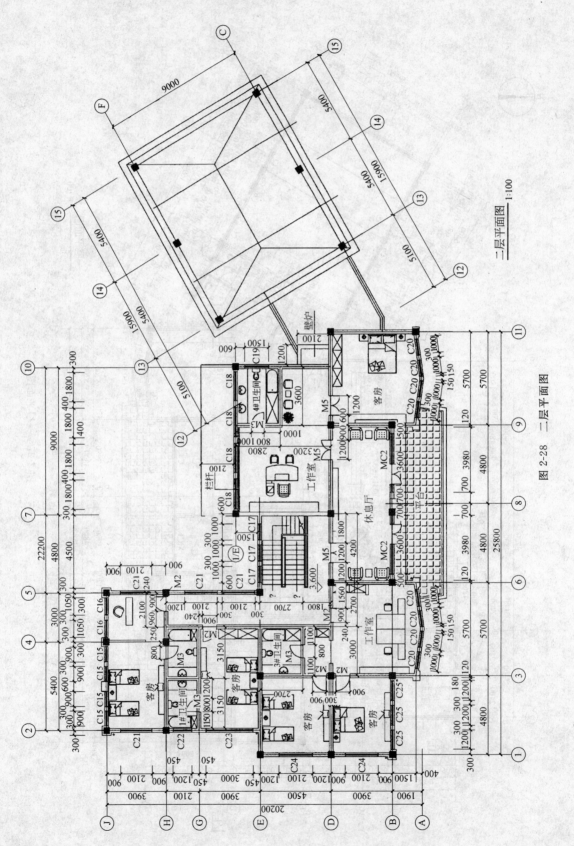

图 2-28 二层平面图

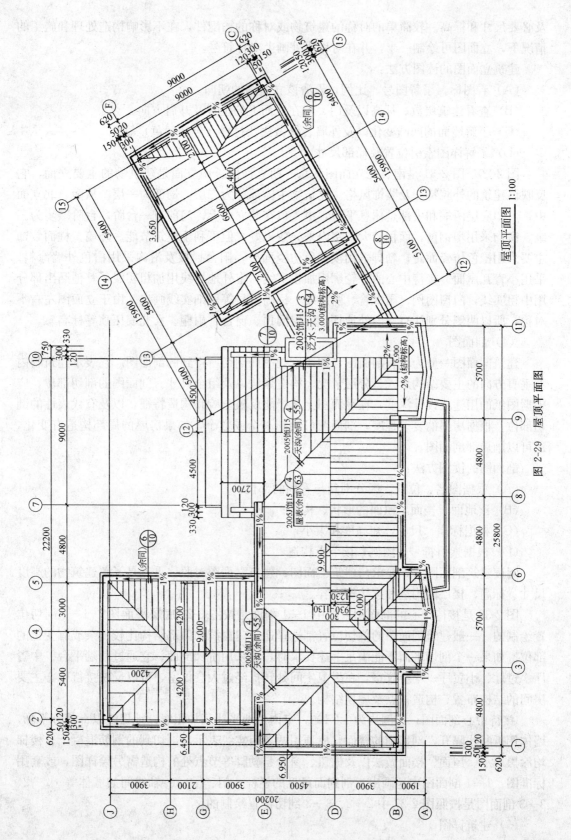

图 2-29 屋顶平面图

及必要尺寸和标高。较简单的对称的建筑物或对称的构配件，在不影响构造处理和施工的情况下，立面图可绘制一半，并在对称线处画上对称符号。

建筑立面图的读图方法：

（A）看图标，了解图号、比例，弄清该立面图的朝向。

（B）查看建筑层数、标高以及门、窗在立面上的位置及开启方向。

（C）了解墙面的凹凸变化以及外墙装修做法及材料（包括颜色）等。

（D）了解详图索引位置及局部尺寸。

图 2-30、图 2-31 是南、北立面图和东、西立面图。南立面是建筑物的主要立面，它反映该建筑的外貌特征及装饰风格。建筑物主体部分为二层，局部为一层。从南、北立面中，可知底层两端和中部是休息平台，主入口在北立面上，门前有一台阶，台阶踏步为三级。窗均采用塑钢窗，面积较大，室内采光效果好，但不利于建筑节能。外墙、柱面装饰主要采用橙色仿瓷面砖，勒脚采用浅黄色仿瓷面砖，阳台拦板及沿沟采用白色外墙涂料。采用小青瓦屋面。接待中心的外轮廓用加粗实线，室外地坪线用加粗实线，其他凸出部分用中粗实线，门窗图例、雨水管、引出线、标高符号等用细实线画出。由于立面图左右不对称，所以两侧分别注有室内外地坪、门窗洞顶、窗台、雨棚、女儿墙压顶等标高。

（4）剖面图

建筑剖面图一般为垂直剖面图，即用直立平面剖切所得到的剖面图。它表示建筑物内部垂直方向的主要结构形式、分层情况、构造做法以及组合尺寸。剖面图的剖切部位，应根据图纸的用途或设计深度，在平面图上选择能反映全貌和构造特征，以及有代表性的剖切部位。根据房屋的复杂程度，剖面图可绘制一个或数个，如果房屋的局部构造有变化，还可以画局部剖面图。

剖面图的读图方法：

（A）根据图名、位置、区分剖到与看到的部位；

（B）读地面、楼面、屋面的形状、构造；

（C）根据标高、尺寸，知高度和大小；

（D）根据索引符号、图例，读节点构造。

阅读建筑剖面图时，要求与建筑平面图、建筑立面图对照。重点是了解建筑物的高度尺寸、标高、楼层的构造和连接等内容。

图 2-32 是接待中心的剖面图。图中 1—1 剖面是按图 2-27 底层平面图中 1—1 剖切位置绘制的。一般建筑剖面图的剖切位置都选择通过门窗洞和内部结构比较复杂或有变化的部位。如果一个剖切平面不能满足上述要求时，可采用阶梯剖面。它通过两端平台、中餐厅、过厅、小餐厅、小会议室，在男卫生间处转折经过大会议室，可以反映接待中心主要房间的结构布置、构造特点及屋顶结构。

接待中心剖面图，比例均为 1∶100，室内外地平线画加粗线，地坪线以下部分不画，墙体用折断线隔开，剖切到的楼面、屋顶用两条粗实线表示，剖切到的钢筋混凝土、楼梯均涂黑表示。屋面、楼面做法以及檐口、窗台、勒脚等节点处的构造需另绘详图，或套用标准图。1—1 剖面图中还画出未剖到而可见的栏杆、门、①～⑮轴线间的墙体等。2—2、3—3 剖面图是按照图 2-27 中 2—2、3—3 剖切位置绘制的。

（5）建筑详图

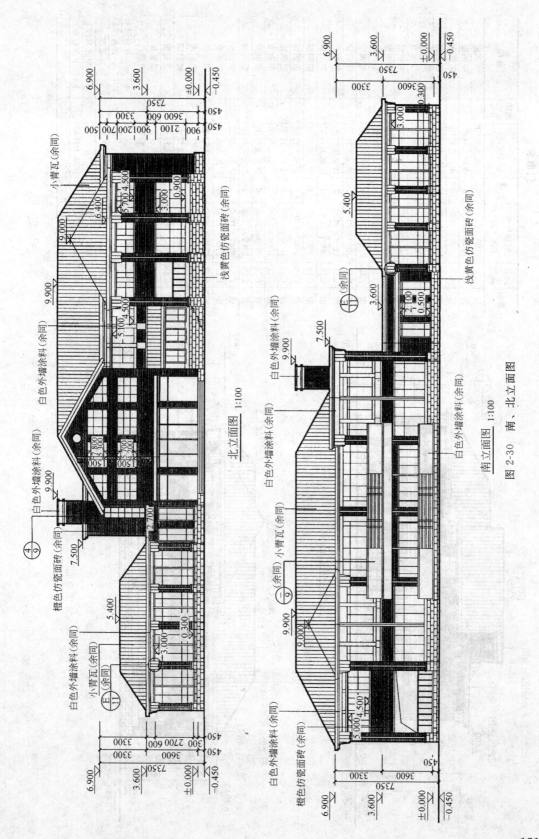

图 2-30 南、北立面图

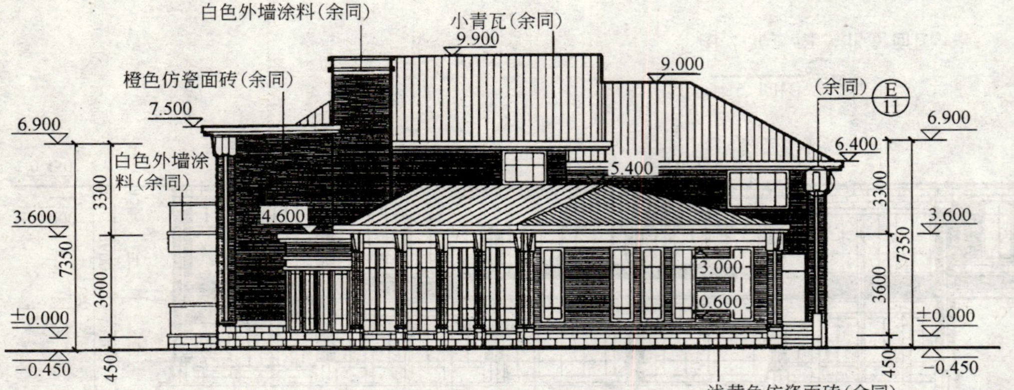

门窗表

类型	设计编号	洞口尺寸（宽×高）	数量	图集名称	选用型号	备注
窗	C1	2100×2100	6	详见大样图		塑钢窗
窗	C2	1000×2100	3	详见大样图		塑钢窗
窗	C3	1800×2700	2	详见大样图		塑钢窗
窗	C4	1200×2100	2	详见大样图		塑钢窗
窗	C5	2800×2100	1	详见大样图		塑钢窗
窗	C6	1000×2100	16	详见大样图		塑钢窗
窗	C7	2400×2100	4	详见大样图		塑钢窗
窗	C8	3980×2200	1	详见大样图		塑钢窗
窗	C9	900×1200	1	详见大样图		塑钢窗
窗	C10	2100×1200	1	详见大样图		塑钢窗
窗	C11	1000×1200	1	详见大样图		塑钢窗
窗	C12	1200×1500	1	详见大样图		塑钢窗
窗	C13	900×2400	4	详见大样图		塑钢窗
窗	C14	900×2100	3	详见大样图		塑钢窗
窗	C15	900×1200	4	详见大样图		塑钢窗
窗	C16	1050×1200	2	详见大样图		塑钢窗
窗	C17	1000×1200	3	详见大样图		塑钢窗
窗	C18	1800×1500	6	详见大样图		塑钢窗
窗	C19	1500×1200	1	详见大样图		塑钢窗
窗	C20	1000×1800	3	详见大样图		塑钢窗
窗	C21	2100×1200	4	详见大样图		塑钢窗
窗	C22	1200×1200	1	详见大样图		塑钢窗
窗	C23	3000×1200	2	详见大样图		塑钢窗
窗	C24	2100×1500	4	详见大样图		塑钢窗
窗	C25	1800×1395	2	详见大样图		塑钢窗
窗	C26					塑钢窗
门	M1	3600×2700	1	详见大样图		玻璃门
门	M2	900×2100	12			木门（甲方自理）
门	M3	800×2100	9			木门（甲方自理）
门	M4	900×2100	1			甲方自理
门	M5	1200×2100	6	详见大样图		木门（甲方自理）
门	MC1	3980×2200	1			木门（甲方自理）
门	MC2	3600×2200	2			

东立面图 1:100

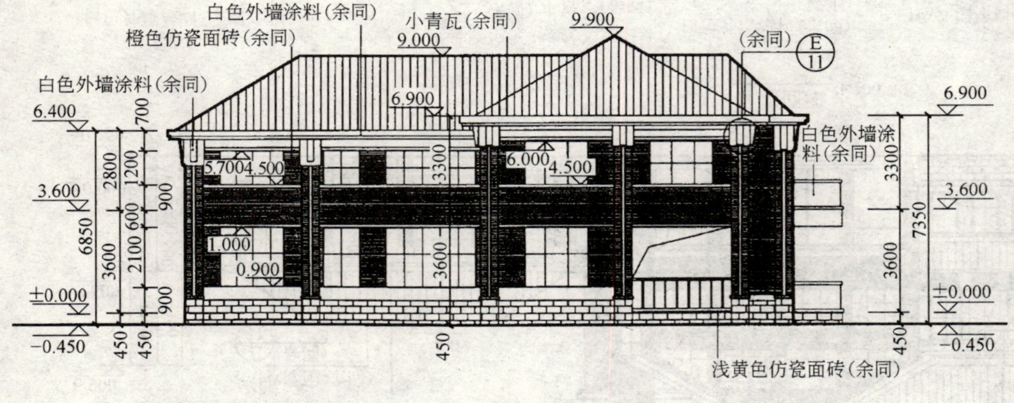

西立面图 1:100

图 2-31 东、西立面图

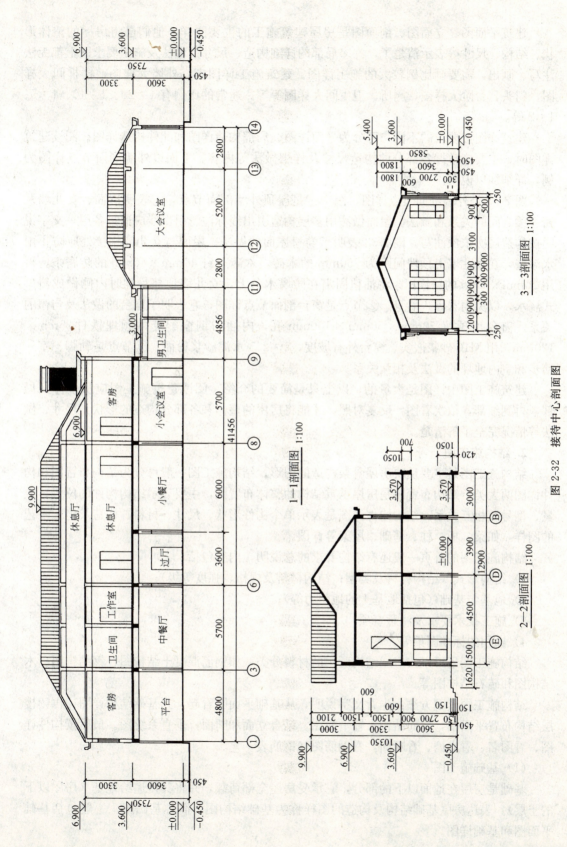

图 2-32 接待中心剖面图

建筑平面图、立面图、剖面图是房屋建筑施工的主要图样，他们已将房屋的整体形状、结构、尺寸等表示清楚了，许多局部的详细构造、尺寸、做法及施工要求图上都无法注写、画出，需要画比例较大的施工详图。建筑施工详图有：外墙大样图，楼梯间大样图，门头、台阶大样图，厕所、卫生间大样图等等。通常的比例有1：20、1：10、1：5、1：2等。

建筑详图按要求的不同，可分为平面详图、局部构造详图和配件构造详图。阅读建筑详图时，主要应掌握各部分的构造尺寸及详细做法等内容。下面以外墙剖面节点详图为例，详细加以说明。

图 2-33 是外墙剖面节点详图，图中①是屋顶外墙剖面节点，它表明屋面、女儿墙及窗过梁之间的关系和做法。屋面做法用多层构造引出线标注。引出线应通过各层，文字说明按构造层次依次注写。图 2-33 表明了卷材屋面的做法。屋面与女儿墙相接处应防止雨水渗漏，在女儿墙上预埋间距为 750mm 的木砖，木砖上钉 40mm×40mm 的防腐条，再用 20mm×3mm 的扁铁压条将油毡固定在防腐木条上，女儿墙顶部粉刷时内侧做成斜口式滴水，以免雨水渗入墙身。②节点是窗台剖面节点详图，它表明了窗台的做法及与窗的关系。窗台顶预留 50mm×50mm×100mm 孔，内插与钢窗配套的预埋铁件 25mm×120mm，用 M10 砂浆嵌实，窗台外有坡度，1：2.5 水泥砂浆粉面。③节点是勒脚、室外踏步和室内地坪的做法及相互关系。

建筑施工图中详图是大量的，以上只是简要的介绍。阅读建筑施工图应从整体到局部，再到细部，依次看图，反复对照，才能将房屋的整体和各部分构造的形状、尺寸、做法等情况完全了解清楚。

2. 结构施工图

结构施工图是主要反映房屋骨架构造的图形。结构施工图一般可分为结构布置图和构件详图两大类。结构布置图是房屋承重结构的整体布置图，主要表示结构构件的位置、数量、型号及相互关系。结构构件详图是表示单个构件形状、尺寸、材料、构造及施工工艺的图样，如梁、板、柱、基础、屋架等详图。

结构施工图的首页一般还有结构要求的总说明，内容包括：

1) 结构形式（结构材料及类型；结构材料及规格、强度等级）；
2) 地基与基础（包括地基土的地耐力等）；
3) 施工技术要求及注意事项；
4) 选用的标准图集等。

结构施工图还可以按房屋结构所用的材料分类，如钢筋混凝土结构图、钢结构图、木结构图和砖石结构图等。

结构施工图读图方法：先看文字说明，从基础平面图看起，到基础结构详图。再读楼层结构布置平面图，屋面结构布置平面图。结合立面和断面，垂直系统图。最后读构件详图，看图名、看立面、看断面，看钢筋图和钢筋表。

（1）基础施工图

基础是房屋在地面以下的部分，它承受房屋全部荷载，并将其传递给地基（房屋以下的土层）。表达房屋基础结构及构造的图样称为基础结构图，简称基础图，一般包括基础平面图和基础详图。

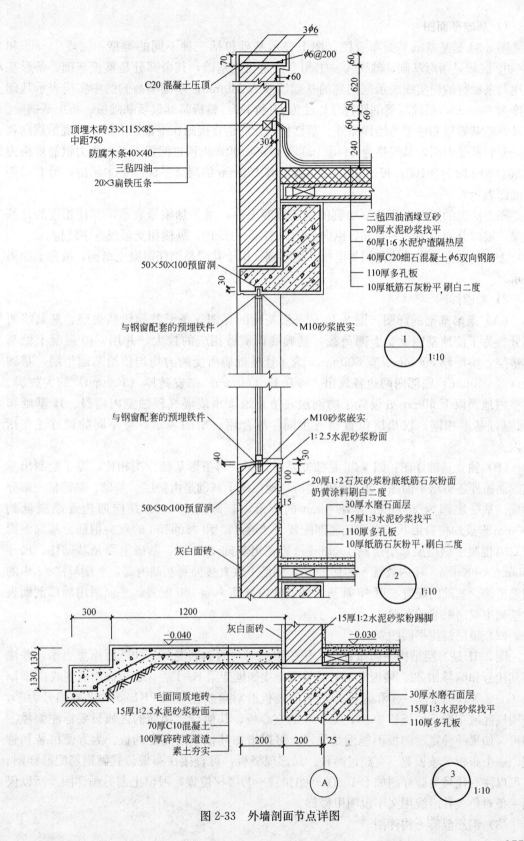

图 2-33 外墙剖面节点详图

1) 基础平面图

图 2-34 是某基础平面布置图。图上显示基础包括三种不同的类型：轴线①～③和Ⓐ～Ⓑ区域是条形基础，轴线Ⓐ～①相交处是独立基础，其余部分是整板基础。条形基础用两条平行的粗实线表示剖切到的基础墙厚为 240mm，基础墙两侧的中实线表示基础宽度为 600mm，基础断面剖切符号标注为 J1 和 J1a。整板基础包括基础板、板上基础梁、柱基，除基础梁和柱需另绘详图外，基础板的配筋是直接画在平面图上的。板底沿横向和纵向配置了受力筋，其规格为 $\phi14@160$ 和 $\phi16@160$，板顶也配置了双向受力钢筋规格为 $\phi12@160$ 和 $\phi14@160$。板厚 350mm，板下有 100mm 垫层（平面图上未示出，另有局部断面图表示）。

图上涂黑的矩形方框是剖切到的钢筋混凝土柱，用 Z 加编号表示，与柱相连的是基础梁，横向分别为 JL-1～JL-6，纵向分别为 JL-7～JL-10，纵横相交形成井字结构。

①～②和Ⓑ～Ⓒ轴线范围是电梯井坑基础。由于井墙是钢筋混凝土结构，故图上涂黑表示。

2) 基础详图

(A) 条形基础的详图：图 2-35 是条形基础的详图。条形基础包括垫层、基础墙两部分。为了使地基能承受上部荷载，基础底面需做相应的放大，并用 C10 混凝土做基础垫层，垫层厚 300mm、宽 600mm。为了让基础墙所受的力均匀传给基础垫层，基础墙（厚 240mm）底部向两边各放出 1/4 砖长（60mm）二皮砖厚（120mm）的大放脚。在室内地面以下 60mm 处设置了防潮层，防止地下水或湿气侵蚀室内墙身。J1 基础和 J1a 基础基本相同，仅垫层位置稍有不同，故合用一个图表示，将不同的尺寸注在括号内。

(B) 独立基础详图：图 2-36 是独立基础详图。与条形基础详图相比，除了绘制出垂直剖面图外还画出平面图。垂直剖面图清晰地反映了基础是由垫层、基础、基础柱三部分构成。基础底部为 2000mm×1800mm 的矩形，基础高 350mm 并向四边逐渐减低到 250mm 形成四棱台形状。在基础底部配置了 $\phi8@130$ 和 $\phi8@150$ 的双向钢筋。基础下面用 C10 混凝土做垫层，垫层高 100mm 每边宽出基础 100mm。基础上部是基础柱，尺寸 450mm×400mm。柱内放置 $6\phi16$ 钢筋，钢筋下端直接伸到基础内部，上端与柱 Z7 中的钢筋搭接。基础内配置二道 $\phi6$ 箍筋，基础柱内箍筋 $\phi6@100$ 配置。平面图用局部剖面表示基础中双向钢筋的布置。

(2) 楼层结构平面图

图 2-37 是二层结构平面布置图，图中被剖切到的钢筋混凝土柱断面涂黑表示，并注写其代号和编号如 Z2。楼板下不可见梁画虚线如框架梁 KJ-1 等，也可画粗点划线，如 L-4、GL-2 等。位于③～④和Ⓐ～Ⓑ之间的楼板沿对角线注写成 7KB36-50-2 并编号为②，表明该区域布置 7 块板长 3600，宽 500 的空心板，其他与之相同的区域只要标注编号②即可。如果一种宽度的板不能满足要求，可以增加其他不同宽度的板。为方便吊装和管理，一个布板区域板宽不宜超过两种。局部现浇板，可直接在布板位置画钢筋配筋详图。也可以注写代号另画详图如 B-1。①～②和Ⓓ～Ⓕ楼梯位置，习惯上需另画详图，所以仅画一条对角线并沿线用文字说明甲楼梯。

(3) 钢筋混凝土构件图

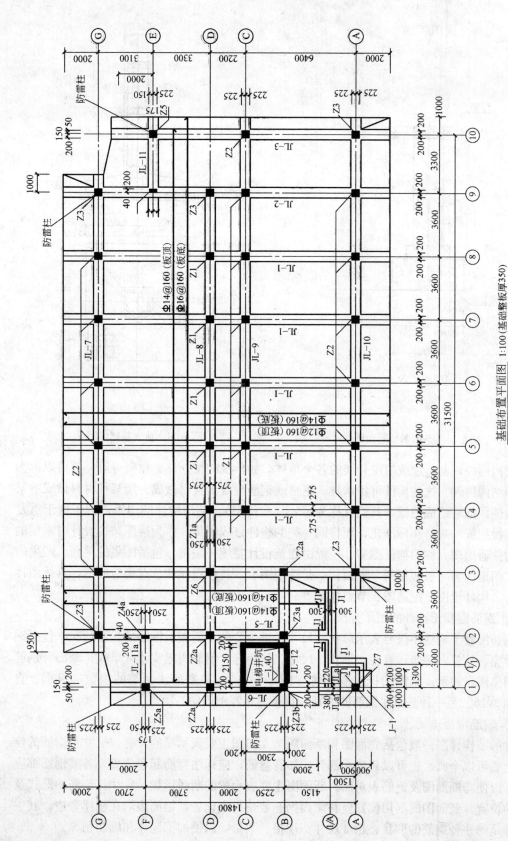

图 2-34 基础平面布置图

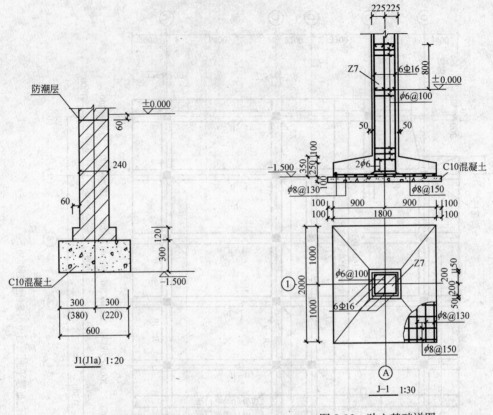

图 2-35　条形基础断面图　　　　图 2-36　独立基础详图

结构构件，就是组成房屋骨架的各个单体，如单根的梁、柱、屋架等等，都可以称为房屋的结构构件。这些构件可用木材、钢材或钢筋混凝土材料做成。用某种材料做成的某一个构件，把它绘成图纸，我们就称为××（构件图）。结构构件的图纸，为了便于重复使用和做到统一规格和标准化，而将同一类的构件订成图集，作为房屋结构设计时采用的标准构件通用图，称为构件图集。一般由建筑设计院统一编制，包括图集的封面、图集的内容。图集内容一般包括两个方面：一是选用图表，具体图样和节点构造的图，具体图样部分为：构件全图、配筋图、节点详图等。

1) 钢筋混凝土构件的图示方法

钢筋混凝土构件不仅要表示形状、尺寸，更主要的是要表示钢筋的配置情况，包括钢筋的种类、数量、等级、直径、形状、尺寸、间距等。钢筋用粗实线（单线）画出，钢筋断面用黑圆点表示。钢筋的标注有两种（图 2-38），一种是标注钢筋的根数、级别、直径，如 3φ16。另一种是标注钢筋的级别、直径、相邻钢筋中心距。

2) 钢筋混凝土梁

梁的结构详图一般包括立面图和断面图。立面图主要表示梁的轮廓、尺寸及钢筋的位置，钢筋可以全画，也可以只画一部分。如有弯筋，应标注弯筋起弯位置。各类钢筋都应编号，以便与断面图及钢筋表对照。断面图主要表示梁的断面形状、尺寸，箍筋的形式及钢筋的位置。断面图的剖切位置应在梁内钢筋数量有变化处，钢筋表附在图样旁边，其主要内容是每一种钢筋的形状、长度尺寸、规格、数量，以便加工制作和编制预算。

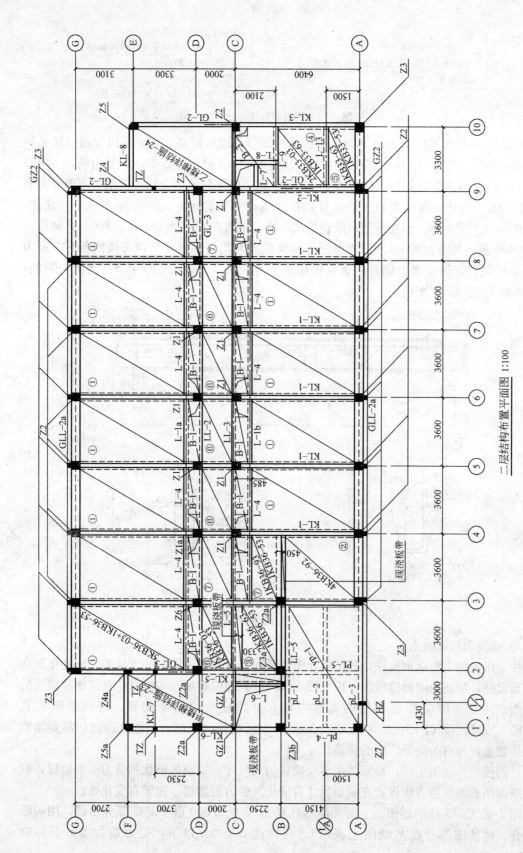

图 2-37 二层结构平面布置图

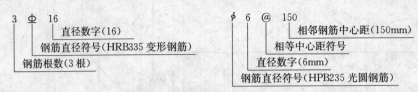

图 2-38 钢筋的标注方法

图 2-39 是框架 KJ-1，从立面图上轴线编号Ⓐ Ⓒ及梁底标高 2.840 可以知道该梁是位于二楼，Ⓐ到Ⓒ跨之间。梁上部配置①2Φ22 受力筋，下部配置③2Φ25 受力筋，一根②弯筋1Φ25 的弯起位置距两边柱边缘 1100mm。由于弯筋的原因，梁的两端上下部受力筋配置数量发生变化，断面图的剖切位置就在这些有变化的地方，1—1 断面位于梁端部，2—2 断面位于梁中部。箍筋采用双肢箍形式，箍筋布置在梁中部为⑤φ8@200，在两端距柱 900mm 范围加密为 φ8@150。断面图显示梁截面为花篮梁形式。顶部两侧各有一高为 130mm 的缺口，保证梁上搁置的板与梁顶面平齐。缺口下设有⑥φ6@200 的横向钢筋，并由 4 根架立筋④φ8 来固定。

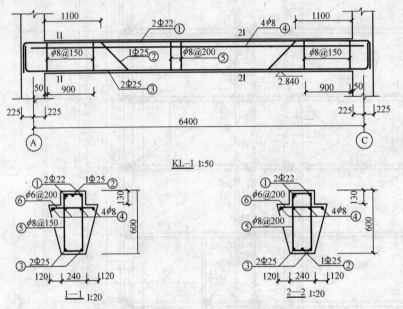

图 2-39 培训楼 KJ 梁配筋图

3）现浇钢筋混凝土柱

柱是房屋的主要承重构件，其结构详图包括立面图和断面图，如果柱的外形变化复杂或有预埋件，则还应增画模板图，模板图上预埋件只画位置示意和编号，具体细部情况另绘详图。柱立面图主要表示柱的高度方向尺寸、柱内的钢筋配置、钢筋截断位置（HPB235 光圆钢筋以上用 45°斜短划线表示），钢筋搭接区长度，搭接区内箍筋需要加密的具体数量及与有关的梁、板的关系。

柱的截面一般为矩形，断面图主要反映截面的尺寸、箍筋的形状和受力筋的位置、数量。断面图的剖切位置应设置在截面尺寸有变化及受力筋数量、位置有变化处。

图 2-40 是 Z7 柱的详图。立面图显示柱高 7m，±0.000 以下基础部分不画，用折断线隔开（柱基础部分在基础图上表示）。在标高 3.400m 以下，受力筋为 6Φ16，在

3.400m 以上受力筋为 6 Φ 14，钢筋搭接区在 ±0.000 以上，长度为 800mm，在标高 3.400 附近为 1700mm。搭接区内箍筋为 φ6@100，其他部位为 φ6@200。标高 7.000m 以下 800mm 范围内虽不是钢筋搭接区，但因靠近梁的关系箍筋也加密为 φ6@100。截面图中轴线编号说明 Z7 的空间位置是在轴线Ⓐ和①的相交处。断面图内箍筋为双肢箍。共六根受力筋，其中四根固定在箍筋四角，另外两根用联系筋固定在箍筋中间部位。联系筋的配置情况与箍筋一样。对照立面图上的剖切位置可以看出，柱在标高 3.400m 以上随荷载减小，截面宽度也由 400mm 减至 200mm。

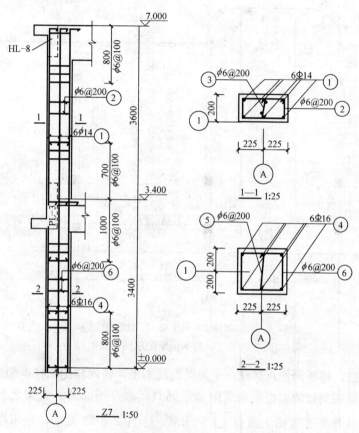

图 2-40 钢筋混凝土柱配筋图

(4) 钢筋混凝土结构施工图的平面整体表示法

平面整体表示法改革了传统表示法的逐个构件表达方式，选择了与施工顺序完全一致的结构平面布置图上将该平面上的所有构件整体地一次表达清楚，可降低传统设计中大量同值性重复表达的内容，并将这部分内容用可以重复使用的通用标准图的方式固定下来，从而使结构设计方便，表达准确、全面、数值惟一，易随机修正，提高设计效率；使施工看图、记忆和查找方便、表达顺序与施工一致，利于施工质量检查。

1) 各结构层平面梁配筋图画法

(A) 注写法。将梁代号、$B \times H$（断面宽×断面高）和箍筋各跨基本值从梁上引出注写。当某跨 $B \times H$ 或箍筋值与基本值不同时，则将其特殊值从所在跨引出另注。将梁上部受力筋（支座和跨中）、下部受力筋逐跨注在梁上和梁下的相应位置。梁上部受力筋或

161

下部受力筋多于一排时,各排筋值从上往下用"/"线分开。图2-41是××层平面梁配筋图,如7Φ22,5/(2)表示上一排为5Φ22,下一排为2Φ22;同排钢筋为两种直径时,用"+"号相连。梁侧面抗扭钢筋值前加"*"标志。箍筋加密区与非加密区间距值用"/"线分开。

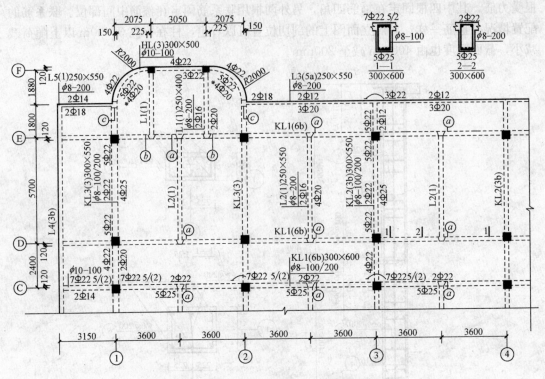

说明:1. 吊筋ⓐ2Φ22、ⓑ2Φ16、加密箍ⓒφ8@150。

图2-41 ××层平面梁配筋图(局部)

(B) 断面法。将断面号直接画在平面梁配筋图上,断面详图画在本图或其他图上。

(C) 主次梁相交处的加密箍筋或附加吊筋直接画在平面图主次梁交点的主梁上,并加注。如图2-41平面布置图上画有⊔的形状,上注2Φ22及ⓐ,表示在此ⓐ处加两根直径Φ22的⊔形(又称元宝筋)钢筋。

2) 柱和剪力墙端头柱的平面配筋画法

如图2-42所示,用双比例法画柱平面配筋图。各柱断面在柱所在位置经放大后,在两个方向上注明同轴线的关系。将配筋值、配筋随高度变化值及断面尺寸、尺寸随高度变化值与相应的柱高范围成组对应列表注明。柱箍筋加密区与非加密区间距值用"/"线分开。多层框架柱的柱断面尺寸和配筋值变化不大时,可将断面尺寸和配筋值直接注在断面上。

3) 剪力墙身的构造配筋画法

直接画在平面图上引注。

4) 板的画法

与传统法相同。

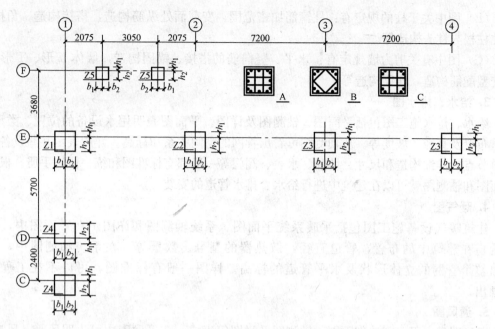

图 2-42 柱平面配筋图（局部）

配筋表　　　　　　　　　　　　　　　　　　表 2-13

柱号	纵筋	复合箍筋	$b \times h$	标　高	类型	b1	b2	h1	h2
Z1	24⌀25	⌀10—100	600×600	−6.470～20.370	A	300	300		480
	24⌀22	⌀10—100	500×500	20.370～38.370	A	250	250	120	380
	20⌀22	⌀8—100	400×400	38.370～53.970	C	200	200		280
Z2	24⌀25	⌀10—100/200	600×600	−6.470～20.370	A	300	300		480
	24⌀22	⌀10—100/200	500×500	20.370～38.370	A	250	250	120	380
	20⌀22	⌀8—100/200	400×400	38.370～53.970	C	200	200		280
Z3	24⌀25	⌀10—100/200	600×600	−6.470～20.370	A	300	300		480
	24⌀22	⌀10—100/200	500×500	20.370～38.370	A	250	250	120	380
	16⌀22	⌀8—100/200	400×400	38.370～45.570	B	200	200		280

欲全面掌握混凝土结构施工图平面整体表示方法制图规则和构造详图，可进一步深入学习国家标准图集《03GB 101—1》。

5）应用平面整体表示法制图，梁柱应编号

经编号后，不同类型的梁柱构造可与通用标准图中的各类做法建立对应关系。

6）关于通用标准图

通用标准图中所有构造规定和节点构造做法必须符合现行国家规范、规程。图中未包括的特殊构造和特殊节点构造应由设计者自行绘制。

（A）图中关于梁的规定有：梁箍筋加密区范围，上部受力筋长度与净跨比值，不同类型的梁的纵筋在端支座的锚长和构造、梁中间支座两旁梁顶不一样平、梁顶梁底均不一样平和两边配筋值不同时配筋构造、梁侧纵向构造筋与拉筋构造等。

（B）图中关于柱的规定有：柱箍筋加密范围，变截面处纵筋构造，搭接构造、角柱、中柱柱根与柱头构造等。

（C）图中有关剪力墙规定有：水平、竖向筋的搭接、锚固构造，墙体L形、T形及斜交型配筋构造，连梁构造等。

3. 给水、排水图

给水、排水施工图包括平面图、轴测图及详图。平面图表明用水设备的位置、类型，管道布置及直径、坡度等。从轴测图可看出管网的空间关系和标高。详图表示某些设备或管道节点的详细构造和尺寸。地漏、水表、阀门等一般都有标准图和统一做法手册。根据平面图和轴测图就可以在建筑中进行给水、排水管道的安装。

4. 暖气图

建筑暖气设备施工图包括采暖系统平面图、系统轴测图和详图。在平面图中，表示管道在建筑中的布置，管道直径，散热器的型号、数量等。在系统轴测图中，可看出整个管网的立体形状及水平管道的标高。详图一般有标准图，可以不在工程图中画出。

5. 通风图

通风图是由平面图，剖面图、轴测图及详图等组成。在平面图中可表明风管、风口、机械设备等在平面中的位置和尺寸。剖面图可表示风管设备等在垂直方向的布置和标高。用图例符号表示的系统轴测图可以清楚地看出管道的空间变化。

管道工程和通风、空调工程虽然是两个不同专业工程，但施工图的构成有着极为相似的一致性，且通风、空调工程也包含着较多的管道安装，两者的不同点主要是因设备、部件不同而采用的图例不同，通风、空调工程有风管和部件需现场制作的要有制作图纸，而管道工程则很少。从构图原理来分析，两者都以正投影法三视图和轴测投影法表示为主，还辅以表达工艺过程的工艺流程图或系统图。从施工图的分类看两者也一致，有基本图和详图两部分，基本图包括图纸目录、图纸说明、设备材料表、工艺流程图、平面图、立（剖）面图和轴测图，详图包括节点图、大样图和标准图。

（1）管子的单、双线图

工程中以管道和风管的量占主导，有的位置较为密集，用正投影法来绘图则较复杂，不易表达清楚，因而采用既易绘易读易懂又不致误导的简化画法绘制管子的施工图，除了用符号数字表示管壁厚度外，管子的单、双线表示法便是主要的手段。

1）双线表示法

用两根线条表示管子管件形状而不表达壁厚的方法称作管子双线表示法。用这种方法绘制的图称双线图。

2）单线表示法

把管子的壁厚和空心的管腔全部看成一条线的投影，用粗实线来表示，称单线表示法，用这种方法绘制的图称单线图。

（2）管子的交叉和重叠

1）管子交叉的表示方法

在工程中，尤其是工业管道工程中，管子的交叉现象非常多，要表示交叉的管子间相互位置用三视图加辅助视图当然可以表达清楚，但肯定要有较多数量的图幅。用简化了的管子单、双线图表示管子在视图上的交叉关系就简单得多。

（A）两根管子的交叉　无论在正视图、侧视图还是在俯视图中，高的或前的（正投影时远离投影面的为高或前）管子显示完整，而低的或后的管子在单线图中要断开表示，在双线图中用虚线表示。如图中单、双线同时存在，通常小管子用单线表示，大管子用双线表示，他们间交叉的表示则小管子在上（前）为实线，小管子在下（后）为虚线。

（B）多根管子的交叉　多根管子的交叉在单、双线图上表达的原则是与两根管子交叉一致的，仅是交叉的关系复杂一点，只要弄清其空间位置关系，则施工时就不会发生错误，如在高度方向注以管线相对标高，水平方向注以与参照物的距离则更加清晰明了。

2）管子重叠的表示方法

用单线图表达管道工程或通风工程施工图时，多根中心线位置相同且平行的管子，又布置在与三视图任何一投影面相平行的平面内，则多根管子的投影会呈现成一根直线，这种现象称管子的重叠。

（A）两根管子的重叠　重叠的表示规则主要看管子的"S"形断开符号位于哪根管子的管端。如图 2-43 所示，(a) 为两根平行直管的重叠，因 A 管断开所以能看到 B 管，于是 a 管高于或前于 B 管。(b) 为直管与弯管的重叠，直管断开在单端，表示直管 A 低于或后于弯管 B，(c) 与 (a) 同理直管 A 高于或前于弯管 B。

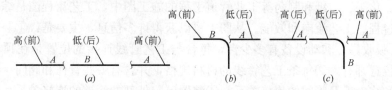

图 2-43　两根管子的重叠示意图

（B）多根管子的重叠　图 2-44 (a) 是用正视图和俯视图来表示多根管子重叠的单线图，用以辨别管子高低位置。而图 2-44 (b) 是用管子的"S"形断开符号的多少来表示管子的高低或前后。断开符号数相同的管子是连通的，符号数越少为越高或越前，越多为越低或越后，但必须注意没有断开符号的管子是处于最低或最后的位置。

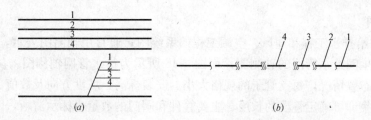

图 2-44　多根管子的重叠示意图

3）其他符号的规定

（A）管内介质的标注　标注方法是管子中间留一空缺，注以与介质名称相关的字符，采用国际标准，字符以介质的英文名称为准，如空气为"A"，油品为"O"，水为

"W",也可用介质的化学分子式表示,如氧气为"O_2",聚氯乙烯为"PVC",硫酸为H_2SO_4等。

(B) 管内介质流向和管子坡度的标注 图 2-45 所示,(a)为管内介质流向的标注,(b)为管子坡向及坡度大小的标注。

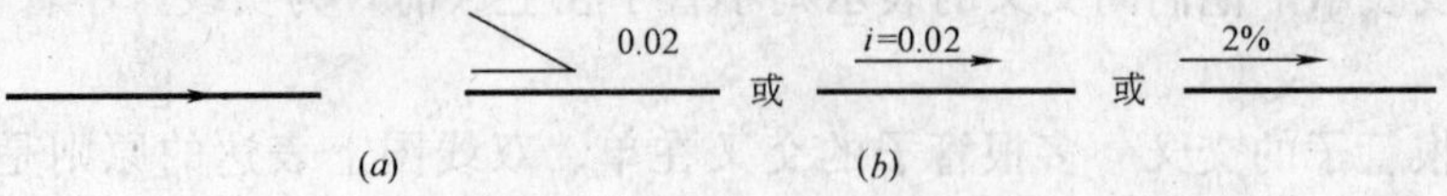

图 2-45 管内介质流向和管子坡度的标注示意图

(C) 管子管径的标注 无缝钢管或有色金属管采用"外径×壁厚"标注,水、煤气管、铸铁管、塑料管等采用公称通径"DN"标注,几根管线排列在一起时标注方法如图 2-46 所示。

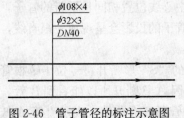

图 2-46 管子管径的标注示意图

矩形风管的尺寸以安装位置来标注,通管用"平面尺寸×立面尺寸",而圆形风管的尺寸用直径"ϕ"来标注,单位为 mm,一般不注明风管的壁厚,且以外部尺寸为准。风管的壁厚在施工说明或材料表中加以明确,有的可在制作用标准图集中查知。

4) 工艺流程图

在石油、化工、造纸和制药等工业管道工程的施工图中,工艺流程图是综合反映整个工程的生产过程、工艺流向和效能。从图上可以获得许多信息,主要是:①装置的静设备(如计量槽、吸收塔)和动设备有多少台,每台与工艺管线连接的位置是在顶部还是在底部或者两种位置都有。②每条工艺管线的材料规格,并含有哪些管件和阀门。③每条工艺管线的起点和终点以及管间的连接关系。④装置区与外部的管道的连接关系。⑤管内介质的性质及其流向。⑥自动化仪表(如压力表 P、转子流量计 F、温度测点 R 等)的安装位置和编号。

工艺流程图绘制无比例,以管线与设备间或管线与管线间的连接关系表达清晰为原则,注意布局合理,方便阅读为关键。工艺流程图确定的连接关系是在设备布置完成后,对管线布置确定安装位置的依据,因而管道工程三视图表达的管线间连接关系必须符合工艺流程图的要求。

5) 轴测图

(A) 室内给排水工程和通风、空调工程的系统图,通常用轴测图表示,图 2-47 所示为集体宿舍卫生间给水管网的轴测图,而图 2-48 所示为排水管网轴测图。从图上可知整个管网的立体布置情况,每支管子的规格大小、安装标高、坡度方向及数值、用比例测量再辅以标准图集即可确定管段的长度、主要管件和阀门的数量也标示清晰,因而这样的工程只要掌握轴测图构成原理,就能读懂该图纸,且不必再提供三视图,只要有标准图集和图上指明的详图即可满足施工需要。

(B) 图 2-49 所示是立体而非单线的通风、空调系统的轴测图,从图上可知矩形风管的规格、安装标高、部件(散热器、新风口)和设备(迭式金属空气调节器)的规格或型号,风管的长度可用比例测量确定。但该图仅表达了风管系统本身的关系,缺少风管和设

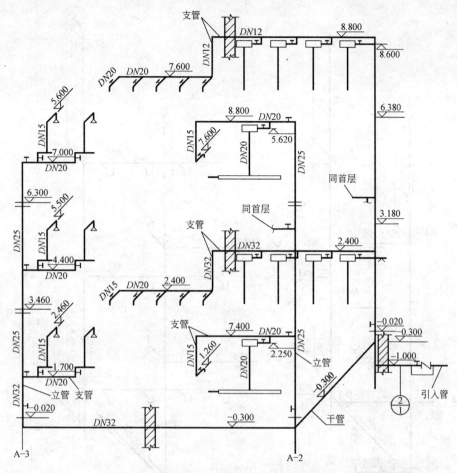

图 2-47 卫生间给水管网轴测图

备与建筑物或生产装置间的布置关系,也没有固定风管用的支架或吊架的位置,所以还需要其他图纸的补充才能满足风管制作和安装施工的需要。

6) 平面、剖面视图

用三视图来表达安装工程通常为多专业相交叉的工程,如既有管道专业,又有设备(泵)安装专业,同时要求各专业间或与土建工程间衔接正确,因而要图面尺寸注得齐全、完整,要求阅图时互相对照核对。剖面图对其中心线位置和轴中心标高以及进出口中心标高作了标定,显然这些数值在安装时应严格控制,否则管道安装图的各种尺寸就失去依据。

6. 电气工程施工图

(1) 设计和施工说明

包括图纸目录、设计的原则、施工总体要求和注意事项、设备材料明细表、补充的图例,通过设计和施工说明可以了解整个电气工程的概貌和施工中应关注的要点。

(2) 电气系统图

主要用来表达供电方式和电能分配的关系,有时也用来表达一个大型用电设备各用电点的配电关系。

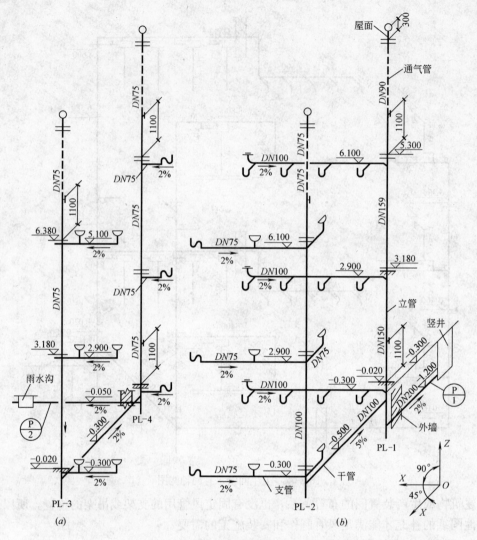

图 2-48 排水管网轴测图
(a) 盥洗台、淋浴间污水管网；(b) 大便器、地漏、小便槽排水管网

（3）设备布置图

常用于变配电所电气设备和母线安装位置的表达，一般都按三视图绘制，采用正投影原理，阅图方法与阅读零件图、装配图的方法一致。

（4）电路图

表示某一供用电设备内部各电气元件工作原理的施工图，反映动作控制、测量变换和显示等的联系，是安装、接线、调试、使用和维护的重要图纸。

（5）安装接线图

表示电气设备、元件间接线关系的图纸，用于成套设备的制造或施工现场的组装，因而有内部接线图和外部接线图之分。接线图要符合电路图原理的规定。

接线图的另一种表达形式：首先用文字符号将每个设备或元件标上编号，每个连接点用圆和圆内数字编号，然后在每个接点旁画一方框，框内由两组字符组成标记，中间用

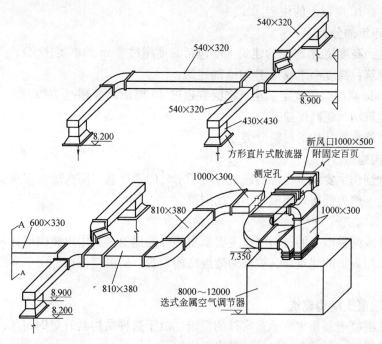

图 2-49 通风、空调系统的轴测图

":"或"—"隔离,前者表示该节点引出线去哪个设备或元件,后者表示引至设备或元件的接点编号,通常不允许一个节点有两根以上导线连接,所以节点旁的方框不会超过两个,若需多支导线同点连接,可以用端子板过渡。

(6) 大样图及标准图

大样图是为电气工程某个细部在安装施工中的做法标明具体要求而加以放大的图纸,标准图是已纳入有关标准图集的图,供施工设计阶段选用,并在施工图中标明标准图的图号。

(六) 建筑类型、等级和构造组成

1. 建筑的类型

(1) 按建筑用途分类

1) 民用建筑:

(A) 居住建筑　供人生活起居的建筑,如住宅、公寓、宿舍等。

(B) 公共建筑　供人进行各项社会活动的建筑。

2) 工业建筑:用于工业生产的各类建筑。

3) 农业建筑:供农业、牧业生产和加工用的建筑。

(2) 按建筑层数或高度分类

1) 住宅建筑的分类

低层住宅:1~3 层的住宅;

多层住宅:4~6 层的住宅;

中高层住宅:7~9 层的住宅;

高层住宅：10层以上的住宅。
2）公共建筑的分类
高层建筑：高度超过24m的建筑（不包括高度超过24m的单层建筑）。
非高层建筑：高度小于或等于24m的建筑。
1972年国际高层会议规定：建筑物层数超过40层或高度超过100m时，不论居住建筑还是公共建筑均为超高层建筑。
（3）按建筑承重结构的材料分类
1）木结构建筑
指用木材制作主要承重构件的建筑。由于木材的强度低、防火能力差及资源有限等原因，这类建筑一般为低层，规模较小，如别墅。
2）混合结构建筑
指用两种或两种以上的材料制作主要承重构件的建筑。其中以砖砌墙柱，以钢筋混凝土制作楼板和屋面板的建筑，又被称为砖混结构建筑。砖混结构在低层、多层建筑中被广泛利用。
3）钢筋混凝土结构建筑
指以钢筋混凝土制作主要承重构件的建筑。由于这种结构具有坚固耐久、防火和易成型等多方面的优点，目前在建筑领域被广泛采用。
4）钢结构建筑
指用型钢制作主要承重构件的建筑。这种结构力学性能好，自重轻、便于制作和安装，目前广泛应用于超高层、大跨度建筑，将来在整个建筑领域都有广阔的前景。
（4）按建筑结构形式分类
1）墙承重建筑
指由墙体支承楼盖、屋盖，进而承受全部荷载的建筑。如楼、屋盖荷载全部由横墙承受，则称为横墙承重建筑。横墙承重建筑内部一个个空间均较小。如楼（屋）盖荷载全部由纵墙承受，则称为纵墙承重建筑，如果楼（屋）盖荷载由纵、横墙共同承受，则称为纵横墙联合承重建筑。其中横墙承重建筑出现最多。
2）骨架承重建筑
指由钢筋混凝土或型钢制成梁（屋架）、柱，由这些梁（屋架）、柱形成结构体系，承受全部荷载的建筑。在这类建筑中，墙体只起围护和分隔作用。这种结构体系尤其适用于跨度大、高度高、荷载重的建筑。这类建筑又可分为框架结构建筑，排架结构建筑，刚架结构建筑等。
为了减少工作量，墙承重结构和骨架承重结构在工程计算时都被假设为平面受力体系。平面受力体系只是近似地反映建筑受力的真实情况，造成材料浪费。
3）空间受力体系承重的建筑
空间受力体系建筑一般由钢筋混凝土或型钢结构或其他空间结构承受全部荷载，如网架、悬索、壳体等。一般适用于大空间建筑。
（5）按规模和数量分类
可分为大型性建筑和大量性建筑。
1）大型性建筑

主要指单体规模宏大、功能复杂、耗资多、建筑艺术要求高的建筑，如机场候机楼、大型体育馆、大型剧院等。

2) 大量性建筑

主要指建筑规模不大，但建造量多、涉及面广的建筑，如住宅、学校、医院、中小工厂等。

2. 建筑的等级

(1) 按燃烧性能和耐火极限分

建筑材料从燃烧性能的角度，分为燃烧体、难燃烧体和非燃烧体。从耐火极限分，建筑被分为Ⅳ级。其中Ⅰ级建筑耐火极限时间最长，Ⅳ级建筑耐火极限时间最短。构件耐火极限是指对任一构件进行耐火试验，从受到火的作用起，到失去支持能力或完整性破坏或失去隔火作用时止的这段时间，用小时表示。

(2) 按建筑的耐久年限分

以建筑主体结构的正常使用年限分成下述四级：

(A) 一级耐久年限为100年以上，适用于重要的建筑和高层建筑。

(B) 二级耐久年限为50～100年，适用于一般性建筑。

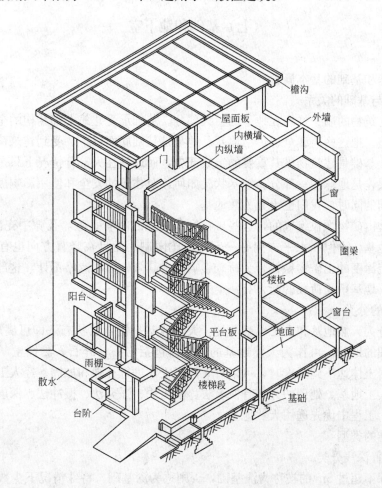

图 2-50 建筑的构造组成

(C) 三级耐久年限为 25～50 年，适用于次要建筑。
(D) 四级耐久年限为 15 年以下，适用于临时性建筑。
(3) 按建筑的重要性和规模分

建筑按其重要性、规模的大小、使用要求、层数、高度、跨度、技术复杂程度等不同，分成特级（如以国际性活动为主的特高级大型公共建筑）；1 级（如高级大型公共建筑）；2 级（如中高级、大中型建筑）；3 级（中级、中型公共建筑）；4 级（如一般中小型公共建筑）；5 级（一或二层单功能、一般小跨度结构建筑）。

有些同类建筑还根据其规模和设施的不同档次进行分级，如剧场分特、甲、乙、丙四个等级，涉外旅馆分一至五星共五个等级，社会旅馆分一至六级共六个等级。另外，根据建筑的重要性，在考虑抗震设计烈度时，把建筑分成甲、乙、丙、丁四个等级。

在实际工程中，重要的、对社会影响大的建筑，其设计建造的耐久年限长、耐火等级高，相应地，其建筑构件和设备的标准及可靠性也高，抵抗破坏能力强，施工难度大，造价也高。

3. 建筑的构造组成

一般建筑通常由图 2-50 所示几部分组成。

（七）基础和地下室

1. 基础

(1) 地基和基础的基本概念

1) 地基与基础的关系

基础是建筑物的墙、柱埋在地下的扩大部分。基础承受建筑上部结构的全部荷载，通过自身的调整，把这些荷载全部传给地基。地基是基础底面以下、受到建筑荷载作用影响的岩、土体。基础是建筑物极其重要的组成部分，而地基在大部分情况下只是承受建筑物荷载的土壤层，是地球的一部分。地基状况如何，对建筑的安全和使用影响极大，因此在研究建筑基础的同时，我们也十分关注地基。

地基土是由矿物颗粒组成的，这些矿物颗粒相互之间有孔隙，孔隙中充满空气或水。作为建筑的地基，不但在水平方向有一定的范围限制，而且在竖直方向也有一定深度限制。超出一定深度的土矿物颗粒，受荷载影响微乎其微，可以忽略不计，这部分的土壤就不属地基了。地基承受荷载的能力有一定的限度。

2) 地基的分类

地基可分为天然地基和人工地基两类。天然地基是指自然状态下即可满足承载要求、不需人工处理的地基。可作为天然地基的岩土体包括岩石、碎石、黏性土、砂土、粉土等。当天然岩土体达不到要求时，可以对天然岩土体进行补强和加固。经人工处理而成的地基被称为人工地基。处理的方法有换填法、预压法、强夯法、振冲法、深层搅拌法、化学加固法等。工程中优先选用天然地基。

(2) 基础的类型

1) 按埋置深浅分类

基础埋深不超过 5m 的被称为浅基础，否则称为深基础。特殊情况下少数建筑基础直接设在经处理的地表上，被称为不埋基础。基础的埋深小，涉及的技术一般较简单，施工难度小，造价低。所以工程中一般优先选用浅基础。但基础埋深过小，没有足够的土层包围，基础底面的土层受到压力后会把基础四周的土向上挤出，使基础产生滑移而失去稳定；同时基础埋深过浅，易受外界的影响而损坏，这些也是必须十分重视的。

2) 按传荷特点分类

可分为扩展基础和无筋扩展基础两类。

（A）无筋扩展基础　由于土壤单位面积的承载能力小于上部墙、柱材料单位面积的承载能力，为了适应地基承载力的限制，基础底面宽度要放大到远远大于墙或柱的宽度，如图2-51所示。

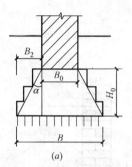 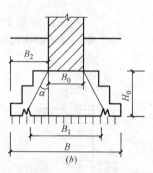

图2-51　无筋扩展基础受力特点

(a) B_2/H_0 值在允许值内，基础能正常发挥作用；(b) B_2/H_0 大于允许值，基础因受拉开裂而破坏

上部结构荷载在无筋扩展基础中是沿着一定角度向下扩散的，这个角被称为力的扩散角，也称材料刚性角。基础底面宽度超过力的扩散角部分，相当于一个倒置的悬臂构件，它的底面首先受拉，当拉应力超过基础材料的抗拉强度时，基础底面将出现裂缝而导致破坏。当采用抗压强度高，抗拉、抗剪强度远低于其抗压强度的材料（如石、混凝土等）做基础时，为保证基础不出现弯曲或冲切破坏，基础就必须具有足够的高度，保证基础底面宽度在荷载的扩散角范围内。设置时凡受到材料刚性角限制的基础被称为无筋扩展基础。不同的材料具有不同的刚性角，通常用基础挑出长度与基础高度之比（即宽高比）表示。如毛石的宽高比为1∶1.25～1∶1.5；混凝土的宽高比为1∶1。

（B）扩展基础　一般用钢筋混凝土制作。钢筋混凝土具有良好的抗弯和抗剪性能，用它来做基础，则能做到基础的高度不受宽高比的限制，可以做到在基础高度比较小的情况下将基底放宽到满足需要的宽度，故特别适合在宽基浅埋的场合下采用。在同样条件下，采用钢筋混凝土基础与混凝土基础相比较，可节省大量的材料和挖土工作量，而且基础的整体性好，如图2-52所示。但由于钢筋混凝土单价较高，在一般情况下，钢筋混凝土基础的造价较高。

3) 按材料分

（A）砖基础　砖基础如图2-53所示。砖砌大放脚有等高式和间隔式两种，其中间隔式更接近砖砌体的刚性角，但由于组砌复杂，不同方向、不同埋深的大放脚往往难于连接，一般较少采用。

（B）毛石基础　毛石基础如图2-54所示，其断面形式有矩形、阶梯形和锥形等多种。

（C）混凝土基础　混凝土基础如图2-55所示，断面形状有矩形、阶梯形和锥形等多种。

（D）钢筋混凝土基础　钢筋混凝土基础如图2-52所示，其断面形式多为扁锥形。

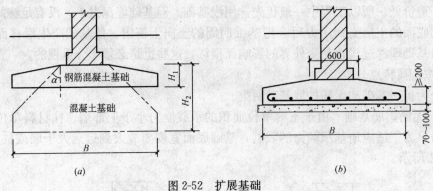

图 2-52 扩展基础
(a) 混凝土基础与钢筋混凝土基础的比较；(b) 钢筋混凝土基础

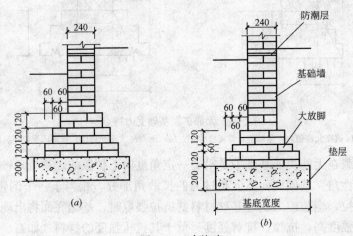

图 2-53 砖基础
(a) 等高式；(b) 间隔式

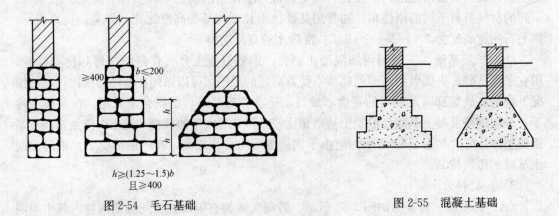

图 2-54 毛石基础　　　　　图 2-55 混凝土基础

4) 按构造形式分

基础构造形式随建筑上部结构、荷载大小及地基土质情况而定。在一般情况下，上部结构形式直接影响基础的形式，当上部荷载增大、地基承载力变化时，基础形式也随之变化。

（A）条形基础　墙下部放大，墙下基础沿墙设置，多做成长条形，这种基础被称为条形基础或带形基础，如图 2-56 所示。

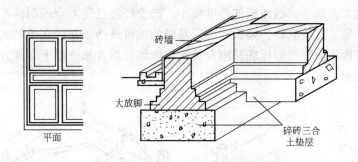

图 2-56 条形基础

(B) 独立基础 当建筑为柱承重结构,且柱距较大时,柱下部放大成单独基础,被称为独立基础。常用的断面形式常为阶梯形、锥形等,如图 2-57 所示。

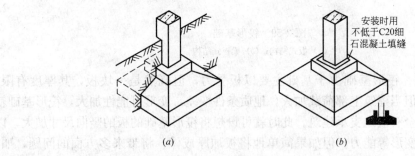

图 2-57 独立基础
(a) 现浇基础; (b) 杯形基础

当柱采用预制构件时,独立基础做成杯口形,将柱子插入杯口内并嵌固,又称杯形基础。特殊情况下,当建筑上部为墙承重结构,也可采用独立基础,此时需在独立基础上设基础梁支承墙体。

(C) 井格基础 当地基条件较差或上部荷载较大时,为提高建筑的整体性和刚度,避免不均匀沉降,常将独立基础在一个或两个方向用梁连接起来,形成十字交叉的井字形基础,又称十字带式基础,如图 2-58 所示。

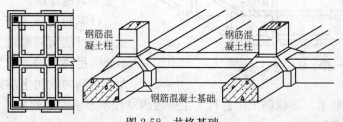

图 2-58 井格基础

(D) 筏形基础 当上部荷载较大,地基承载力又差,采用上述类型基础难以满足建筑的整体性和刚度以及地基变形要求时,这时将建筑下部做成一块整板作为建筑基础,这种基础被称为筏形基础。

筏形基础按结构形式分为板式结构和梁板式结构两类。板式结构的筏形基础若板的跨度大,板的厚度就大,不够经济,但其构造简单,施工方便。梁板式筏形基础,由于设置了梁,板的跨度大大减小。因而板的厚度减小,造价经济且受力合理明确,但由于设置了梁,构造复杂,施工比较麻烦。梁板式筏形基础的梁可外凸于基础底板的底面以下,或顶面以上。前者底板顶面平整但板底基槽开挖比较麻烦,后者基坑挖土非常方便,但底板顶面凹凸不平,如图 2-59 所示。

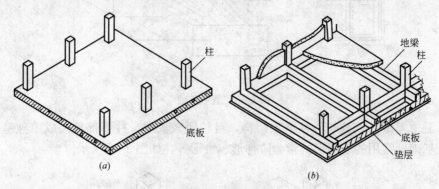

图 2-59 筏形基础
(a) 板式结构;(b) 梁板式结构

(E) 箱形基础 筏形基础由于基础主要以板受力,但既然是一块板,其厚度有限,刚度就不可能大,但当建筑上部荷载加大,地质条件变差,变形可能性加大,筏形基础就显得单薄而难以安全有效地支承建筑。此时就可设想将筏形基础的板的竖向尺寸加大,以有效地提高其抵抗变形等能力。但如果简单地将板加厚成体,将带来多方面的问题,如:实体耗材多、自重大;又如大体积混凝土施工时发热量大,徐变也大等等。对工程非常不利。为了解决这些问题,工程中往往将建筑支承在中空的箱形结构体上形成箱形基础,如图 2-60 所示。箱形基础由底板、纵横墙板、顶板组成盒状结构,由钢筋混凝土整体现浇而成。箱形基础不但四周有墙体,而且在内部也根据需要设置纵横墙体。箱形基础刚度大、整体性好、承载能力强,对抵抗地基的不均匀沉降有利。

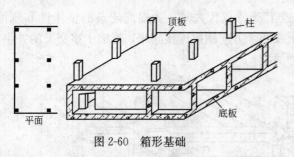

图 2-60 箱形基础

箱形基础内部中空部分可作为地下室使用。箱形基础多用于在地下须有足够埋深的高层建筑以及需设置地下室的其他建筑。

(F) 桩基础 当天然地基上采用浅基础可能沉降量过大、地基稳定性不能满足建筑的要求,建筑的荷载较大,地基的软弱土层厚度很大,不能满足厚度和变形要求,对软弱土层进行人工处理困难或不经济时,常采用桩基础。桩基础一般由桩身和承台组成。

桩基础的种类较多。按桩的传力及作用性质分,有端承桩和摩擦桩两种,如图 2-61 所示。

按材料分,有混凝土桩、钢筋混凝土桩、钢管桩等。按桩的制作方法分,有预制桩和灌注桩,如图 2-62、图 2-63。

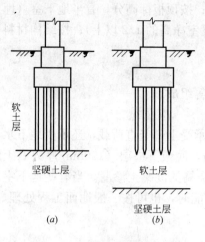
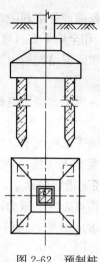
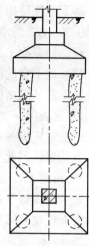

图 2-61　端承桩和摩擦桩
(a) 端承桩；(b) 摩擦桩
　　图 2-62　预制桩
　　图 2-63　灌注桩

灌注桩又可分为沉管灌注桩、钻孔灌注桩、挖孔灌注桩等多种。

沉管灌注桩是将带有活瓣桩尖的钢管或底部配置有钢筋混凝土桩尖的钢管沉入土中，至设计标高后向钢管内设置钢筋笼并灌入混凝土，再将钢管随振随拔，使混凝土和钢筋笼留入孔中而成。

钻孔灌注桩是利用钻孔机钻孔，然后在孔中浇筑混凝土而成。

挖孔灌注桩由人工先挖 1m 深的基坑，然后现浇钢筋混凝土护壁，护壁平面通常为圆形，直径一般不小于 1.2m，每段高度 1m 左右。在第一段护壁经养护并拆模后再开挖下一段土方，再浇筑下一段护壁，重复作业直到挖至设计标高并扩大底部直径后成孔封底，再放置钢筋，浇灌桩混凝土及承台。

(G) 锚杆基础　用于直接建造在基岩上，且为轴心受压和小偏心受压柱基。设置锚杆主要在于防止滑移，维护建筑整体稳定。锚孔用细石混凝土（≥C30）填实。锚杆用螺纹钢筋，长度经计算确定，并且不小于 $40d$（锚杆直径），锚杆间距 $D \geqslant 3d$ 并且不小于 $d+50$，如图 2-64 所示。

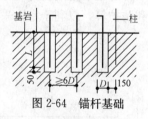

图 2-64　锚杆基础

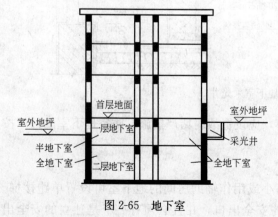

图 2-65　地下室

2. 地下室

（1）地下室的分类

地下室是建筑首层以下的房间，如图 2-65 所示，用作商场、餐厅、旅馆、储藏间、设备间、车库以及战备人防工程。高层建筑为了维持稳定，在地下必须有一定埋深，常利用深基础（如箱形基础）而建造一层或多层地下室，不但增加了使用空间，还减少了基坑回填土，减轻了荷载，节省了费用。

地下室按使用功能分,有普通地下室和防空地下室;按顶板标高分,有半地下室(埋深为1/3～1/2的地下室净高)和全地下室(埋深为地下室净高的1/2以上);按结构材料分,有钢筋混凝土结构地下室和砖混结构地下室。

(2) 地下室的组成

地下室一般由底板、墙体、顶板、楼、电梯、门窗等组成。

1) 底板

地下室底板基本处于最高地下水位以下,底板不仅承受上部竖直荷载,还承受地下水的浮力荷载,因此要采用钢筋混凝土底板,并双层配筋,底板下垫层(100mm厚碎石上再100mm厚C15混凝土)上还要设置防水层,以防新浇捣的混凝土渗漏。当有些地下室底板处于最高地下水位以上,并且无向上压力产生的可能时,也可按一般地面工程处理,即垫层上现浇C15混凝土60～80mm厚,再做面层。

2) 墙体

地下室的外墙不仅承受竖直荷载,还承受土、地下水和土壤冻胀的侧压力,是按挡土墙设计的,其最小厚度除应满足结构要求外,还应满足防水抗渗要求,最小厚度一般不小于300mm。地下室外墙还应做防潮或防水处理,大部分地区地下水位较高,地下室墙体一般以钢筋混凝土制作并与钢筋混凝土底板、顶板整体连接。

3) 顶板

防空地下室的顶板必须是现浇钢筋混凝土板。在无采暖的地下室顶板上,即首层地板处,往往设置保温层,以利于首层房间的使用舒适。

4) 门窗

普通地下室门窗与地上房间门窗相同。地下室外窗如在室外地坪以下时,应设置采光井和防护箅,以利于室内采光、通风和室外行走安全,如图2-66所示。

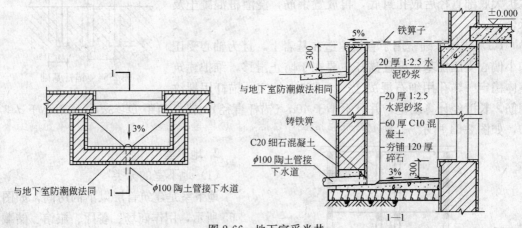

图2-66 地下室采光井

防空地下室一般不允许设窗,如需开窗,应设置战时堵严措施。防空地下室的外门按防空等级要求设置相应的防护构造。

5) 楼梯

楼梯可与建筑地面部分统一设置。层高小或用作辅助房间的地下室可设置单跑楼梯。防空地下室至少要设置两部楼梯通向地面的安全出口,并且必须有一个是独立的安全出口。这个安全出口周围不得有较高建筑物,以防空袭时倒塌堵塞出口而影响疏散。

(八) 墙 体

墙体是建筑的重要组成部分。建筑中墙体一般有三个作用:

(A) 承受和传递荷载:墙体可以承受楼盖和屋盖传来的荷载并将这些荷载传给基础。

(B) 围护:墙体遮挡风、雨、雪的侵袭;遮挡太阳辐射、噪声干扰;对建筑起保温、隔热、防水、防潮等作用。

(C) 分隔:墙体将建筑内部划分为一个个使用空间。

不同的墙体由于在建筑中所处位置不同,有的墙体同时起上述三个方面的作用,有的只起二个或者一个方面的作用。

墙体的耗材、自重、施工周期、造价在建筑的各个组成构件中往往占据重要的地位,墙体的技术和经济性对建筑的使用影响很大。

1. 墙体的分类

根据墙体在建筑中的位置、受力情况、材料选用、构造、施工方法的不同,可将墙体分为不同的类型。

(1) 按位置分类

墙体按在建筑中所处的位置不同可分为外墙和内墙。外墙又称外围护墙。窗与窗、窗与门之间的墙被称为窗间墙,窗洞下部的墙被称为窗下墙;屋顶上部的墙被称为女儿墙。建筑的较长的方向叫做建筑的纵向;建筑较短的方向叫做建筑的横向。与建筑纵向一致的墙叫纵墙;与建筑横向一致的墙叫横墙。

(2) 按受力情况分类

根据墙体的受力情况不同可分为承重墙和非承重墙。凡直接承受楼盖、屋盖等传来荷载的墙称为承重墙,不承受这些外荷载的墙称为非承重墙。承重墙将所承受的荷载传给基础。

非承重墙又可分为多种类型:仅承受自身重力并将其传至基础的墙称为自承重墙;仅起分隔空间作用,自身重力分层由楼盖、室内地坪来承受的墙称为隔墙;在框架结构建筑中,填充在柱子之间的墙称为填充墙,建筑内部填充墙是隔墙的一种;悬挂在建筑物外部的轻质墙称为幕墙,工程中有金属幕墙、石幕墙、玻璃幕墙等多种。幕墙和外填充墙虽不承受楼盖、屋盖的荷载,但它们要承受吹到它们表面的风荷载,并把这些风荷载传给建筑结构骨架。

(3) 按材料分类

按所用材料的不同,墙体有砖和砂浆砌筑的砖墙,利用工业废料制作的各种砌块和砂浆砌筑的砌块墙,现浇或预制的混凝土墙、石块和砂浆砌筑的石墙等。

(4) 按构造形式分类

按构造形式不同,墙体可分为实体墙、空体墙和复合墙三种。实体墙是由烧结普通砖及其他实体砌块砌筑而成的墙。空体墙的内部有空腔。这些空腔可以由组砌形成,如空斗墙,如图 2-67 所示。空体墙也可用本身带孔的材料组合而成,如空心砌块墙等。复合墙由两种以上的材料组合而成,如图 2-68 所示。复合墙中由机械性能好的、刚性的、硬质的材料(如钢筋混凝土、混凝土砌块等)组成的部分一般起承重作用,而由轻质材料或空

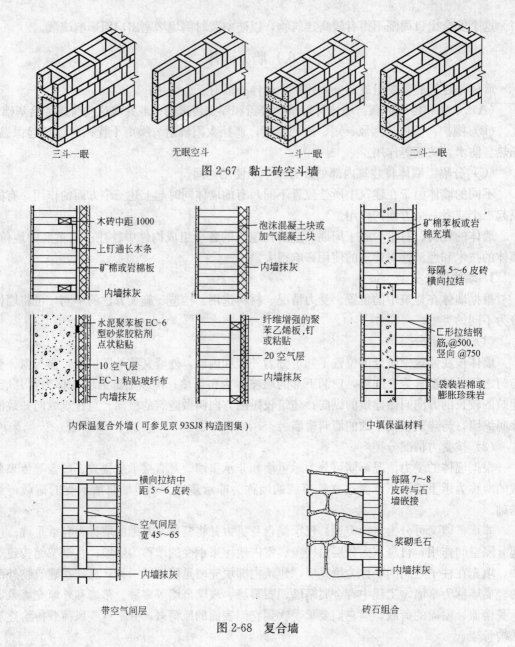

图 2-67 黏土砖空斗墙

图 2-68 复合墙

腔组成的部分一般起保温隔热作用,这两部分做法分别另由结构、热工计算确定。

(5)按施工方法分类

根据施工方法不同,墙体分为块材墙、板筑墙和板材墙三种。块材墙是用砂浆等胶结材料将砖、石、砌块等组砌而成的,如小型混凝土砌块墙,这种墙目前工程中采用得最广泛。板筑墙是在施工现场立模板现浇混凝土而成的墙体,如现浇钢筋混凝土墙。板材墙是预先制成墙板,在施工现场安装、拼接而成的墙体。

2. 块材墙的厚度和组砌

(1)块材墙的厚度

块材墙的厚度由结构、构造、施工等要求决定,同时由于块材为预制通用产品,决定块材墙的厚度还必须充分考虑块材的块体规格尺寸。如曾被广泛采用的实心标准黏土砖砖墙的厚度见表2-14所列。砌块墙的组砌方式多为整块顺砌,因此砌块的宽度一般就是砌块墙的厚度。

砖墙厚度的组成　　　　　　　　　表2-14

砖墙断面					
尺寸组成(mm)	115×1	115×1+53+10	115×2+10	115×3+20	115×4+30
构造尺寸(mm)	115	178	240	365	490
标志尺寸(mm)	120	180	240	370	490
工程称谓	一二墙	一八墙	二四墙	三七墙	四九墙
习惯称谓	半砖墙	3/4砖墙	一砖墙	一砖半墙	两砖墙

(2) 块材墙的组砌

块材墙是由预制块材和砂浆按一定的规律和组砌方式砌筑而成的砌体。组砌是指块材在砌体中的排列组合方式。

(A) 烧结多孔砖及烧结空心砖墙的组砌目前在工程中最为常见。多孔砖用于承重部位,空心砖用于非承重部位。采用时烧结多孔砖和烧结空心砖的强度等级、砌筑砂浆的强度等级均由建筑设计确定。在地震区,强度等级为MU7.5的多孔砖,限于4层及4层以下的建筑。空心砖的强度等级不低于MU2.0。砌筑砂浆的强度等级不低于M2.5。空心砖的外形为长方体,在与砂浆的结合面上应设有增加结合力的深度为1mm以上的凹槽。

烧结多孔砖墙的组砌可采用隔皮丁顺相间或同皮丁顺相间的排列,砖块与砖块之间的水平缝隙为通缝,而竖直缝隙要求错开不小于60mm。

烧结空心砖墙的组砌可根据施工图中不同墙身不同厚度的要求分别将砖平放或立放,在非墙身转角处,空心砖的孔洞一律不能朝外。

(B) 标准烧结砖的规格为240mm×115mm×53mm。砖块与砖块之间用10mm左右厚的砌筑砂浆粘结,此砂浆层一般称为灰缝。如包括10mm厚灰缝,则砖的定位尺寸为240mm×120mm×60mm。为了保证墙体的强度、稳定及保温、隔声等要求,墙体砌筑时灰缝应砂浆饱满、厚薄均匀、并应保证砖块横平竖直、内外搭接,灰缝上下错缝。在砖墙组砌中,长边平行于墙面砌筑的砖称为顺砖、垂直于墙面砌筑的砖称为丁砖。实心砖墙通常采用一顺一丁、多顺一丁(常为三顺一丁)、十字式(俗称梅花丁)等砌筑方式。

3. 墙的细部构造

墙的组成内容除了有砌块等块材和灰缝外,还有过梁和通风道及管线等项内容。

(1) 过梁

过梁是指在门窗等洞口上设置的、支承洞口上部墙体重力并将荷载传给洞口两侧墙体的梁。如果过梁上部有足够高的墙体，由于墙体砖块（或砌块）相互咬接，过梁上方的墙体的重力并不全部压在过梁上，仅有部分墙体（以洞口宽度为斜边的一等腰直角三角形部分）重力传给过梁。

根据所用材料和构造做法的不同，常见的有砖拱过梁、钢筋砖过梁和钢筋混凝土过梁三种。其中钢筋混凝土预制过梁使用最为广泛。

1) 砖拱过梁

砖拱过梁有平拱和弧拱之分。砖砌平拱过梁是将砖侧向而成，灰缝上宽下窄，上宽不得大于 20mm，下窄不得小于 5mm，拱两端下部伸入墙内 20~30mm，中部起拱高度为洞口宽度的 1/50，其跨度最大可达 1200mm。砖拱过梁施工麻烦，承载力低，对地基不均匀沉降及震动作用较敏感，不宜用于有集中荷载或地震设防地区的建筑。

2) 钢筋砖过梁

钢筋砖过梁是在洞顶平砌的砖缝中配置钢筋。形成可以承受弯矩的加筋砖砌体。钢筋砖过梁的高度不小于窗口宽度的 1/3 且不得小于 5 皮砖，用 M5.0 的水泥砂浆砌筑，每一砖厚墙配 2~3 根 $\phi 6$ 钢筋，钢筋可布置在第一皮砖和第二皮砖之间，亦可布置在第一皮砖下的水泥砂浆层内。钢筋砖过梁多用于跨度在 1500mm 以内的清水墙或非承重墙的门窗洞口上。

3) 钢筋混凝土过梁

钢筋混凝土过梁坚固耐久，不受跨度限制，易成型，可现浇也可预制，或上部现浇下部预制，在三种过梁中，这种过梁应用非常普遍。预制钢筋混凝土过梁可缩短施工周期，使用最为广泛。钢筋混凝土过梁宽度一般与墙厚相同。预制钢筋混凝土过梁如果因宽度与墙厚相同而造成太重使现场安装困难，可将过梁单根的宽度设为墙厚的一半，使用时将两根单体并列设置。钢筋混凝土过梁的高度、配筋及混凝土强度等级由结构要求确定；为了施工的方便，在砖墙中梁高还应与砖的皮数（砌块等块体）相适应（如砖墙中一般定为 60mm 的整倍数，如 60mm、120mm、180mm、240mm 等），过梁在洞口两侧伸入墙内的长度应不小于 240mm。为了防止雨水在过梁外侧向室内方向流淌，过梁底部外侧要做滴水。

过梁的断面形式一般有矩形和 L 形两种。矩形多用于内墙和混水墙。L 形既可节省材料，也可防止热桥及梁内侧形成冷凝水，对改善墙体热工性能有利。L 形过梁挑板厚度一般为 60mm，挑出长度通常为 120mm，有时考虑建筑立面的需要，也可出挑 80mm 或 180mm 等。

(2) 墙体中竖向通风道

通风道是墙体中常见的竖向孔道，主要用于排除室内污浊空气和不良气味。在人流集中的房间、易产生不良气味的房间（如厨房、卫生间等）一般都设置通风道。由于建筑布局处于建筑内部的房间、无法利用开外窗进行通风换气的房间，通风道的作用就显得更为重要。通风道的截面积与房间的面积和换气次数有关。

为了使通风道能正常地发挥作用，通风道的设置应满足以下条件：通风道出屋面部分应高于女儿墙或屋脊；同层房间不应共用一个通风道；通风道在墙上的开口应靠近房间顶棚，距离一般为 300mm 左右。

通风道的组织方式主要有每层独用、隔层共用、子母式三种，目前采用较多的是子母式通风道。建筑中经常采用预制通风道。

4. 砌块墙构造

砌块按单块质量和幅面大小分为小型砌块、中型砌块和大型砌块。小型砌块由于质量轻，便于人工砌筑，与传统工艺接近，具有广阔的发展前景。

(1) 煤渣混凝土小型空心砌块墙

目前采用的煤渣混凝土小型空心砌块是水泥为胶结料，以煤渣、膨胀珍珠岩为主要粗集料，以普通砂（轻砂）、石粉等为细集料。可掺加粉煤灰，用水拌制并经机械振动成型的一种有一定孔洞率的新型墙体材料。390mm×(240、190、120)mm×190mm 系列为主规格产品。

砌块墙的组砌方式多采用整块顺砌，一般利用 M5 砂浆砌筑。为提高墙体的整体性和刚度，要保证竖直错缝，砌块左右交接咬砌，错缝搭接长度不得小于砌块长度的 1/4，水平缝应保证平直，当砌块组砌时出现竖直三皮通缝时，应在水平灰缝内按纵横方向每隔一皮交替设置环形拉结筋。砌筑时，砌块应正面向上并尽量采用主规格砌块，并应对孔错缝搭接。个别情况下无法对孔砌筑时，允许错孔砌筑，但搭接长度不应小于 120mm，如不能满足要求，应在灰缝中设置水平拉结筋或钢筋网片。砌体水平灰缝厚度和竖直灰缝宽度应控制在 8~12mm。设计要求的洞口、穿墙管道、沟槽和预埋件等在砌筑时应预留或预埋。空心砌块墙体在勒脚部位以实心砌块砌筑。

砌块墙体开裂，已引起广泛关注。

1) 为了防止温度变形引起的建筑顶层墙体开裂，需要采取的措施

(A) 钢筋混凝土平屋面上设置保温层或隔热层。

(B) 在建筑顶层端头两开间，框架柱和墙体的拉结筋需要适当加密。

(C) 在顶层端开间门窗洞边设置芯柱，芯柱与墙体间设 φ4@600 拉结筋。

(D) 沿外墙四周在窗台下的水平灰缝中宜设 φ4 钢筋网片。

2) 为防止底层墙体开裂，需采取的措施

(A) 提高底层窗台下砌筑砂浆的强度等级。

(B) 沿外墙四周在窗台底下的水平灰缝中宜设 φ4 钢筋网片，当有门洞时，则端头钢筋弯成 L 形锚入门樘芯柱中。

(C) 根据具体工程需要设置地圈梁。

3) 为了减少干缩引起的墙体开裂，需采取的措施

(A) 砌块应在达到设计强度等级并在 28d 后方能出厂使用。

(B) 砌块现场堆放应避免遭受雨淋。

4) 在砌块墙体中，要设置芯柱，芯柱的设置及构造要求

(A) 在楼梯四角的纵横墙交接处，无框架柱时的外墙转角处，填实三个或四个孔洞。

(B) 墙体长度超过 5m 时须设置芯柱。

(C) 芯柱截面不宜小于 120mm×120mm，宜用不低于 C15 的细石混凝土浇筑。

(D) 多排孔砌块在芯柱处改用钢筋混凝土构造柱，构造柱最小断面为 200mm×190mm。芯柱和构造柱的设置参见建筑标准图集。

5) 框架填充墙处理

当墙体砌至最后一皮时，梁底与砌块之间的灰缝应控制在15mm左右，在砌块的两侧用木楔打紧，并用砂浆填实；也可用最后一皮实心砌块斜砌楔紧加砂浆填实。框架柱高每600mm外伸2ϕ6（外伸600mm）砌入砌块墙灰缝。

为了提高煤渣混凝土小型空心墙体进而提高整个建筑抵抗地震破坏的能力，当墙体高度超过4m时，应在墙高中部设置与柱连接的通长钢筋混凝土水平墙梁。芯柱每孔内的竖向插筋（每孔1ϕ12）应贯通墙身且与上下框架梁的预留钢筋搭接，插筋搭接位置应从每层楼面开始，搭接长度不应小于40d（d为钢筋直径）。底层芯柱应伸入室外地面以下500mm处，或锚入浅于500mm的基础梁内。

门窗框与煤渣混凝土小型空心砌块墙体的连接，以采用膨胀螺栓为主。这种做法的最大特点是将固定膨胀螺栓处的砌块空洞以C15细石混凝土填实。如需在这种墙体表面固定自来水阀门、电气元件，也可采用类似的方法。

（2）加气混凝土砌块墙

蒸压粉煤灰加气混凝土制品是我国大力发展的新型建筑材料，是改变建筑肥梁、胖柱、深基础，降低建筑综合造价，实现建筑节能和墙体材料改革的理想材料之一。

蒸压粉煤灰加气混凝土砌块是一种实心砌块。加气混凝土砌块墙应尽量使宽度在600mm以上。加气混凝土砌块墙体中砌块排列应上下错缝，搭接长度不宜小于砌块长度1/3。砌块间的竖直灰缝应与砌块的标志尺寸相适应，水平灰缝可根据不同的层高而确定，但不宜小于10mm。

5. 设置圈梁

为了维护和加强建筑的整体性和空间刚度及提高墙体稳定性，绝大多数建筑都需要在墙中设置圈梁。圈梁又称腰箍，是沿外墙及部分内墙，力求在同一水平面上设置的连续而封闭的梁。圈梁和楼盖、屋盖共同起作用，抵抗水平荷载（如风荷载）、地震和人为振动对建筑的破坏，圈梁和墙体共同起作用，抵抗由于地基的不均匀沉降而造成的墙体开裂。

圈梁的数量与建筑的高度、层数，地基情况及抗震设防烈度有关。非抗震设防地区的多层民用建筑，一般三层以下设一道圈梁，超过四层时，视工程具体情况隔1~2层设一道圈梁。抗震设防烈度为6度、7度地区的砖混结构多层民用建筑，圈梁设置应符合下述要求：

（A）装配式钢筋混凝土楼、屋盖或木楼、屋盖的砖砌体建筑，横墙承重时，外墙和内纵墙在屋盖及每层楼盖处全部设置圈梁，内横墙部分设圈梁，在屋盖处设置的圈梁的间距不应大于7m，楼盖处的圈梁间距不应大于15m，构造柱对应部位应设圈梁。

（B）现浇或装配整体式钢筋混凝土楼、屋盖与墙体有可靠连接的建筑，不另设圈梁时，楼板沿墙体周边应加强配筋并应与相应的构造柱钢筋可靠连接。

多孔砖砌体建筑的现浇钢筋混凝土圈梁构造尚应符合下述规定：

（A）圈梁一般应力求同一标高闭合，若遇洞口应延长洞口上部的过梁，进行搭接，实现圈梁的闭合。当然其他砌体建筑的圈梁如遇这种情况也应这样处理，如图2-69所示。

（B）当圈梁在规定的间距内无横墙时，应利用梁或板缝中设置钢筋混凝土现浇带替代圈梁。

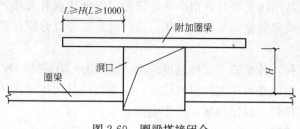

图 2-69 圈梁搭接闭合

有抗震要求的建筑，其圈梁不宜被洞口截断。

对于那些允许不设圈梁的墙体，应在与圈梁相遇处设长度不小于 1500mm 的圈梁拖梁（其断面、配筋、混凝土强度等级等与圈梁相同）。建筑中当设一道圈梁时，应设在顶层墙体与屋面板交接处；圈梁的数量为两道以上时，除在顶层设一道圈梁外，其余分别设在基础顶部、楼板层部位。有些工程中，为了降低造价，也可考虑将圈梁设在洞（如门窗洞）顶。当圈梁降低设在洞顶时，必须将洞顶部分圈梁的截面尺寸、配筋等按过梁要求设置；但这种做法对充分发挥圈梁的作用是不利的。

圈梁有钢筋砖圈梁和钢筋混凝土圈梁两种。钢筋砖圈梁高度一般不少于 6 皮砖（每皮砖高度为 60mm），宽度与墙厚相同，用 M5 水泥砂浆砌筑，内配 $\phi 6$ 通长钢筋，数量不少于 4 根，间距不宜大于 120mm，分上下两层布置。钢筋砖圈梁整体性不高，一般只用在非抗震地区对整体性和空间刚度要求不高的建筑。由于现浇钢筋混凝土圈梁的整体性优良，被工程广泛采用。现浇钢筋混凝土圈梁的高度一般不小于 120mm，常见的为 180mm、240mm；宽度一般与墙厚相同，但当考虑墙体热工保温隔热要求时，外墙圈梁可比墙厚小些，但不宜小于墙厚的 2/3。现浇钢筋混凝土圈梁常用混凝土的强度等级为 C20，纵向钢筋不宜小于 $4\phi 12$，箍筋直径为 $\phi 6$，间距不大于 250mm，圈梁构造如图 2-70 所示。

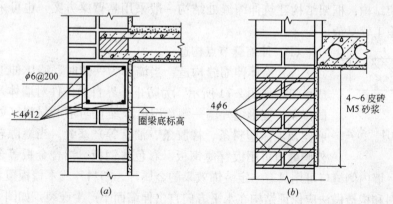

图 2-70 圈梁构造

6. 变形缝

建筑由于受气温变化、地基不均匀沉降以及地震等因素的影响，使结构内部产生附加应力和变形，如处理不当，将会造成建筑破坏，产生裂缝甚至倒塌，影响使用安全。其解决的方法有两种：一是设置圈梁、构造柱等构件，设计和施工中采取措施等来加强建筑的整体性，使之具有足够的强度和刚度来克服这些破坏应力，不产生破裂；二是预先在这些变形敏感部位将建筑从结构上断开,留出一定缝隙以保证建筑有关部分在这些缝隙中有足够的变形宽度而不造成建筑整体结构性破坏。这种将建筑竖直分割开来的预留缝隙称为建筑变形缝。

建筑变形缝有三种:伸缩缝(又称温度缝)、沉降缝、防震缝。建筑变形缝供建筑自由变形活动之用,不得以非可压缩性材料堵塞,也不得供其他用途占用。变形缝最好设置在建筑平面变化的阴角处,以便隐蔽,不影响建筑立面美观。

(1) 伸缩缝(温度缝)

1) 伸缩缝(温度缝)的设置原理

建筑因受温度变化的影响而产生热胀冷缩,在结构内部产生温度应力,当建筑长度超过一定限度时,建筑平面变化较多或结构类型变化较大时,建筑会因热胀冷缩变形较大而产生开裂。为预防这种情况发生,常常沿建筑长度方向每隔一定距离或结构变化较大处预留缝隙,将建筑断开。这种因温度变化而设置的缝隙就称为伸缩缝或温度缝。

伸缩缝要求将建筑的墙体、楼板、屋盖等地面以上部分全部断开,基础部分因有泥土覆盖,受温度变化影响较少,一般不需断开。

伸缩缝的最大间距,应根据不同材料和结构及建筑保温隔热条件等因素不同而定。在特殊工程中也可采用附加应力钢筋,加强建筑物的整体性,来抵抗可能产生的温度应力,使之少设缝或不设缝。这需要经过严密计算慎重确定。

2) 伸缩缝构造

伸缩缝将建筑基础以上在设缝处全部分开,并在两个部分之间留出适当的容许变形的缝隙,以保证伸缩缝两侧的建筑构件能在水平方向自由伸缩。缝宽一般为20~40mm。

(A) 伸缩缝的结构处理

(a) 墙承重结构:墙承重结构建筑的墙和楼板及屋盖结构布置可采用单墙也可采用双墙承重方案。

(b) 框架结构:框架结构建筑伸缩缝处结构一般采用悬臂梁方案,也可采用双梁双柱方案,但施工较复杂。

(B) 伸缩缝节点构造

(a) 墙体伸缩缝构造:当墙厚为一砖时,墙体伸缩缝一般做成平缝,如图2-71所示。为防止外界自然条件对墙体及室内环境的侵袭,变形缝外墙一侧常用可压缩且防水的材料(如浸沥青的麻丝及泡沫塑料条、橡胶条、油膏等)塞缝。当缝隙较宽时,墙外侧缝口可用镀锌薄钢板、彩色薄钢板、铝合金板等金属调节片

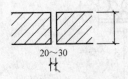

图2-71 墙体伸缩缝

作盖缝处理。墙内侧缝口可用具有一定装饰效果的金属片、塑料片或木盖板覆盖。所有填缝及盖缝材料和构造做法应保证结构在水平方向自由伸缩而不产生破裂,如图2-72所示。

(b) 地面伸缩缝构造:地面伸缩缝的位置与缝宽大小应与墙体一致。缝内常用可压缩变形且防水的材料(如油膏、沥青麻丝、橡胶、金属或塑料调节片等)作封缝处理。水泥砂浆地面可用花纹钢板盖缝,其他地坪的盖缝处理与地面面层材料一般相同。

(c) 楼面伸缩缝构造:楼面伸缩缝的位置与缝宽也应与墙体伸缩缝一致。缝处楼板不连续,楼面盖缝处理原则与地面同;顶棚处缝一般以木板或其他装饰材料覆盖,但只能单边固定,以保证缝两侧楼板构件能自由伸缩变形。

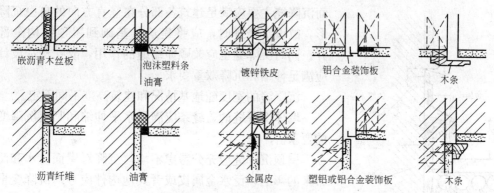

图 2-72 墙体伸缩缝处理

(d) 屋盖伸缩缝构造：屋盖伸缩缝的位置与缝宽也应与墙体伸缩缝一致。缝处屋面板不连续；顶棚处缝的处理基本与楼盖顶棚处相同；缝的上表面需作好防水处理。

(2) 沉降缝

1) 沉降缝的设置原理

沉降缝是为了预防建筑各部分由于沉降不均匀引起的破坏而设置的变形缝。凡出现下述情况建筑应考虑设置沉降缝：

(A) 同一建筑相邻部分的高度相差较大（≥6m），层数相差较多（≥2层）、荷载相差悬殊，或结构形式、结构类型变化较大，易导致地基沉降不均匀；

(B) 建筑各部分基础的种类、形式、宽度及埋置深度相差较大、造成基础底部压力有很大差异，易形成不均匀沉降；

(C) 建筑建造在不同地基上，且难以保证均匀沉降；

(D) 建筑体形比较复杂、连接部位又比较薄弱，如图 2-73 所示。

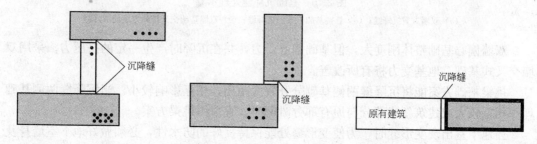

图 2-73 沉降缝设置部位示意图

(E) 新建部分与原有部分两者沉降不均匀；

(F) 建筑体形过长，地基状态很难一致。

沉降缝构造复杂，给建筑结构设计和施工都带来一定的难度。因此在工程设计时，应尽可能通过合理的选址、地基处理、建筑体形的优化、结构选型和计算方法的调整以及施工程序上的配合（如高层建筑与裙房之间采用后浇带的办法）来避免和克服不均匀沉降，从而达到不设或尽量少设缝的目的。

2) 沉降缝构造

沉降缝与伸缩缝的最大区别在于，伸缩缝只需保证建筑在水平方向的自由伸缩变形，

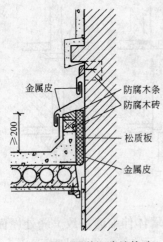

而沉降缝主要应满足建筑各部分在竖直方向的自由沉降变形，故设沉降缝时，应将建筑从基础到屋顶结构全部分开。同时沉降缝也应兼顾伸缩缝的作用，故在构造设计时应满足伸缩和沉降双重要求。

沉降缝的宽度随地基情况和建筑高度不同而定。

墙体沉降缝的盖缝条应满足水平伸缩和竖直沉降变形的要求。

屋顶沉降缝应充分考虑不均匀沉降对屋面防水和泛水带来的影响，泛水金属皮或者其他构件应考虑沉降变形与维修余地，如图 2-74 所示。

楼板应考虑沉降变形对楼面交通和装修带来的影响；顶棚盖缝处理也应充分考虑变形方向，以尽可能减少不均匀沉降后所产生的影响。

图 2-74 屋盖沉降缝构造

基础设沉降缝将基础断开，应避免不均匀沉降造成不同部分沉降相互干扰。常见的墙体条形基础处理方法有双墙偏心基础、挑梁基础、交叉基础等三种方案，如图 2-75 所示。

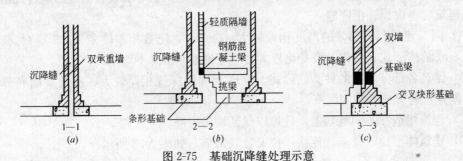

图 2-75 基础沉降缝处理示意

(a) 双墙方案沉降缝；(b) 悬挑基础方案的沉降缝；(c) 双墙基础交叉排列方案的沉降缝

双墙偏心基础整体刚度大，但基础偏心受力，并在沉降时产生一定的挤压力。采用双墙交叉式基础，地基受力将有所改善。

挑梁基础方案能将沉降缝两侧基础分开较大距离，相互影响较小。当沉降缝两侧基础埋深相差较大或建筑新建部分与原有部分毗邻时，宜采用挑梁方案。

当地下室出现变形缝时，为使变形缝处能保持良好的防水性，必须做好地下室墙身及地板层的防水构造。其措施是在结构施工时，在变形缝处预埋止水带。止水带有橡胶止水带、塑料止水带及金属止水带等。其构造法有内埋式和可卸式两种。无论采用哪种形式，止水带中间空心圆或弯曲部分须对准变形缝，以适应变形需要。见图 2-76。

（3）防震缝

在地震设防地区的建筑必须充分考虑地震对建筑造成的影响。为此我国制定了相应的建筑抗震设计规范。多层砌体建筑，应优先采用横墙承重或纵横墙混合承重的结构体系。在设防裂度为 8 度和 9 度地区，有下列情况之一时，建筑宜设防震缝：

（A）建筑立面高差在 6m 以上；

（B）建筑有错层且错层楼板高差较大；

（C）建筑各相邻部分结构刚度、质量截然不同。

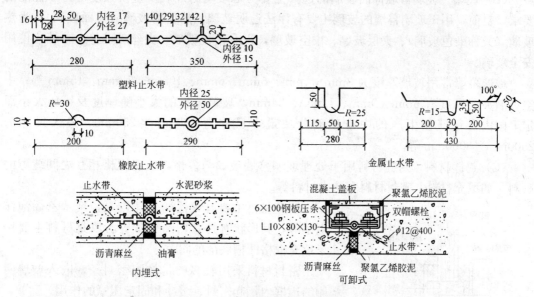

图 2-76 地下室变形缝构造示意

此时,防震缝宽度 B 可采用 50~100mm。缝两侧均需设置墙体,以加强防震缝两侧房屋刚度。

多层和高层钢筋混凝土结构建筑,应尽量选用合理的建筑结构方案,不设防震缝。

内墙防震缝构造如图 2-77 所示。

防震缝要沿建筑全高设置,缝两侧应布置双墙或双柱,或一墙一柱,使各部分结构都有较好的刚度。

防震缝应与伸缩缝、沉降缝统一布置,并满足防震缝的要求。一般情况下,设防震缝时,基础可以不分开,但在平面复杂的建筑中或建筑相邻部分刚度差别很大时,也需将基础分开。按沉降缝要求的防震缝也应将基础分开。

防震缝因缝隙较宽,在构造处理时,应充分考虑盖缝条的牢固性以及适应变形的能力。

7. 幕墙装饰构造

幕墙又称悬挂墙,是悬挂在建筑主体结构外侧的轻质围护墙。按照幕墙所采用的墙面材料,幕墙有玻璃幕墙、金属幕墙,石材幕墙等几种。

(1) 玻璃幕墙装饰构造

1) 玻璃幕墙的组成

玻璃幕墙一般由幕墙骨架、幕墙玻璃及封缝材料组成。

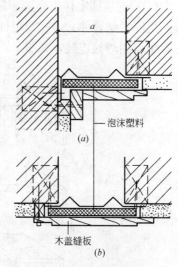

图 2-77 内墙防震缝构造
(a) 内墙转角;(b) 内墙平缝

(A) 幕墙骨架 这是玻璃幕墙的支撑体系,它承受玻璃传来的荷载,然后将荷载传给主体结构,幕墙骨架一般采用型钢或铝合金型材等材料。断面有工字形,槽形、方管形等。型材规格及断面尺寸根据骨架所处的位置、受力特点和大小而决定的。

(B) 玻璃 玻璃幕墙饰面玻璃的选择主要考虑玻璃的外观质量及强度等力学性能的要求，目前，用于玻璃幕墙的玻璃主要有浮法透明玻璃、热反射玻璃（镜面玻璃）、吸热玻璃（又称染色玻璃）、夹层玻璃、中空玻璃，以及钢化玻璃、夹丝玻璃等。幕墙应使用安全玻璃。

玻璃幕墙常用玻璃厚度为 3mm、4mm、5mm、6mm、10mm、12mm、15mm 等；中空玻璃夹层厚度有 6mm、9mm、12mm、24mm，玻璃分块的大小随厚度及风压大小而定，国内自行研制生产的中空玻璃分块最小尺寸为 180mm×250mm，最大尺寸为 2500mm×3000mm 等。

(C) 封缝材料 封缝材料用于处理玻璃幕墙玻璃与框格，或者框格相互之间缝隙的材料，如填充材料、密封材料和防水材料等。

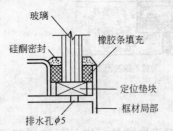

图 2-78 玻璃与框材之间缝隙处理

填充材料主要有聚乙烯泡沫胶系，聚苯乙烯泡沫剂系等，其形状有片状、圆柱状等。填充材料主要用于填充框格凹槽底部的间隙。

密封材料采用较多的是橡胶密封条，嵌入玻璃两侧的边框内，起密封、缓冲和固定压紧的作用。

防水材料常用的是硅酮系列密封胶，在玻璃装配中，硅酮胶常与橡胶密封条配合使用。内嵌橡胶条，外封硅酮胶，玻璃与金属框格的缝隙处理示意图如图 2-78 所示。

(D) 连接固定件 连接固定件是指玻璃幕墙骨架之间及骨架与主体结构构件（如楼板）之间的结合件。连接固定件多采用角钢垫板和螺栓，是因为采用螺栓可以调节幕墙变形，也可用焊接连接，如图 2-79 所示。

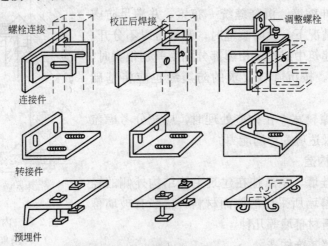

图 2-79 玻璃幕墙连接固定件

(E) 装饰件 装饰件主要包括后衬墙（板）、扣盖件，以及窗台、楼地面、踢脚、顶棚等与幕墙相接触的构部件，起装饰、密封与防护的作用。

后衬墙（板）由可填充保温材料，提高玻璃幕墙的保温性能，如图 2-80 所示。

2) 玻璃幕墙的结构

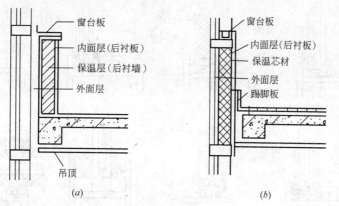

图 2-80　玻璃幕墙保温衬墙构造
(a) 独立保温；(b) 幕墙自身保温

玻璃幕墙的结构是指供玻璃将自重、风荷载及其他荷载传给建筑主体结构的受力系统。一般来说，玻璃是固定在幕墙骨架上的，其荷载通过骨架及连接固定件最后传给建筑主体结构，该体系称为有骨架体系。但也有一些特殊形式，如有的玻璃自身即具有承受自重及其他荷载的能力，被称为"结构玻璃"，这种玻璃同时作为幕墙饰面和结构"骨架"，直接与固定件连接，将荷载传给建筑主体结构，这种体系被称为无骨架体系。

（A）有骨架体系　有骨架体系主要受力构件是幕墙骨架，幕墙骨架可采用型钢、如工字钢、角钢、槽钢等，也可以采用铝合金型材。目前采用较多的是铝合金型材幕墙骨架。

有骨架体系根据幕墙与玻璃的连接构造方式，可分为明骨架（明框式）体系与暗骨架（隐框式）体系等两种。明框式体系的幕墙玻璃镶在金属骨架框格内，骨架外露；隐框式体系的幕墙玻璃是用胶粘剂直接粘贴在骨架外侧的。这种玻璃幕墙骨架不外露，装饰效果好，但玻璃与骨架的粘贴技术要求高，处理不好将有玻璃下坠伤人的危险，因此，选择隐框式玻璃幕墙应慎重，在选材和施工时严格把关。

（B）无骨架体系　该幕墙利用上下支架直接将玻璃固定在主体结构上，由于玻璃面积大，需要每隔一定距离粘贴一条竖直玻璃肋。

3）玻璃幕墙装饰构造

（A）玻璃与骨架连接节点构造　玻璃与骨架是两种不同的材料，二者直接连接容易使玻璃破碎，因而必须在它们之间嵌固弹性材料和胶结材料，一般采用塑料垫块及密封带、密封胶带，如图 2-81 所示。

（B）骨架与骨架连接节点构造　玻璃幕墙骨架一般分为竖向骨架和横向骨架，竖向骨架和横向骨架之间通常采用角形铝铸件进行连接，做法是将铸件与竖骨架、横骨架分别采用自攻螺钉固定即可，如图 2-82 所示。

（C）骨架与主体结构连接节点构造　骨架是通过连接件与建筑主体结构连接在一起的。竖骨架为主的幕墙，主骨架将与楼板连接；横骨架为主的幕墙，主骨架一般与柱子等竖向构件连接。连接固定件上的螺栓孔一般是长形孔，是用来调节幕墙变形的，如图 2-83 所示。

（D）无骨架幕墙玻璃与主体结构的连接　无骨架幕墙的玻璃有三种固定方法：

(a) 用上部结构梁上悬吊下来的吊钩，将肋玻璃及面玻璃固定，如图 2-84（a）所示。

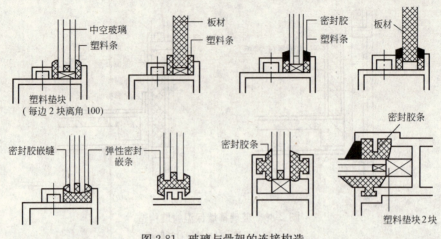

图 2-81 玻璃与骨架的连接构造

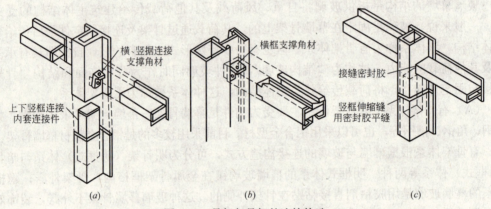

图 2-82 骨架与骨架的连接构造
(a) 横框、竖框连接（一）；(b) 横框、竖框连接（二）；(c) 横框、竖框柔性连接外观

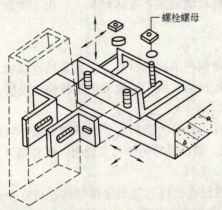

图 2-83 骨架与主体结构构件的连接构造

(b) 采用金属支架连接边框料固定玻璃，如图 2-84 (b) 所示。

(c) 不用肋玻璃，而采用金属框架来加强面玻璃的刚度，如图 2-84 (c) 所示。

(2) 金属幕墙装饰构造

1) 金属幕墙的组成及结构体系

金属幕墙的饰面材料主要是折边或压型金属薄板，根据金属幕墙的传力方法，共分两种结构体系：一种是附着式体系；另一种是骨架式体系。附着式体系通过连接固定件将金属薄板直接安装在主体结构上作为饰面，连接固定件一般采用角钢。骨架式体系金属幕墙基本上类似于隐框式玻璃幕墙，即通过骨架等支撑体系，将金属薄板与建筑主体结构连接，如图 2-85 所示。

2) 金属幕墙装饰构造

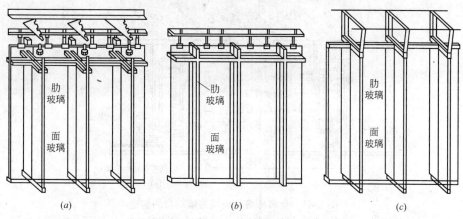

图 2-84 无骨架玻璃幕墙构造示意

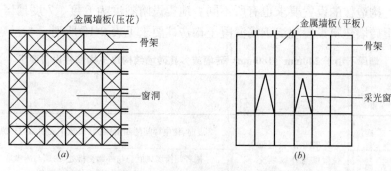

图 2-85 金属幕墙结构体系
(a) 附着式；(b) 骨架式

骨架式金属幕墙是较为常见的做法。其基本做法为：将幕墙骨架，如铝合金型材等固定在建筑主体的楼板、梁、柱等结构构件上，固定的方法与玻璃幕墙骨架相同，然后将金属薄板通过连接固定件固定在骨架上，也可将金属薄板先固定在框格型材上，形成框板，再按照玻璃幕墙的安装方式，将框板固定在主骨架型材上，这种金属幕墙构造可以与隐框式玻璃幕墙结合使用，协调好金属板和玻璃的色彩，并统一划分立面，即可得到较理想的装饰效果，图 2-86 所示为金属幕墙和玻璃幕墙结合的构造。

8. 构造柱

地震对建筑造成破坏后果严重，又不能及时预报和阻止，因此加强对地震的防范，就显得十分重要。工程实践表明，凡是维护和加强建筑整体性和空间刚度及稳定性的措施，都可看作是减弱地震破坏的措施（如设置圈梁，现浇楼、屋盖，现浇楼梯等）。在抗震设防地区，设置钢筋混凝土构造柱是多层混合结构建筑抗震的重要措施。

构造柱和圈梁整体联结，形成了建筑中的空间骨架，维护和加强了建筑的整体性和空间刚度及稳定性，提高了建筑抵抗地震破坏的能力；构造柱和墙体紧密联结，加强了层与层之间墙体的联系，提高了墙体结构延性，使墙体在地震作用下裂而不倒。

（1）构造柱的设置原则

构造柱是从抗震角度考虑设置的。钢筋混凝土构造柱一般设在建筑外墙转角、楼（电）梯间的四角、内外墙交接处、较大洞口两侧、较长墙段中部。由于房屋的层数和地

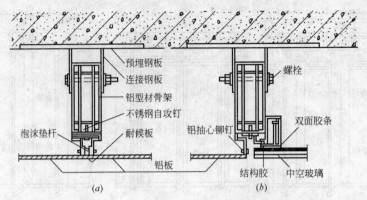

图 2-86 金属幕墙与玻璃幕墙结合的构造
(a) 金属板与金属板结合；(b) 金属板与玻璃结合

震裂度不同，构造柱的设置要求也有所不同。地震设防烈度为 6 度、7 度地区，普通黏土砖、多孔黏土砖墙建筑设置现浇钢筋混凝土构造柱要求见表 2-15 所列。

墙厚不小于 240mm（180mm）砖墙或多孔砖墙结构建筑构造柱设置要求　　表 2-15

建筑层数		设 置 部 位	
6 度	7 度		
四、五 （四）	三、四	外墙四角，错层部位横墙与外纵墙交接处；大房间内外墙交接处；较大洞口两侧	7 度时，楼电梯间的四角；隔 15m 或单元横墙与外纵墙交接处
六、七 （五、六）	五、四		隔开间横墙（轴线）与外墙交接处，山墙与内纵墙交接处；7 度时，楼电梯间的四角
八 （七）	六、七 （六）		内墙（轴线）与外墙交接处，内墙的局部较小墙垛处；7 度时，楼电梯间的四角

附注：

1. 外廊式和单面走廊式的多层建筑要根据建筑增加一层后的层数，按上表要求设置构造柱，且单面走廊两侧的纵墙均应按外墙处理。

2. 教学楼、医院等横墙较少的房屋，应根据房屋增加一层后的层数，按上表要求设置构造柱；当教学楼、医院等横墙较少的房屋为外廊式或单面走廊时，应按上条附注设置构造柱，但 6 度不超过四层、7 度不超过二层，应增加二层的层数对待。

现浇钢筋混凝土构造柱截面应不小于 240mm×180mm，混凝土强度等级不小于 C15，主筋一般采用 4ϕ12，箍筋 ϕ6，间距不大于 250mm。构造柱下端应锚固于地梁、基础或基础圈梁内或至少伸入底层地坪下 500mm 并得到良好的根部锚固。构造柱必须与墙体紧密拉结，构造柱侧边墙体砌成马牙槎，并沿墙高每 500mm 设 2ϕ6 水平拉结钢筋，每边伸入墙内不小于 1000mm。施工时应先砌墙，后逐段浇筑钢筋混凝土构造柱身。由于女儿墙的上部是自由端而且位于建筑的顶部，在地震时容易受破坏，一般情况下，构造柱应通至女儿墙顶部，并与钢筋混凝土压顶（非女儿墙时与钢筋混凝土沿口圈梁）相连，而且女儿墙内的用来加强女儿墙稳定性的附加钢筋混凝土柱间距应变小加密。构造柱应上下贯通，通高设置，不得中断。砖砌体中构造柱如图 2-87 所示。

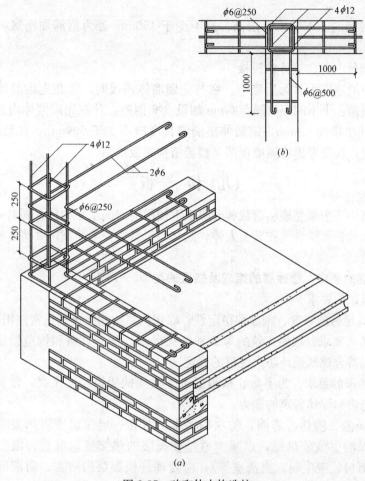

图 2-87 砖砌体中构造柱
(a) 外墙转角处；(b) 内外墙交接处

(2) 构造柱的主要数据

构造柱的最小断面尺寸为 240mm×180mm。当采用多孔黏土砖时，最小断面尺寸为 240mm×240mm，构造柱的最小配筋是：主筋 4ϕ12，箍筋 ϕ6@200。在板的上下端各 500mm 范围内箍筋适当加密，一般采用 ϕ6@100。当地震烈度为 7 度，建筑总层数超过 6 层；或地震烈度为 8 度，建筑总层数超过 5 层；或地震烈度为 9 度时，纵筋宜采用 4ϕ14。建筑四角的构造柱可适当加大截面和配筋。

(3) 构造柱的构造要点

(A) 施工时，应先绑扎构造柱的钢筋骨架再砌墙，最后浇捣混凝土。以加强构造柱与墙砌体连接，并节省模板。

(B) 构造柱两侧的墙体应砌筑成马牙槎，以加大构造柱与砌体的连接长度，加强连接的有效性。

(C) 构造柱下部应伸入地梁内，无地梁时伸入室外坪下 500mm 处，构造柱的上部应伸入顶层圈梁，以形成封闭的骨架。

(D) 为加强构造柱与墙体的连接，应沿柱高每隔 500mm 放 2ϕ6 钢筋，且每边伸入墙内不少于 1m。

(E) 每层楼面的上下各 1/6 层高，且不少于 450mm 处为箍筋加密区，其间距加密至 100mm。

(F) 后砌墙体与先砌墙体的拉接

砌体结构中的隔墙大多为后砌墙。在与先砌墙体连接时，应在先砌墙体内加设拉结筋。其具体做法是：上下间距每隔 500mm 加设 2ϕ6 钢筋，并在先砌墙体内预留凸榫（每 5 皮留一块），伸出墙面 60mm。钢筋伸出隔墙长度应不少于 500mm。在地震裂度较高、隔墙长度较长时，还要考虑将隔墙顶部与楼盖结构梁板拉结。

（九）楼 板

楼板是建筑中用来承受楼层荷载和分隔上下楼层空间的水平构件，同时对墙体起着水平支撑的作用。楼板承受自重和其上人体、家具、设备重力等荷载，并将这些荷载传给墙或柱。

1. 对楼板层的要求，楼板层的组成及楼板的类型

（1）对楼板层的要求

(A) 应具有足够的强度、刚度和稳定性，以保证结构的安全和正常使用。

(B) 满足防火要求。根据建筑的等级和防火要求，选择材料和构造做法，使其燃烧性能和耐火极限符合建筑设计防火规范的规定。

(C) 满足隔声的要求。为了防止楼板层上下空间的噪声相互干扰，楼板层应具备一定的隔绝空气传声和固体传声的能力。

(D) 满足保温、隔热、防潮、防水的要求。对有一定保温或隔热要求的房间，常在楼板层中设保温层或隔热层，以减少通过楼板层的热交换。对楼面潮湿、易形成积水的房间（如厨房、卫生间、盥洗室等），应处理好楼板层的防水、防潮问题以及防渗漏的问题。

(E) 由于现代建筑中，设备越来越复杂，有很多管线要借助楼板层来敷设，因此在楼板层的构造中应考虑便于敷设各种管线。

(F) 考虑经济和建筑工业化等方面的要求。

（2）楼板层的组成

为了实现楼板层的功能，楼板层一般由面层、结构层（又称楼板）、顶棚组成，如图 2-88 所示。

1）面层

又称楼面，是楼层室内空间的底界面，人和家具、设备直接接触的部分，起着保护结构层、装饰室内、提供使用条件等作用。

2）结构层

又称楼板，是楼板层的承重构件，承受楼板层上的全部荷载，维护和增强建筑的整体刚度和墙体的稳定性。

3）顶棚层

又称天花板或顶棚，它是楼板层的下表面的面层，也是室内空间的顶界面。其主要功

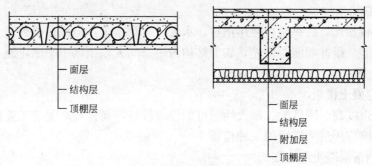

图 2-88 楼板层的组成

能是保护楼板、装饰室内、敷设管线及改善或弥补楼板在功能上的某些不足，提供和改善使用条件。

4）附加层

除上述基本构造层次外，根据楼层的使用要求和构造做法的不同，往往还需要设置找平层、结合层、防水层、隔声层、隔热层、防潮层等附加层。

(3) 楼板的类型

依据构成楼板的材料和结构形式不同，楼板可分为木楼板、砖拱楼板、钢筋混凝土楼板、压型钢板混凝土组合楼板等多种，如图 2-89 所示。

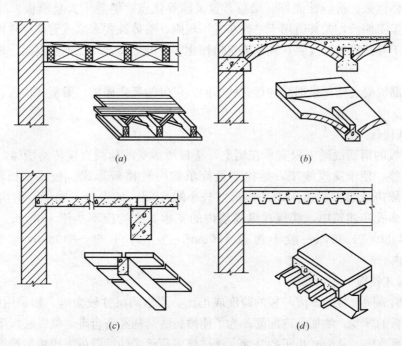

图 2-89 楼板的类型
(a) 木楼板；(b) 砖拱楼板；(c) 钢筋混凝土楼板；(d) 压型钢板混凝土组合楼板

1）木楼板

自重轻、保温性能好，有弹性、舒适，但易燃、易腐蚀、耐久性差，需耗用大量木材，目前较少采用。

2) 砖拱楼板

与其他楼板相比，砖拱楼板耗用钢材、水泥、木材很少，但往往要耗费大量黏土，整体性、抗震性能、耐冲切能力均差，加上结构占用空间大，顶棚不平整，施工麻烦，所以目前应用比较少。

3) 钢筋混凝土楼板

这种楼板强度高、刚度大、耐火性与可塑性均较好，而且具有便于工业化生产和施工等特点，是目前应用最为广泛的一种楼板。

4) 压型钢板混凝土组合楼板

是在型钢梁上铺设压型钢板，以压型钢板作为永久性底板，在其上整浇钢筋混凝土而成的复合楼板，又称钢衬板楼板。经过适当结构构造的处理，这种楼板底部的压型钢板也可参与结构作用。这种楼板结构整体性好，强度高、刚度大、抗震性能好，尤其适用于大空间、高层民用建筑和大跨度工业建筑。

2. 钢筋混凝土楼板

钢筋混凝土楼板根据施工方法的不同可分为现浇整体式钢筋混凝土楼板，预制装配式钢筋混凝土楼板和装配整体式钢筋混凝土楼板三种。

(1) 现浇钢筋混凝土楼板

现浇钢筋混凝土楼板是现场支模板，绑扎钢筋、浇捣混凝土而成型的楼板。这种楼板具有结构整体性强、抗震性能好、梁板布置灵活等优点，但需用大量模板、现场作业量大，而且施工工期长，尤其适用于平面布置不规则、整体性要求高或管道穿越楼板较多的工程。随着工具式模板的发展和现场浇筑机械化程度的提高，现浇钢筋混凝土楼板的应用日趋广泛。

现浇钢筋混凝土楼板根据结构形式的不同，可分为板式楼板、梁板式楼板、无梁楼板等多种类型。

1) 板式楼板

板式楼板的钢筋混凝土板支承在墙上，楼板所承受的荷载直接传给墙体。这种楼板上下板面平整、便于支模施工，是构造最简单的一种楼板形式。板式楼板施工方便、造价低、但隔声效果差。适用于平面尺寸较小的空间，如走廊、厕所、厨房等。在多层普通砖、多孔砖建筑中，楼板在纵横墙内的支承长度均应不小于120mm。板的厚度为跨度的1/30~1/40，一般不超过120mm，亦不小于60~80mm，经济跨度在3000mm之内。

2) 梁板式楼板

工程经验表明，板的厚度与板的跨度成正比，当房间尺寸较大时，如采用板式楼板，必然会加大板的厚度，增加板内配筋。为了使楼板的结构经济合理，就在楼板下设置梁来增加板的支承支座，从而减小板的跨度。这样楼板所承受的荷载就先由板传给梁再由梁传给墙或柱，这种由板和梁组成的楼板被称为梁板式楼板。梁板式楼板中的梁可以单一方向布置，称为单梁楼板，也可双向成角布置甚至多向布置（但大多为纵横双向布置）。作双向成角布置时，一般两个方向梁的交角为90°，两个方向的梁经常以不等高的形式出现，以这种方式构造的楼板被称为肋形楼板。如有特殊需要，两个方向的梁也可以以等高的形式出现，以这种方式构造的楼板被称为井字楼板。

(A) 肋形楼板　肋形楼板所承受的楼面荷载先由板传给次梁（楼板中高度较小的梁），再由次梁传给主梁（楼板中高度较大的梁）。

工程经验表明：梁的断面高度与梁的跨度成正比，梁的断面宽度与梁的断面高度成正比。为了取得较好的经济效果，肋形楼板的主梁沿房间短跨方向布置，支承在墙或柱上；次梁沿垂直于主梁的方向布置，支承在主梁上；板支承在次梁上，次梁的间距即为板的跨度，主梁的间距即为次梁的跨度，如图 2-90 所示。

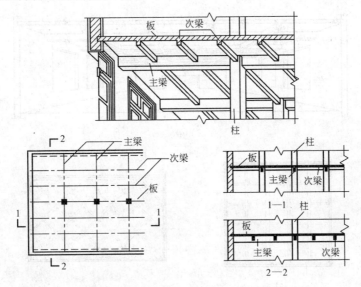

图 2-90　肋形楼板

梁式楼板在进行梁板布置时遵循以下原则：

(a) 承重构件，如柱、梁、墙等应有规律地布置。一般上下对齐，传荷直接，结构受力合理。

(b) 板上不宜布置较大的集中荷载。重质隔墙或承重墙宜布置在梁上，梁应避免支承在门窗洞口上。

(c) 构件的尺寸应经济合理。

(d) 梁的支承长度。钢筋混凝土梁支承在墙或柱上，应有一定的支承长度，以保证可靠地传递荷载，减少墙体的偏心受力。当梁高≤500mm 时，支承长度应≥180mm；当梁高＞500mm，支承长度应≥240mm，梁端传到墙上的集中荷载，若超过墙体承压面的局部抗压承载能力时，应在梁端下设置钢筋混凝土或混凝土梁垫，如图 2-91 所示。梁垫可以现浇，也可以预制，其厚度不应小于 180mm。

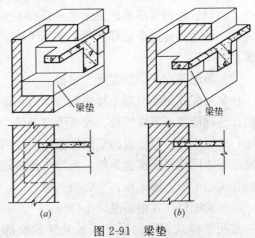

图 2-91　梁垫

(B) 井式楼板　井式楼板是梁式楼板的一种特殊形式，也由梁和板组成。这种楼板的梁无主次梁之分，两个方向的梁等断面等距离井字交叉布置，形成井字形梁的梁式楼板。井式楼板的跨度一般为10m左右，最大可达30m，两个方向的梁的间距一般为1000～3000mm。井式楼板的梁的布置通常采用正交正放的正井式或正交斜放的斜井式，由于布置规整，井式楼板下部自然形成美观的顶棚，具有较好的装饰性，一般多用于公共建筑的门厅、大厅或平面尺寸较大的房间，如图2-92所示。井式楼板的结构高度只有肋形楼盖的60%。

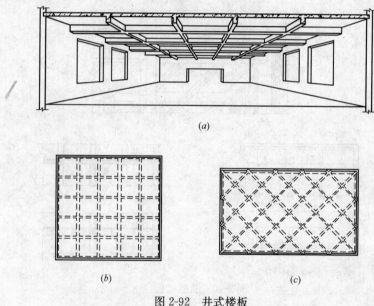

图2-92 井式楼板

3) 无梁楼板

无梁楼板将楼板直接支承在柱上，楼面荷载由板直接传给柱子。与梁式楼板相比，无梁楼板由于不在板底设梁，减少了楼板层的结构高度，在层高相同的情况下，可以得到更大的净高高度。无梁楼板的柱网一般布置成正方形，柱距一般不超过6000mm，板厚不宜小于120mm。无梁楼板分无柱帽和有柱帽两种。当楼面荷载较大时，为增加板在柱上的支承面积，以提高楼板的刚度和减少板的厚度，多采用有柱帽无梁楼板。柱帽的形式有方形、多边形、圆形等多种。无梁楼板顶棚平整、室内净空大，跨度大、板的厚度大，对采光通风、承受与传递荷载都有利，多用于商店、仓库、展览馆等需要大空间、有重荷载的建筑。

(2) 预制装配式钢筋混凝土楼板

预制装配式钢筋混凝土楼板是将楼板在预制厂或施工现场预制，然后在施工现场装配而成。这种楼板可节省模板、改善劳动条件，减少现场用工、提高劳动生产率、加快施工速度、缩短工期，但楼板的整体性差，板之间的缝嵌固不好时易出现通长裂缝。预制装配式楼板整体性差，抗震能力低，近年来地震设防地区建筑已经很少使用。预制钢筋混凝土楼板有实心平板、槽形板、空心板三种。

(3) 装配整体式钢筋混凝土楼板

装配整体式钢筋混凝土楼板是先预制部分钢筋混凝土构件，再在现场安装，然后在预制的构件上整体浇筑钢筋混凝土而形成整个钢筋混凝土楼板。它综合了现浇钢筋混凝土楼板和预制钢筋混凝土楼板的优点。它比预制装配式钢筋混凝土楼板整体性好，抗震能力强；比现浇钢筋混凝土楼板施工简单，工期短、现场用工少、湿作业量少。

装配整体式钢筋混凝土楼板有叠合式楼板和密肋填充式楼板两种，如图 2-93 所示。装配整体式钢筋混凝土楼板尽管在一定程度上同时具有现浇钢筋混凝土楼板和预制钢筋混凝土楼板的长处；但同时也兼有上述两种钢筋混凝土楼板的不足，在当前工程中采用不多。

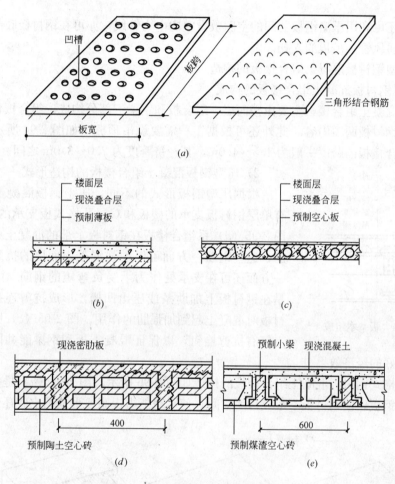

图 2-93 装配整体式钢筋混凝土楼板

3. 压型钢板混凝土组合楼板

压型钢板混凝土组合楼板实质上是一种钢与混凝土组合而成的楼板。这类楼板用凹凸相间的压型薄钢板作衬板与现浇钢筋混凝土浇筑在一起，支承在钢梁上，构成整体型楼板的支承结构。主要适用于大空间、高层民用建筑及大跨度工业厂房，在国际上已普遍采用，在我国有着广阔的应用前景。

钢衬板有单层钢衬板和双层孔格式钢衬板之分。钢衬板板宽为 500～1000mm，肋或肢高35～150mm，板的表面除镀14～15μm的一层锌板外，板的背面为了防腐可再涂一层塑料或油漆，起到保护作用。

(1) 压型钢板混凝土组合楼板的特点

压型钢板以衬板的形式作为钢筋混凝土楼板的永久性模板，施工时又是施工的台板，简化了施工程序，加快了施工进度。经过结构构造处理，可使钢筋混凝土和钢衬板共同受力，即混凝土承受剪力和压应力；钢衬板承受下部的拉弯应力。此时压型钢衬板起着模板和受拉抗弯的双重作用。这样，组合楼板受正弯矩作用部分不需要设置受力钢筋，仅需布置构造钢筋即可。这样做不但减化了施工程序，而且具有结构整体性好，刚度大、抗震性能好等优点。

此外，还可利用压型钢板肋间的空隙敷设室内电力管线，亦可在钢衬板底部焊接架设悬吊管道、通风管、吊顶的支托。

(2) 压型钢衬板混凝土组合楼板的构造

1) 压型钢衬板混凝土组合楼板的构成

钢衬板混凝土组合楼板主要由楼面层、组合板和钢梁三部分构成，组合板包括现浇钢筋混凝土和钢衬板两项内容。此外还可根据工程需要设吊顶棚，如图2-94所示。压型钢板混凝土组合楼板的跨度一般为1.5～4.0m，其经济跨度为2.0～3.0m之间。

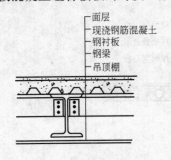

图2-94 板基本组成

2) 压型钢板混凝土组合楼板的构造形式

根据压型钢板形式的不同，压型钢板混凝土组合楼板有单层钢衬板支承的楼板和双层孔格式板支承的楼板之分。图2-95 (a) 系组合楼板在钢衬板上部的混凝土中仍配置钢筋，这些钢筋一方面可以加强混凝土面层的抗裂刚度，另一方面还可在支承处作为承受负弯矩的钢筋。图2-95 (b) 是在钢衬板上加肋条或压出凹槽，形成抗剪连接。这时钢衬板对混凝土起到加强肋的作用。图2-95 (c) 则是在钢梁上钉有抗剪栓钉，以保证混凝土板和钢梁能共同工作。这样能取得较好的经济效果。

双层孔格式钢衬板混凝土组合楼板的构造如图2-96所示。图2-96 (a) 是在压型钢板下加一张平钢板，使钢衬板下形成封闭空间，使承载能力提高。形成的空腔还便于设置管

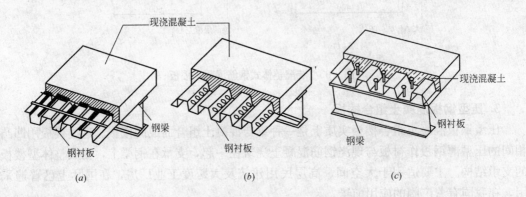

图2-95 单层钢衬板混凝土组合楼板

线，作为电缆的通道。这种压型钢板高为40mm和80mm。压型钢板肋最高可达150mm，板宽一般为500～1000mm。在较高的压型钢衬板中，可形成较宽的空腔，并可利用它直接做空调通道。

钢衬板之间和钢衬板与钢梁之间的连接，一般采用焊接、自攻螺栓、膨胀铆钉或压边咬接等方式连接，如图2-97所示。

压型钢板混凝土组合楼板的整体连接是由栓钉（又称抗剪螺钉）将钢筋混凝土、压型钢板和钢梁组合成整体。栓钉是组合楼板的抗剪连接件，楼面的水

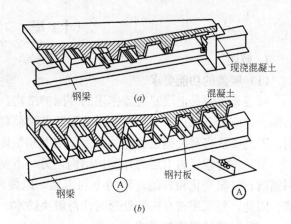

图2-96 双层孔格式钢衬板混凝土组合楼板
(a) 楔形板与平板组成的孔格式组合楼板；
(b) 双楔形板组成的孔格式组合楼板

平荷载通过它传递到梁、柱上，所以又称剪力螺栓，其规格和数量是按楼板和钢梁连接的剪力大小确定的。栓钉应与钢梁焊接，如图2-98所示。压型钢板混凝土组合楼板应避免在腐蚀的环境中使用；且钢板应避免长期暴露，以防钢板和钢梁生锈，破坏结构的连接性能；在动荷载作用下，应仔细考虑其细部设计，并注意结构组合作用的完整性和共振问题。

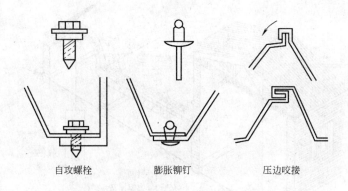

图2-97 压型钢板之间的连接

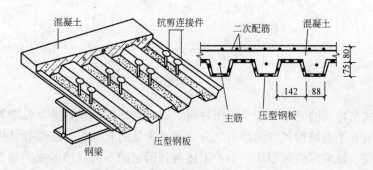

图2-98 压型钢板和钢梁之间的连接

(十) 屋　　盖

1. 概述

(1) 屋盖的功能要求

屋盖是房屋最上层起覆盖作用的外围护结构。在结构上，屋盖是建筑最高部位的承重结构，它应能支承自重和作用在屋盖上的各种荷载，同时还起着对建筑上部的水平支撑作用。因此要认真解决屋盖构件的强度、刚度和整体的稳定性问题。

屋盖作为建筑最上层的外围护结构，另一重要功能是用于抵御自然界的风霜雨雪、太阳辐射、气温变化和其他外界的不利因素，以使屋盖覆盖下的空间有一个良好的使用环境。因此，要求屋盖在构造处理时注意解决防水、保温、隔热以及隔声、防火等问题。

(2) 屋盖的组成与形式

屋盖是建筑外部形体的重要组成部分，其形式在很大程度上影响建筑造型和建筑物的性格特征。因此构造屋盖要重视艺术效果。随着社会的进步和建筑科技的发展，还对屋盖提出了更高的要求，如为改善生态环境，要求利用屋盖开辟园林绿化空间；现代超高层建筑出于消防的需要，常在屋盖上设置直升飞机停机坪等设施；某些有幕墙的建筑要求在屋盖设置擦窗机轨道，某些节能型建筑需利用屋顶安装太阳能集热器、太阳能电池板等设备。

屋盖主要由屋面和支承结构所组成，有些还有各种形式的顶棚以及保温、隔热、隔声和防火等其他功能所需的各种层次和设施，见图 2-99。

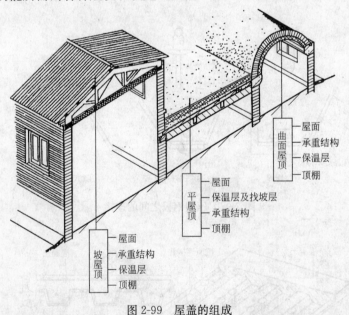

图 2-99　屋盖的组成

屋盖的形式与建筑的使用功能、屋面材料、结构选型以及建筑造型要求等有关。建筑的支承结构一般有平面结构和空间结构之分，前者常见的有梁板、屋架等结构，后者有折板、壳体、网架、悬索等结构形式。由于上述各种因素的不同，便形成平屋盖、坡屋盖以及曲面屋盖等多种形式。

1) 平屋盖

平屋盖结构布置简单、构造简洁，基本和楼板相似，不过当平屋盖采用结构找坡解决屋面雨水排除问题时，屋面板常作坡度为 1%～5% 倾斜布置。

2) 坡屋盖

坡屋盖的屋面坡度一般比较大，雨水容易排除，屋面防水问题比较容易解决，在科技和生产落后的时代，防水材料很少，尤其在钢筋混凝土普及以前，世界上多雨地区的建筑基本上都采用坡屋盖。坡屋盖上表面一般由一些坡度相同的倾斜面相互交接而成。斜面相交的阳角（上凸角）称脊，相交的阴角（下凹角）称沟，不同形式坡屋盖上的斜面、脊、沟可以形成优美的造型，这使坡屋盖在造型方面占有一定的优势。在最近一个阶段，坡屋盖有增多的趋向。

2. 坡屋盖

(1) 坡屋盖的形式

根据屋盖坡面组织的不同，主要有单坡屋盖，双坡屋盖、三坡屋盖、四坡屋盖及其他形式坡屋盖，在实际工程中，单坡屋盖和三坡屋盖做得很少。

1) 双坡屋盖

根据檐口和山墙处理的不同，可分为以下几种。

(A) 悬山屋盖。即屋盖伸出山墙以外的坡屋盖，这种悬山挑檐盖住墙身上顶部，可以保护墙身，有利于排水，并有一定遮阳作用，常用于多雨炎热地区。

(B) 硬山屋盖。即山墙和屋面等高的屋盖，多用在少雨地区。

(C) 出山屋盖。山墙高出屋面作为防火墙或装饰之用。防火规定，山墙高出屋顶 500mm 以上，易燃体不砌入墙内者，可作为防火墙。

2) 四坡屋盖

四坡屋盖又叫四落水屋盖。屋盖四面挑檐有利于保护墙身。四坡顶面上若形成两个相对的小山尖，这小山尖被称为歇山，山尖处可设百叶窗，有利于屋盖通风，这种屋盖又被称为歇山屋盖。

(2) 坡屋盖的坡面组织和名称

坡屋盖的坡面组织是由建筑平面和屋顶形式决定的，对屋顶的结构布置和排水方式均有一定的影响。在坡面组织中，由于屋顶坡面交接的不同而形成屋脊（正脊）、斜脊、斜沟、檐口、内天沟和泛水等不同部位和名称。水平的内天沟构造复杂，处理不慎，容易漏水，一般应力求避免。

(3) 坡屋盖的构造

典型的坡屋盖的构造包括两大部分。一部分是由大梁、屋架、檩条、椽子、屋面板组成的承重结构部分；另一部分是由油纸、挂瓦条、顺水条、瓦等组成的屋面覆盖部分。坡屋盖的承重结构形式应根据建筑物的结构形式、对跨度的要求、屋面材料、施工条件以及对建筑形式的要求等因素综合决定。

(4) 坡屋盖的结构系统

坡屋盖结构大体可分为三类支承结构系统，即檩式、椽式、板式。

1) 檩式屋盖结构

檩式屋盖结构是以檩条作为屋面主要支承结构的结构系统，檩条也被称为桁条，实际上是水平搁置的小梁。檩条是建筑纵向水平搁置在屋架或山墙上的屋面支承梁。它的上面一般采用屋面板（这时称无橼屋盖）或橼子加屋面板（不用屋面板也可以。不设屋面板的屋盖被称为楞摊瓦屋盖）作为屋面的承重基层。

（A）檩条的类型　檩条的间距大小与屋面板的厚薄或椽子的截面尺寸等有关。采用屋面板（一般为木板）者，檩条间距约为 700~900mm；屋面板与檩条之间采用椽子时，檩条间距可适当放大至 1000~1500mm。檩条一般用圆木或方木，也可采用预制钢筋混凝土檩条或轻钢檩条。檩条的用料尺寸应按结构计算决定，注意防止檩条产生过大的挠曲。通常在采用屋面板的屋盖中，当山墙（或屋架）间距为 3~4m 左右时，圆木檩条的梢径约 100~120mm，方木檩条约（75~100）mm×（200~250）mm。采用木檩条要注意搁置处的防腐处理。一般在木檩条端头涂以沥青材料，并在搁置点下设混凝土垫块，以便分布荷载。

预制钢筋混凝土檩条断面有矩形、L 形和 T 形等。为了在檩条上钉屋面板，常在檩条上顶面外伸细钢筋固定设置木条。木条断面呈梯形，尺寸约 40~50mm 对开。

轻钢檩条多为冷轧薄壁型钢或以小型角钢与钢筋焊接而成的平面或空间桁架式结构。

（B）檩式屋盖的支承体系

（a）横墙支承　利用横墙砌成尖顶形状（最好在人字形墙顶设钢筋混凝土压顶）直接搁置檩条以承受屋盖荷载。这种做法技术简单，构造及施工均很方便，但墙体太多建筑自重大，耗费材料多。

（b）屋架支承　一般采用三角形屋架，用来搁置檩条以支承屋盖荷载。通常屋架搁置在建筑纵向墙或柱墩上，使建筑的开间以相等间距布置。建筑开间的选择与建筑平面以及立面设计都有关系，大量性民用建筑通常采用 3~4.5m 较多；大跨度建筑可达 6m 或者更多。常用三角形屋架有木屋架、钢木屋架、钢屋架、钢筋混凝土屋架、钢与钢筋混凝土组合屋架多种。

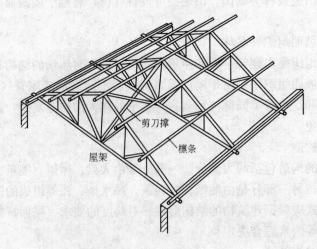

图 2-100　屋架支承檩条的屋盖

为了防止屋架倾斜，加强屋架的稳定性，应在屋架之间侧向设置支撑，常用的支撑为在每两榀屋架间设一道剪刀撑，方木支撑常用截面约 50mm×100mm。支撑用螺栓固定在屋架上下弦上。

典型的构造完备的黏土平瓦坡屋盖除了具备上述的屋架、檩条外，还设置有以下一些内容：

a) 椽子：当坡屋盖檩条间距较大时，一般垂直于檩条铺放椽子，椽子间距为300mm左右，甚至更少些，其截面尺寸为50mm×50mm的方木或φ50mm园木。

b) 屋面板：也叫望板，一般利用15～20mm厚的木板钉在椽子上。屋面板的接头应在椽子上，不得悬空。屋面板的接头应错开布置，不要集中在一根椽子上。为了使屋面板结合严密，可以做成企口缝。

c) 油纸：试验表明黏土平瓦上表面经雨水浸蚀3.5h，雨水就会渗透到瓦底，浸湿屋面板引起腐烂，雨水进而还会流入室内。为了避免这种情况产生，就需要在屋面板上表面设置防水材料。为此，一般在屋面板上表面可干铺油纸或油毡。油纸或油毡应平行于屋檐，自下而上铺设，纵横搭接宽度不小于100mm，遇有山墙、女儿墙或其他屋面突出物，油纸或油毡应沿墙上卷，钉在预先砌筑的木砖上，距屋面的高度应不小于200mm。

d) 顺水条：这是用钉穿过上述油纸或油毡钉在屋面板上的木条，断面为40mm×20mm，其目的是压油纸或油毡，其方向为顺水流方向，习惯称为"顺水条"。顺水条间距为400～500mm。

e) 挂瓦条：挂瓦条钉在顺水条上，与顺水条方向垂直，断面为30mm×30mm，其间距为与黏土平瓦的尺寸相适应，一般不大于345mm。

f) 黏土平瓦：黏土平瓦有青色、红色两种，宽：230mm；长400mm，各地不同产品略有变化。黏土平瓦有专设的黏土脊瓦相配套，尺寸为203mm×406mm。铺瓦时由檐口向屋脊铺挂。上层瓦搭盖下层瓦的宽度不得少于70mm，最下一层瓦应伸出封檐板50～70mm。一般在檐口及屋脊处，均应用20号钢丝将瓦拴在挂瓦条上。在屋脊处，用1：3水泥砂浆将脊瓦铺严。

2) 板式屋盖结构

这种坡屋盖以钢筋混凝土现浇板作为屋盖的基层结构构件，这种屋盖整体性好、空间刚度大、坚固耐用，钢筋混凝土板经防水处理后，使屋盖的防水更可靠。一般用在这种屋盖上的瓦片有机平瓦、小青瓦、琉璃瓦、混凝土瓦四种，分别形成机平瓦屋盖、小青瓦屋盖、琉璃瓦屋盖、混凝土瓦屋盖。

（十一）楼梯、台阶、坡道、电梯

建筑中位于不同高度的空间之间的联系，需要有上下交通设施，这些设施一般有楼梯、台阶、坡道、电梯、自动扶梯、爬梯等。电梯用于层数较多或有特种需要的建筑物中。设有电梯或自动扶梯的建筑，必须同时设置楼梯。

1. 楼梯

（1）概论

在建筑中楼梯要求坚固、耐久、安全、防火；做到上下通行方便，便于搬运家具物品，有足够的通行宽度和疏散能力；此外，对楼梯尚有一定的美观要求。

1) 楼梯的类型

建筑中楼梯的分类一般按以下原则进行：
(A) 按照材料分：钢筋混凝土楼梯、钢楼梯、木楼梯及组合材料梯等。
(B) 按位置分：室内楼梯、室外楼梯。
(C) 按使用性质分：主要楼梯、辅助楼梯、疏散楼梯、消防楼梯。
(D) 按梯梯间平面形式分：开敞楼梯、封闭楼梯、防烟楼梯。如图 2-101 所示。

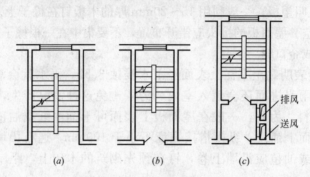

图 2-101 楼梯间平面
(a) 开敞楼梯间；(b) 封闭楼梯间；(c) 防烟楼梯间

(E) 按平面形式分：单跑直楼梯、双跑直楼梯、双跑平行楼梯、三跑楼梯、双合平行楼梯、双分平行楼梯、转角楼梯、双分转角楼梯、交叉楼梯、剪刀楼梯、弧形楼梯、螺旋楼梯。

楼梯的平面形式是根据使用要求、建筑功能、平面和空间特点以及楼梯在建筑中的位置等因素确定的。目前在建筑中应用较多的是双跑平行楼梯（又简称双跑楼梯）。其他如三跑楼梯、双分平行楼梯、双合平行楼梯等均是在双跑平行楼梯的基础上变化而成的。弧形楼梯、螺旋楼梯具有曲线美，对建筑室内空间具有良好的装饰性，适合于在公共建筑的门厅等处设置，但由于弧形曲线梯段、踏步又呈扇形对人流疏散有一定影响，如果用于紧急情况下的疏散则踏步尺寸等必须满足建筑防火规范的要求。

2) 楼梯的组成

通常情况下，楼梯由梯段、平台、栏杆（板）及扶手组成。

(A) 楼梯段 楼梯段是由斜板上设置若干个踏步构成的，每个踏步一般由两个相互垂直的平面组成。供人们行走时踏脚的水平面称为踏面，与踏面垂直面称为踢面。踏面和踢面的尺寸决定了楼梯的坡度。为了使人们上下楼梯时不致过度疲劳及保证每段梯段有明显的高度感。国家规定每个梯段的踏步数应在 3～18 步。两梯段之间的空隙称为楼梯井。公共建筑楼梯井的净宽不应小于 150mm，以显示空间气魄；有儿童经常使用的楼梯，当楼梯井净宽大于 200mm 时，必须采取安全措施，防止儿童坠落。

(B) 楼梯平台 楼梯平台是联系两梯段的水平构件，主要是为了解决楼梯段的转折处理，同时也供人在上下楼梯时在此稍事休息。平台分为两种：与楼层标高一致的平台称为楼层平台，位于两个楼层高度之间的平台称为中间平台。

(C) 栏杆（板）和扶手 为了使用安全和使用舒适，在梯段和平台的边缘一般设置栏杆（板）和扶手。栏杆（板）和扶手要承受人依扶的侧倚推力。

3) 楼梯的坡度

楼梯的坡度是指楼梯段沿水平面倾斜的角度。楼梯的坡度小，踏步相对平缓，行走就舒适。但楼梯段坡度小，它的水平投影面积就大，占地面积也大，就会增加投资，经济性较差。一般来说，人流集中、交通量大的建筑，楼梯段的坡度应小些。

楼梯的允许坡度在23°～45°之间，一般情况下把梯段坡度控制在38°内，30°是适宜的坡度。坡度大于45°，人已经不容易自如地上下，需要借助扶手的助力扶持，此时称为爬梯。由于爬梯对使用者的身体状况及持物情况有所限制，因此爬梯在民用建筑中并不多见，一般只在非公共区域供专职人员使用，坡度小于23°时，只需处理成斜面就可以解决通行问题，此时称为坡道。由于坡道占地面积较大，上下楼用的坡道一般只在医院建筑中才会出现。

4) 楼梯段及平台宽度

（A）楼梯段的宽度　楼梯段的宽度是根据楼梯通行人数的多少（设计人流股数）和建筑的防火要求确定的。通常情况下，作为主要通行用的楼梯，其梯段宽度应至少满足两个人相对通行，（即大于等于两股人流，每股人流按[0.55+(0～0.15)]m计算，其中0～0.15m为人在行进中的摆幅。非主要通行的楼梯，应满足单人携带物品通过的需要，梯级的净宽一般不应小于900mm。主要通行用楼梯梯段净宽不应小于1.10m。

梯段净宽是指扶手中心线至楼梯间墙面的水平距离。

（B）平台宽度　为了通行顺畅和搬运物品的需要，楼梯平台净宽不应小于梯段净宽，并且不小于1.20m。平台净宽是指扶手处平台的宽度，是从扶手中心线处起算的。

5) 踏步尺寸

踏步的踏面和踢面长度之比决定了楼梯的坡度。踏步尺寸决定楼梯通行的顺畅和舒适程度。一般认为，踏面的宽度应大于成年男子脚的长度，以使人在上下楼梯时脚可以全落在踏面上，以保证行走得舒适。踢面的高度取决于踏面的宽度。人登一级踏步跨越一个踏面宽度和一个踢面高度的距离，这相当在平地上跨越一步。因此踏面宽度和踢面高度尺寸宜与人的自然跨步长度保持一定关系，若过大过小，行走时均会感到不方便。计算踏面宽度和踢面高度一般利用下述两个经验公式：

$$2r+g=s=600\text{mm} \tag{2-1}$$

或

$$r+g=450\text{mm} \tag{2-2}$$

式中　r——踏步高度；

g——踏步宽度；

s——跨度量度，600mm为妇女及儿童跨步长度。

由于踏步的宽度往往受到楼梯间进深的限制，可以通过对踏步的细部进行适当变化，做到在不增加楼梯间进深的条件下增加踏面的宽度。如加做踏步挑边或使踢面前倾20mm（不能过大，过大人行走易绊倒），如图2-102所示。

螺旋或弧形楼梯的踏步平面通常是扇形的，对疏散不利，因此曲线形楼梯不宜用于紧急情况的疏散。只有当扇形踏步直线边线的夹角不大于10°，而且每级离扶手0.25m处的踏步宽度超过0.22m时，这些楼梯才可以用于疏散，如图2-103所示。

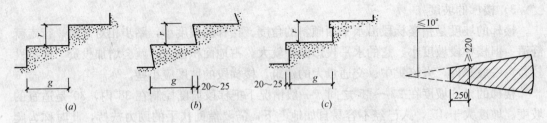

图 2-102 踏步前沿外伸尺寸
(a) 正常处理的踏步；(b) 踢面倾斜；(c) 加做踏步檐

图 2-103 可用于疏散的弧形踏步尺寸

6) 楼梯的净空高度

楼梯净空包括楼梯段间的净高和平台过道处的净高。楼梯的净空高度对楼梯的正常使用影响很大。

(A) 楼梯段间的净高是指梯段间的净空高度，即下层梯段踏步前缘至其正上方梯段下表面的竖直距离。梯段间的最少允许净高要求与人体尺寸及通行要求、梯段的坡度有关，一般为 2.20m，如图 2-104 (a) 所示。

(B) 楼梯平台过道处净高是指平台过道楼地面至上部结构最低点（通常为平台梁）的竖直距离。平台过道处最少允许净高也与人体尺寸及通行要求有关，一般为 2.00m，如图 2-104 (a) 所示。

楼梯踏步起止踏步前缘与顶部凸出物内边缘线的水平距离不应少于 0.3m，如图 2-104 (b) 所示。

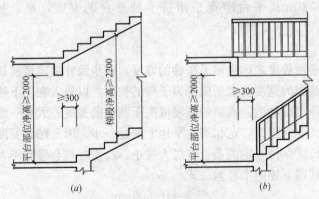

图 2-104 梯段、平台、踏步起止步净空要求
(a) 梯段、平台净空要求；(b) 踏步起止步净空要求

由于一般民用建筑的层高均 2.8m 以上，而楼梯段间的净高与房间净高相差不大，所以可满足净空不小于 2.20m 的要求。通常情况下，楼梯的中间平台设在楼层高度的 1/2 处。在普通住宅中，楼梯常采用双跑平行楼梯，在楼层处的相邻中间平台间的净空高度可以达到或接近建筑层高的尺寸；但在底层第一个休息平台底到楼梯间地面之间的净空就难达不小于 2.00m 的要求。为了使第一个中间平台下作为过道成为多层住宅的入口，这里的净高必须不小于 2.00m。为此，主要采用两个方法：

(a) 在建筑室内外高差较大的前提下，降低第一个中间平台下过道处地面标高。但这种方案需要将建筑的室内外高差增加很多，等于是将建筑底层向上抬，升高了建筑的总高度，经济上是不可取的。

(b) 增加第一楼梯段的踏步数，加长第一跑梯段，升高第一中间平台的高度，从而使第一中间平台满足人通行要求。

7) 栏杆（板）和扶手

楼梯栏杆（板）和扶手是梯段的安全设施。当梯段升高的竖直高度大于 1.0m 时，就应当在梯段的临空一侧设置栏杆（板）扶手。一般楼梯至少应在梯段临空一侧设置栏杆（板）扶手，楼梯段净宽达三股人流宽时，应两侧设扶手，四股人流时应在梯段宽度当中加设栏杆（板）扶手。

楼梯栏杆（板）和扶手是与人体尺寸关系密切的建筑配件，应合理确定扶手高度。扶手高度是指踏步前缘至上方扶手中心线的竖直距离。一般室内楼梯扶手高度不应小于 0.9m，室外楼梯扶手高度不应小于 1.05m；高层建筑室外楼梯扶手高度不应低于 1.10m。水平栏杆（板）长度超过 0.5m，其高度不应小于 1.05m。

楼梯栏杆（板）、扶手应选用坚固、耐久的材料制作，并且有一定的强度和抵抗侧面推力的能力。栏杆（板）、扶手又是建筑室内空间的重要组成部分，应充分考虑栏杆（板）、扶手对室内空间的装饰效果，应具有美观的形象。

(2) 钢筋混凝土现浇楼梯构造

因为钢筋混凝土楼梯的耐火和耐久性能均好于木材与钢材，且钢筋混凝土现浇楼梯整体性好，抗震能力强，因此钢筋混凝土楼梯在民用建筑中大量采用。

现浇钢筋混凝土楼梯的梯段和平台是整体浇筑在一起的。现浇钢筋混凝土楼梯分成板式和梁式两种。

1) 板式楼梯

板式楼梯的构造基本原理是：楼梯段相当于是一块斜放的现浇板，在这块斜放的平板上以混凝土构筑踏步。梯段板的两端是平台梁，平台梁水平搁置在墙（柱）上，平台梁支承梯段板。平台梁的间距即为梯段板的跨度。板式楼梯梯段板的底面平整，施工方便。但板式楼梯的跨度（平台梁的间距）比楼梯板的宽度要大很多，因此相对来说梯段板的跨度较大，板厚要求就大。建筑层高较大的建筑，楼梯平台梁的间距往往也较大，这种情况下，如做板式楼梯，则梯段结构板的厚度就要求大，经济性就不好。因此板式楼梯适用于层高较小、荷载较小的建筑，如住宅等。

有时为了保证第一平台下过道处的净空通行高度，可以取消板式楼梯的平台梁，这种板式楼梯称为折板楼梯，此时楼梯折板的跨度为梯段水平投影长度与梯段两端平台深度尺寸之和。

2) 梁式楼梯

梁式楼梯在楼段两侧设置斜置的斜梁（称为楼梯梁），由楼梯梁支承踏步板进而支承梯段上的全部荷载，楼梯梁搁置在两端平台梁上。梁式楼梯平台梁的间距即为楼梯梁的跨度。由于通常楼梯段的宽度小于梯段的长度，因此，踏步板的跨度相对来说就比较小，踏步板的厚度就不需要很大，经济性较好。梁式楼梯适用层高较大的建筑，如商场、教学楼等公共建筑。梁式楼梯增加了楼梯梁的施工，比较麻烦。

一般情况下，梁式楼梯的楼梯梁应当设置在梯段两侧。有时为了造型等需要，个别楼梯的楼梯梁设在梯段宽度的中部，踏步板向两侧悬挑受力。

梁式楼梯的楼梯梁一般暴露在踏步板的下面，从梯段侧面就可看见踏步，俗称为明步楼梯。也可以将楼梯梁反设到踏步板上面，从梯段侧面看不见踏步，称为暗步楼梯，这种楼梯要增加楼梯间的开间尺寸。

(3) 楼梯的细部构造

1) 踏步的面层和细部处理

踏步供人践踏，面层应平整、耐磨，不能过于光滑，以免人登梯滑倒。一般认为，凡是可以用来做室内楼地面面层的材料，均可用来做踏步面层。如水泥砂浆，水磨石、地面砖、天然石材等。公共建筑楼梯踏步面层常与走廊地面面层材料相同。踏步面层要便于清扫，并且应当具有装饰效果和较好的经济性。

人行走在踏步上容易滑跌，因此在踏步前缘应有防滑措施——设置防滑条，这样也可以提高踏步前缘的耐磨程度，起到保护作用。

2) 栏杆（板）和扶手

栏杆比较通透，而栏板比较大气，各有所长。楼梯栏杆多用金属材料制作，如钢材、铸铁、不锈钢、黄铜等。楼梯栏板可用有机玻璃、钢化玻璃、金属板等制作。为了安全，栏杆（板）与扶手应坚固，栏杆竖直构件之间的净间距应不大于110mm，少设或不设水平杆件，以防儿童攀登造成危险。栏杆（板）与梯段及扶手必须有可靠的连接。

扶手可以用优质硬木、金属型材、工程塑料等制作。室外扶手选用材料应防水，以免受水后变形、开裂、腐烂。扶手表面要光滑、圆顺、手感好、美观。绝大多数楼梯扶手上下梯段之间连续设置，接头处应仔细处理，使之平滑光顺过渡。上下梯段的扶手在转弯处往往存在高差，应进行调整处理。当上下梯段在同一位置起步时，可以将楼梯处的横向扶手倾斜（少数工程中也可断开）设置。如果将平台栏杆外伸1/2踏步或上下梯段错开一个踏步，就可实现转折处扶手平顺连接，但这种做法使栏杆（板）扶手占用平台空间较多，虽美观大方，但不够经济。

2. 台阶与坡道

由于建筑室内外地坪存在高差，以及建筑室内楼地面和同层楼地面不同部位出现高差，需要在建筑入口处和室内楼地面某些部位设置台阶和坡道，作为相邻高低水平面处的过渡。在建筑的入口，有时会把台阶和坡道组合在一起，如图2-105所示。台阶和坡道不许突出道路红线。

(1) 台阶

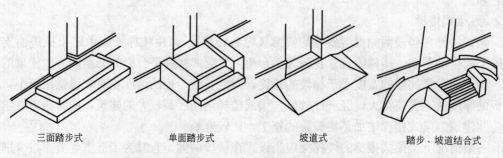

图2-105 台阶与坡道形式

台阶由踏步和平台组成。台阶的坡度应比楼梯小，踏步的高宽比一般为1∶2～1∶4，通常踏步高度为100mm左右，宽度为300～400mm。平台设置在出入口与踏步之间，起缓冲作用。平台深度一般不小于900mm，为防止雨水的积聚或溢入室内，平台面应比室内地面低20～60mm，并向外找坡0.5%～1%，以利排水。室外台阶的形式有单面踏步式、三面踏步式、单面踏步带垂带式或方形石及花池等形式，具体选用要根据建筑级别、功能及周围环境而定。

为了满足使用要求，台阶顶部平台的宽度应大于所连通道的门洞宽度，一般至少每边宽出500mm。人员密集场所，台阶的高度超过1.0m时，宜有护栏设施。观众厅疏散出口门外1.40m范围内不能设台阶踏步。室内台阶踏步数不应少于2步。台阶的踏步应充分考虑雨、雪天气时的通行安全，宜用防滑性能好的面层材料。

台阶的构造为实铺和空铺两种，大多数采用实铺。实铺台阶的构造与室内地坪的构造差不多，包括基层、垫层和面层。室外台阶应坚固耐磨，具有较好的耐久性、抗冻性和抗水性。台阶按材料不同，有混凝土台阶、石台阶和钢筋混凝土台阶等。其中混凝土台阶应用最普遍。混凝土台阶由面层、混凝土结构层和垫层组成。面层可以采用水磨石、水泥砂浆等材料，也可采用缸砖、陶瓷锦砖、天然石材等；混凝土结构层下要设碎石层；基层为素土夯实，如图2-106所示。

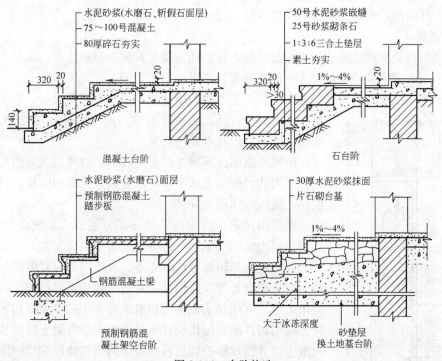

图2-106 台阶构造

台阶在构造上要注意对变形的处理。由于台阶底下的土层在施工基础时已被开挖松动，因而台阶一般建在松动的回填土之上，加上热胀冷缩、冰冻等都有可能造成台阶变形，造成台阶与建筑主体承受荷载和沉降方面差异较大，因此大多数台阶在结构上和建筑主体分开。一般都在建筑主体完成后再进行台阶施工。在台阶与建筑相接处设置缝隙，让两者自由沉降，在极少数要求较高的工程中，也有从建筑主体外伸挑梁，将台阶支承在挑梁上的，或在台阶下设基础，将台阶基础与建筑主体基础连成整体的做法，但造价较高。

(2) 坡道

坡道按用途的不同可分行车坡道和行人坡道。行车坡道又可分为普通行车坡道和回车坡道两种。回车坡道与台阶组合布置常用在大型公共建筑入口处。

坡道的坡度一般与建筑的室内外高差及坡道面层处理方法与通行要求有关，光滑材料坡道坡度不大于 1∶12；粗糙材料坡道（包括设置防滑条的坡道）坡度不大于 1∶6，带防滑坡道坡度不大于 1∶4，常用坡道坡度值为 1∶6；1∶8；1∶10；1∶12。

回车坡道的宽度与坡道半径及车辆规格有关，坡道的坡度应不大于 1∶10。

供残疾人轮椅通行的坡道，宽度不应小于 0.90m，当坡道的高度超过 0.75m，水平投影长度超过 9.0m 时，应在坡道中部设休息平台，休息平台的深度不应小于 1.20m；坡道在转弯处应设休息平台，其深度不应小于 1.50m，在坡道的起止部位应设深度不小于 1.50m 的轮椅缓冲平台；坡道两侧应在离坡面 0.90m 高度处设扶手，两段坡道之间的扶手应保持连贯；坡道起止处的扶手应水平延伸 0.3m 上；坡道两侧临空时，在栏杆下端坡面以上应设高度不小于 50mm 的安全栏条。

坡道一般采用实铺构造，构造要求与台阶基本相同。但在医院等建筑中用于代替楼梯的坡道，其结构与构件做法基本与楼梯同。

3. 电梯

电梯与自动扶梯是电动竖直交通设施，它们的安装与调试一般由生产厂家或专业公司负责。不同厂家提供的设备尺寸、规格和安装要求均有所不同。

电梯是多层及高层建筑中常用的供人上下楼和搬动物品使用的建筑设备，为了满足疏散和防火的需要还设置消防电梯。消防电梯在防排烟、排水、安全保证等方面有更高的要求。

电梯根据用途不同可以分为客梯、货梯、客货两用梯等多种；根据动力拖动方式不同可以分为交流拖动电梯、直流拖动电梯、液压电梯等多种。

电梯由井道、机房和轿箱三部分组成，如图 2-107 所示。其中轿箱由电梯厂生产，并由专业公司负责安装。

井道是电梯轿箱运行的通道。井道内部设置电梯导轨、轿箱运行平衡配置等运行配件，井道壁在楼地层部位设乘客及物品出入口。电梯井道在多层建筑中可采用砌体墙结构和钢筋混凝土墙结构；而高层建筑井道只能是钢筋混凝土墙结构。钢筋混凝土墙井道对维护和加强建筑结构的整体性和空间刚度可起一定作用。电梯井道内不允许布置与电梯无关的管线。速度不小于 2m/s 的载客电梯，井道顶部和底部设置不小于 600mm×600mm 带百叶的通风洞。为了便于电梯运行和检修，井道内安装电梯运行配件和井道底部设置缓冲器，井道的顶部应当留有足够的空间，底部应设置地坑。电梯井有关部分应设置各种预埋件和预留孔洞。电梯及井

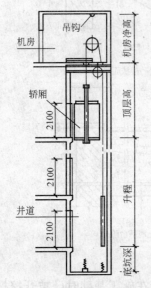

图 2-107 电梯组成

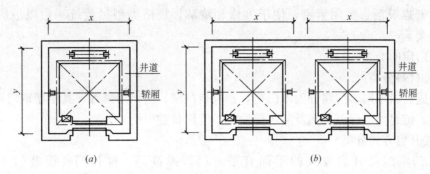

图 2-108 电梯及井道平面
(a) 单台电梯井道；(b) 两台电梯井道

道平面如图 2-108 所示。

电梯井道出入口门套的装修一般要求较高。电梯出入口楼地面应设置地坎，并向电梯井道内挑牛腿，如图 2-109 所示。

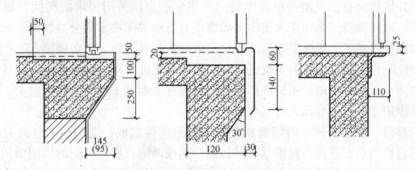

图 2-109 牛腿、地坎构造

电梯机房一般设在电梯井道的顶部，也有少数电梯把机房设在井道底层的侧面（如液压电梯）。机房的平面与剖面要满足布置电梯机械和电控设备的需要，并留有足够的管理、维护空间，同时要布置设备及设施将机房室内温度控制在设备的运行允许的范围之内，造成机房的面积要大于井道的面积，机房平面要以井道平面为基础向井道侧面两个方向伸展。通往机房的通道、楼梯和门的宽度应不小于 1.20m。

由于电梯运行设备噪声较大，会对井道周边房间产生影响。居住建筑中卧室、客厅不要紧贴电梯井道。为了减少噪声，往往在井道顶机房下设置隔声层。

（十二）门　窗

1. 门窗的要求、类型及洞口尺寸

（1）门窗的要求

门和窗是建筑中的两个重要的围护配件。门的主要作用是通行与疏散，也兼采光和通风、分隔与联系建筑空间等作用；窗的主要作用是采光通风及观察眺望。作为围护配件，门与窗应具有一定的保温隔热、隔声、防火、防水、防风沙及防盗保安等作用。此外门窗是建筑立面造型和室内装饰的重要组成部分，门窗的大小、数量、形状及排列组合方式等对建筑造型和装饰效果均有一定的影响。门窗应注意做到坚固耐久、造型美观、开启灵活、关闭紧密,便于维修和清洁,规格类型尽量统一,以适应建筑工业化的需要。

(2) 门窗的类型

1) 按材料分类

按组成材料不同,门窗分为木门窗,铝合金门窗、塑钢门窗等。其中塑钢门窗具有良好的密封、抗腐蚀、保温隔热及隔声等性能,应用日益广泛。

2) 按开启方式分类

(A) 门　门按开启方式的不同有平开门、弹簧门、推拉门、折叠门、转门等几种。

(a) 平开门　平开门是水平开启的门,它的铰链装于门扇的一侧与门框相连,使门扇围绕铰链轴转动,其门扇有单扇、双扇和内开、外开之分。平开门构造简单,开启灵活,加工制作简便,易于维修,是最常见、使用最广泛的门。

(b) 弹簧门　弹簧门也是水平开启的门,只是在门扇侧边用弹簧合页或地弹簧代替普通铰链、开启后能自动关闭。单向弹簧门常用于有自动关闭要求的房间,如卫生间的门、纱门等;双向弹簧门多用于人流出入频繁或有自动关闭要求的公共场所,如公共建筑门厅。双向弹簧门扇上一般要安装玻璃,供出入的人相互观察,以免碰撞。

(c) 推拉门　推拉门通过上下轨道,左右推拉滑动进行开关,有单扇和双扇两种,开启后占用空间少,受力合理,不易变形,但门扇在开关时难于密封,构造复杂。在人流较多的场所可以用光电式或触动式自动启闭推拉门。

(d) 折叠门　由几个较窄的门扇相互间用合页连接而成,适用两个空间有时需连通的场所。开启后门扇折叠在一起推移到洞口的一侧或两侧,少占房间的使用面积。简单的折叠门,可以只在门扇侧边安装铰链,复杂的还要在门上边或下边装设导轨及转动五金零件。

(e) 转门　由三扇或四扇门扇连成风车形,固定在中轴上,可在弧形门套内水平旋转。门扇旋转时,有两扇门的边挺与门套接触可阻止内外空气对流。它可以作为人员进出频繁且有采暖或空调设备的公共建筑的外门。转门由于使建筑内外空间始终没有非常直接的连通,而且一人通过要受其他的人或转动装置的约束限制难以随心所欲,客观上对防止抢劫等起到很大作用。转门构造复杂,造价较高。

此外,还有上翻门、升降门、卷帘门等形式,一般适用于门洞口较大、有特殊要求的门。

在功能方面有特殊要求的门有保温门、隔声门、防火门、防盗门等。

防火门除按耐火极限可分为甲、乙、丙三级防火门(甲级为 1.2h,乙级为 0.9h,丙级为 0.6h)外,还可分为钢质、木质、钢木复合材料防火门及防火玻璃门;单扇(左开、右开)、双扇、卷帘防火门;镶玻璃、不镶玻璃、半玻、全玻防火门;带亮窗、不带亮窗及防火防盗门。防火门的型号、品种众多,其中部分重要参数可通过代号中的数据、字符体现,图 2-110 为防火门代号示意图。如 GFM-1521-1SK 甲-2,表示:钢质甲级双扇防火门,洞口宽 1500mm,高 2100mm,门扇上带有防火玻璃,双槽口门框有下框。防火门应是向疏散方向开启的平开门,并在关闭后能从任何一侧手动开启。用于疏散走道、楼梯间和前室的防火门,应具有自行关闭的功能。双扇和多扇防火门,

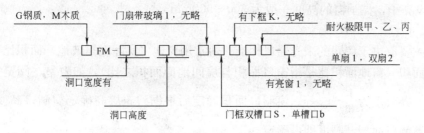

图 2-110 防火门代号示意图

还应具有按顺序关闭的功能。常开的防火门,当发生火灾时,应具有自行关闭和信号反馈的功能。

(B) 窗 依据开关方式不同,常见的窗有以下几种。

(a) 平开窗 平开窗是窗扇用合页与窗框侧边相连可水平开启的窗,有向内、向外两种水平开启方向。外开窗开启后,不占室内空间,雨水不易流入室内,但易受室外风吹、日晒、雨淋影响,且安装修理不方便;内开窗性能正好相反。平开窗构造简单,制作、安装和维修方便,采用最广。

(b) 悬窗 根据合页和转轴的位置不同,可分为上悬窗、中悬窗和下悬窗。上悬窗合页安装在窗扇的上边,一般向外开,防雨好,多用作外门和窗上的亮子。下悬窗合页安装在窗扇的下边,一般向内开,通风较好,不挡雨,不能用作外窗,一般可用作内门上的亮子。中悬窗是在窗扇两边中部装水平转轴,窗扇绕水平轴旋转,开启时窗扇上部向内、下部向外,对挡雨、通风有利。并且开启易于机械化,故常用作大空间建筑的高侧窗,上下悬窗联动,也可用于靠外廊的窗。

(c) 立转窗 是在窗扇上下两边设竖直转轴,转轴可设在中部或侧在一侧,开启时窗扇绕转轴竖直旋转。立转窗开启方便,通风采光好,但防雨和密闭性较差。

(d) 推拉窗 分竖直推拉窗和水平推拉窗两种,窗扇是沿水平或竖向导轨或滑槽推拉,开启时不占用室内外空间。推拉窗不能实现所有窗扇都开启,通风效果受到影响。

(e) 固定窗 无窗扇,将玻璃直接安装在窗框上,不能开启,只供采光和眺望,多用于门的亮子或与开启窗配合使用,用在不需开启部位。

另外还有集遮阳、防晒及通风等多种功能于一体的百叶窗、滑轴窗、折叠窗等。

窗按层数可分为单层窗和多层窗。

(3) 门窗的洞口尺寸

1) 门洞口尺寸

一栋建筑或一个房间门的数量、位置和洞口尺寸的确定,应保证在正常情况下人员、物品出入方便,在非正常情况下能迅速疏散。一般公共建筑的安全出入口不少于两个,当房间面积不超过 60m²,使用人数不超过 50 人时,可只设一个出入口。

门洞尺寸是指门洞口的高度和宽度尺寸。门洞口尺寸应保证使一般人能正常通过和搬运家具、设备的需要,一般洞口宽度要不小于 700mm,洞口高度不应小于 2000mm。通常单扇门的洞口宽度为 700~1000mm,双扇门为 1200~1800mm,当洞口宽度大于或等于 3000mm 时,应设四扇门。门洞口高度一般为 2000~2100mm,当洞口高度大于等于

2400mm 时，应设亮子，亮子窗的高度一般为 300~900mm。

2) 窗洞口尺寸

窗洞口尺寸主要取决于房间的采光通风标准。通常用窗地（实际上是玻地）面积比来确定房间的窗口面积（窗地面积比是指窗口面积与房间地面面积之比），如教室、阅览室为 $\frac{1}{6} \sim \frac{1}{4}$；居室、办公室为 $\frac{1}{8} \sim \frac{1}{6}$ 等。窗洞口面积确定后根据建筑层高确定窗洞口高度，窗洞口宽度根据窗洞口面积、高度即可确定。

窗洞口的高度与宽度尺寸通常采用扩大模数数列作为洞口标志尺寸，一般洞口高度为 600~3600mm。考虑强度、刚度、构造、耐久和开关方便，洞口高度为 1500~2100mm 时设亮子窗，亮子窗的高度一般为 300~600mm。洞口高度大于或等于 2400mm 时，可将窗组合成上下扇窗。窗洞口宽度一般为 600~3600mm，根据建筑造型的需要可达 6000mm，或更大。

门窗有标准（或通用）图集可供选用。

2. 木门窗

(1) 木门

门主要由门框、门扇和建筑五金零件组成。门框由上槛、边框组成，门上部设亮子时设中横框，有两扇以上门扇的门框内应设中竖框，一般门的门框不设下槛（或称门槛）。设门槛有利于保温、隔声、防风雨、防鼠虫；无门槛有利于通行和清扫。门扇一般由上冒头、中冒头、下冒头和边挺等组成。建筑五金零件主要有合页（又称铰链或折页）、门锁、插销、拉手和闭门器等。

(2) 木窗

窗主要由窗框、窗扇和建筑五金零件等组成。窗框又称窗樘，一般由上框、下框及边挺组成。在有亮子窗或横向窗扇较多时应设置中横框和中竖框。窗扇由上冒头、窗芯（亦称窗棂）、下冒头及边挺组成。主要零件有合页、风钩、插销、拉手、导轨、转轴和滑轮等。为满足不同功能要求，有时需设置贴脸、窗帘盒、窗台板等配件。

3. 铝合金门窗

铝合金窗质量轻、强度高、密闭性好、耐腐蚀，表面经过氧化处理即可保持铝材的银白色，也可制成带各种柔和色彩或带色花纹（如古铜色、暗红色、金黄色、黑色等）表面的型材，铝合金窗色泽牢固、不褪色，便于工厂或现场加工，维修费用低而受到重视。但铝合金型材的导热率大，保温隔热性能差，铝的生产需耗费大量的电能，应用受到一定限制。为了改善铝合金门窗的热工性能，目前已开发出一种采用内外铝合金中间夹塑料型材的新型门窗型材。铝合金窗有平开窗、固定窗、推拉窗等多种，目前用得最多的是推拉窗。

(1) 推拉窗

铝合金推拉窗有沿水平方向左右推拉和沿竖直方向上下推拉的窗，常采用水平推拉窗。常用铝合金型材有 55 系列、60 系列、70 系列、90 系列等，采用 90°开榫对合，螺钉连接成型。玻璃视面积大小、隔声、保温隔热等要求而选用，可选择 3~8mm 厚的普通平板玻璃、热反射玻璃、钢化玻璃、夹层玻璃或中空玻璃等。玻璃安装采用橡胶压条或硅酮密封胶密封。窗框与窗扇中挺、边挺相接处，设置塑料块或密封毛条，使框扇结合部密

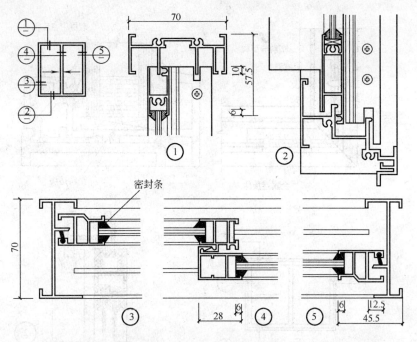

图 2-111 水平推拉铝合金窗

封。窗扇采用两组带轴承的工程塑料滑轮，可减轻噪声，使窗扇受力均匀，开关灵活，如图 2-111 所示。

（2）地弹簧门

地弹簧门是使用地弹簧作开关装置的平开门，门可以向内或向外开启。铝合金地弹簧门可分为无框地弹簧门和有框地弹簧门。

地弹簧门向内或向外开启不到 90°时，门扇能自动关闭；开启到 90°时门扇可固定不动。门扇玻璃应不小于 6mm 厚的钢化玻璃或夹层玻璃。地弹簧门通常采用 70 系列和 100 系列门用铝合金型材。

4. 塑钢门窗

塑钢门窗是一种在推广使用的新型建筑门窗，它是以聚乙烯（PVC）为主要原料，添加适量助剂和改性剂，挤压成各种截面的空腹异型材组合而成。所以也称为 PVC 塑料门窗。由于用于门窗的纯塑料型材的变形大、刚度差，现在一般在塑料型材内腔加入合金钢型材，增加型材抗弯等变形能力，形成塑钢门窗，如图 2-112 所示。

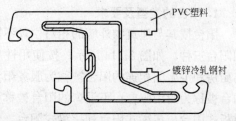

图 2-112 塑钢共挤型材断面

塑钢门窗的组装多用组角与榫接工艺。考虑到 PVC 塑料与钢衬的收缩不同，钢衬的长度应比塑料型材长度短 1～2mm，能使钢衬较宽松地插入塑料型材空腔中，以适应温度变形。组角和榫接时，在钢衬型材的内腔插入金属连接件，用自攻螺钉直接销紧形成闭合钢衬结构，使整窗的强度和整体性及刚度大大提高，如图 2-113 所示。

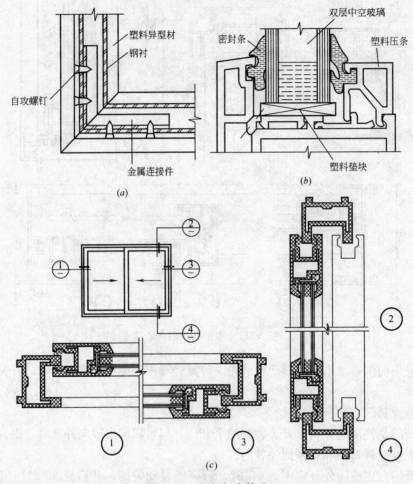

图 2-113　塑钢门窗构造

（十三）阳台与雨篷

阳台几乎是多层、高层居住建筑楼层住户不可缺少的室内外过渡空间，它紧贴外墙，空气流通，视野开阔。人们可以在阳台上眺望、休息、晾晒衣物和从事家务活动。

1. 阳台的类型及要求

阳台按其与建筑物外墙的相对位置不同分为凸阳台（又称挑阳台）、凹阳台、半挑半凹阳台三种，如图 2-114 所示。按使用性质不同分，与客厅相连的阳台被称为生活阳台，与厨房和卫生间相连的阳台被称为服务阳台。按使用条件不同分，阳台拦板扶手上设窗的阳台被称为封闭阳台；不设窗的阳台被称为开敞阳台。按结构形式不同，有搁板式阳台、挑板式阳台、压梁式阳台和挑梁式阳台，如图 2-115 所示。凹阳台实际上是将楼板一部分分隔出来作为阳台用，它的结构布置与楼板相同，比较简单。上述的搁板式阳台将阳台底板搁在阳台两侧的墙上，在结构原理上属于凹阳台。

阳台应满足安全、适用、坚固、耐久的要求。挑阳台出挑宽可达 1800mm，甚至必要时还有 2100mm 或更大的。挑阳台在结构上属悬挑构件，无论在施工还是使用阶段都必

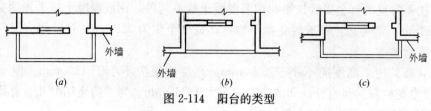

图 2-114 阳台的类型
(a) 挑阳台；(b) 凹阳台；(c) 半挑半凹阳台

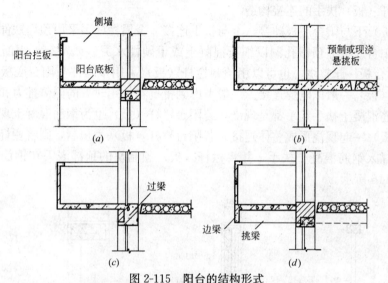

图 2-115 阳台的结构形式
(a) 搁板式阳台；(b) 挑板式阳台；(c) 压梁式阳台；(d) 挑梁式阳台

须保证其在不同阶段有关荷载作用下不致倾覆。挑阳台不致倾覆的关键在于其悬挑底板或支承底板的悬挑梁能获得足够的压重。

挑板式阳台是利用楼板挑出外墙表面成悬挑阳台，压在室内的楼板保证了阳台底板的稳定。

压梁式阳台为梁板整合作为一个构件整浇在一起，梁在建筑外墙（大多为纵向外墙）内，板挑出。阳台梁可兼作洞口过梁、圈梁，为防止阳台底板压重不足，可将阳台梁与圈梁或楼板整浇在一起。

挑梁式阳台由阳台两端的横墙（在极小情况下为纵墙）向外挑梁，在挑梁上搁板，在大多数建筑中挑梁与阳台底板一起现浇，挑梁式阳台挑出长度可适当大一些。为了抵抗倾覆，挑梁压入墙内的长度一般不应小1.5倍的悬挑长度。为避免挑梁端头外露影响立面，可在挑梁端头处设边梁。挑梁一端压在室内的墙中，另一端暴露在室外，容易形成冷桥，对建筑保温不利。但综合多种因素，目前挑梁式阳台被广泛采用。

2. 阳台的细部构造

(1) 栏杆（板）的形式

栏杆（板）与扶手是阳台的安全保护构件，既可供人们倚栏远眺，又可丰富建筑立面。因此，栏杆（板）与扶手应坚固安全、造型美观。

阳台栏杆（板）的形式应考虑地区特点和造型要求，有空心栏杆、实心栏板及组合式栏杆。按材料不同可分为金属栏杆、钢筋混凝土栏杆（板）等多种。

阳台扶手常见的有金属管扶手和钢筋混凝土扶手两种，钢筋混凝土扶手顶面宽度一般不少于120mm，若考虑上面放置花盆等物，其宽度至少为250mm，且外侧应设挡板，以防花盆等重物坠落。

栏杆（板）扶手高度应不小于1050mm。高层建筑应不小于1100mm。但不宜超过1200mm。空花栏杆的竖直杆件间的净距应不大于110mm。为了防止幼龄儿童登攀，在栏杆高度范围，栏杆间不要设置水平杆件。

（2）栏杆（板）扶手的连接构造

栏杆（板）下与阳台底板连接，上与扶手连接。金属栏杆多采用预埋铁件与阳台底板焊接，或在阳台底板上预留孔洞以细石混凝土或干硬性水泥砂浆窝牢。钢筋混凝土栏杆（板）可与阳台板一起整浇，也可以用预制栏杆（板）采用预埋件与阳台底板焊接。金属扶手与栏杆（板）一般以电焊连接。一般考虑到抵抗在使用时人的侧倚推力和整体性的需要，阳台钢筋混凝土扶手几乎都是现浇，若阳台栏杆（板）也为钢筋混凝土现浇，这时扶手和栏杆（板）一起现浇形成整体连接；若阳台栏杆（板）为预制，则将栏杆（板）预制块外伸钢筋锚入钢筋混凝土扶手，并将栏杆（板）预制块的顶部嵌固在钢筋混凝土扶手内，如图2-116所示。

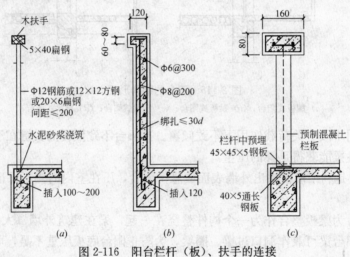

图2-116 阳台栏杆（板）、扶手的连接
（a）水泥砂浆浇筑；（b）整体现浇；（c）焊接

（3）扶手与墙的连接

为了使用安全牢固，必须切实加强扶手与墙的连接。多采用墙内预留孔，将扶手或扶手中的钢筋铁件伸入孔中，填混凝土嵌固，或与墙上预埋铁件焊接。

3. 雨篷

雨篷是设置在建筑室外门窗洞顶上部，用来遮挡雨水，保护外门窗免受雨水侵蚀的水平构件。雨篷对建筑立面造型影响较大，是建筑立面重点处理的部位。

雨篷的受力情况和结构形式与挑阳台相似，多为钢筋混凝土悬挑构件，要注意防止倾覆，雨篷常为压梁式，压在墙内的雨篷梁兼作洞口过梁或圈梁。为了装饰建筑立面和有组织排水的需要，常将雨篷板的外沿向上翻起。对于一些进门等处的大型雨篷来说，结构采用压梁式是难以解决雨篷板倾覆问题的，这种情况下，雨篷结构可做成挑梁式——挑梁从门厅两侧墙体挑出或由室内进深方向的梁直接挑出。为使板底平整，可将挑梁上翻形成反梁结构。某些建筑底层入口的大型雨篷也有设立落地柱子来支撑雨篷板，形成门廊式雨篷。雨篷构造如图 2-117。

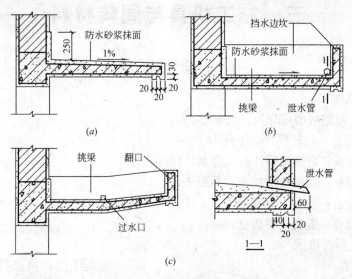

图 2-117 雨篷构造

三、施工机具与周转材料

(一) 施 工 机 械

1. 混凝土机械

各种混凝土施工机械可分为：
(A) 配料设备：杠杆秤，电子秤。
(B) 搅拌设备：自落式搅拌机，强制式搅拌机。
(C) 运输设备：混凝土搅拌车，混凝土泵。
(D) 振动设备：混凝土振动器。
(E) 喷射设备：混凝土喷射机。

(1) 混凝土搅拌机械

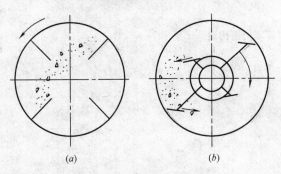

图 3-1 搅拌机工作原理
(a) 自落式搅拌机；(b) 强制式搅拌机

混凝土搅拌机按其搅拌原理可分为自落式和强制式两大类，如图 3-1 所示。

自落式搅拌机已有相当长的历史。这种搅拌机是靠物料从一定高度落下进行拌合。图 3-1 (a) 是这种搅拌机的工作简图。搅拌机的主要工作部分是一个水平搁置的圆筒。圆筒内装有径向叶片，工作时圆筒绕其轴线转动，装入筒内的物料被叶片带至一定高度，然后靠自重落下，如此反复进行。图 3-1 (b) 是强制式搅拌机的工作简图。这种搅拌机的主要工作部分是一个圆盘，在盘内装有若干沿盘内圆弧线运动的叶片。装在盘内的物料在叶片的挠动下，形成交叉的料流，进行搅拌。这种搅拌方法比自落式剧烈，它适用于搅拌干硬性混凝土。含有轻骨料的混凝土也必须用强制式搅拌机搅拌。因为在自落式搅拌机中，轻骨料落下时所产生的冲击能量太小，不能产生很好的搅拌作用。

1) 鼓筒式搅拌机

JG250 型搅拌机是我国建筑中应用最广的一种搅拌机。这种搅拌机的出料容量为 0.25m³，进料容量为 400L。所以，过去都称之为 400L 搅拌机。

JG250 型搅拌机由搅拌筒、进料机构、出料机构、原动机和传动系统、配水系统以及底盘等部分组成。

2) 涡浆式强制搅拌机

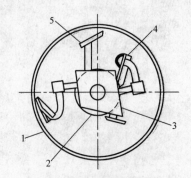

图 3-2 涡浆式搅拌机简图
1—外环；2—内环；3—转子；
4—拌合铲；5—刮刀

图3-2是涡浆式搅拌机的简图。内外环之间的环形腔是搅拌机的工作容积，在盘中心有一个转子3，在转子上装有拌合铲4（叶片）和刮刀5，拌合铲搅动盘内的物料使其形成交叉的料流，进行搅拌。刮刀的作用是把粘在内、外环壁上的拌合料刮下来。图3-3是一种出料容量为330L的涡浆式搅拌机。它的搅拌盘2由三个支架3支托着，搅拌盘是不转动的，其工作容积由外筒壁7和内筒壁4围成。设置内筒壁的目的是为了在工作容积内没有低效区，因为靠在回转中心轴处拌合铲的线速度很小，不能产生强烈的搅拌作用。在外筒壁的内面和底板上部镶有耐磨衬板5，在底板上开有一个卸料口，这个卸料口用一个由气缸19驱动的闸门1控制。搅拌盘的上面用两个顶盖17封闭。

搅拌机的工作装置装有五把拌合铲8和两把刮刀的转子10，拌合铲装在铲柄9上。在铲柄和转子相连接处装有缓冲装置，缓冲装置见图3-3的放大图，它是由螺旋弹簧16和摇臂15组成，当有大骨料嵌在拌合铲和底板之间时，由于有缓冲装置，可以避免损坏拌合铲等零件，14是螺旋弹簧的预紧螺栓。弹簧预紧后，使拌合铲在正常工作时，不会因阻力的变化而产生振动。

3）摆板式搅拌机

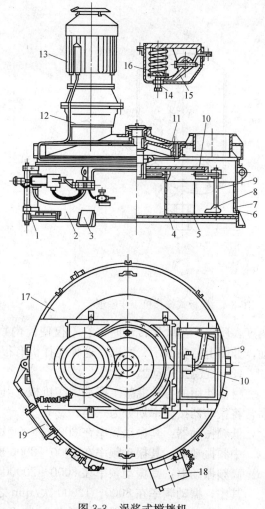

图3-3 涡浆式搅拌机

这种搅拌机国外称为OMNI搅拌机。图3-4是这种搅拌机的工作示意图。它的主要工作装置是一个圆柱筒和一根带斜盘的轴，圆柱筒的筒底用橡胶制成，是可以变形的。当把带斜盘的轴置于筒底板下时，由于筒壁可以变形，整个搅拌装置就像图上所示情况，底板也呈倾斜状态。当装有斜盘的轴旋转时，则底板将随之摆动，摆板上各点做上下的简谐运动。由于底板的摆动使筒内的物料以各种不同的加速度向各个方向运动，物料的颗粒不仅以很大的加速度向各个方向运动，而且加速度的大小也在不断的变化，这一变化在0～10g之间。从整体来看就像气体分子一样做布朗运动。所以，水泥颗粒得以迅速扩散，包裹粗细骨料的表面。即使搅拌零坍落度的混凝土也只需15～30s的时间。这是一种与自落式和强制式完全不同的搅拌方法。

这种搅拌不仅高效，它还有一个突出的特点，就是没有叶片。

4）卧式搅拌机

卧式搅拌机有单轴式和双轴式两种。图3-5是一种双轴卧式搅拌机。它有两个相连的搅拌筒，筒内各有一根转轴，其上装有搅拌叶片，两轴相向转动。叶片与轴中心线成一定

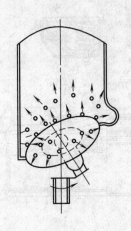 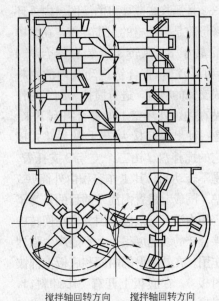

图 3-4 摆板式搅拌机工作原理　　　　图 3-5 双轴卧式搅拌机

角度，所以，当叶片转动时，它不仅使筒内物料做圆周运动，而且使它们沿轴向往返窜动，如图上箭头所示。所以，这种搅拌机有很好的搅拌效果。

(2) 混凝土振动器

目前使用的各种混凝土振动密实机械，其振动频率范围在 2000～21000 次/min 之间，通常将振动器按频率划分为三类：

低频振动器：其振动频率在 2000～5000 次/min 之间；

中频振动器：其振动频率在 5000～8000 次/min 之间；

高频振动器：其振动频率在 8000～20000 次/min 之间。

其中，振动频率在 8000～12000 次/min 之间的振动器的数量最多，应用最广。

对于振动器其振幅一般都控制在 0.4～3mm 之间。

目前，在混凝土施工中使用的振动密实机械品种和类型很多，但按其对混凝土的作用方式不同，大致可以归纳为以下几类（图 3-6）。

1) 插入式内部振动器

如图 3-6 (a) 所示，这是一种可以插入混凝土中进行振动的机械，目前，绝大部分采用高频振动。

2) 附着式外部振动器

如图 3-6 (b) 所示，这种振动器利用夹具固定在施工模板上或振动平台上，通过模板或平台传递振动。此类振动器过去多属低频振动器，近年来正向高频发展。

3) 平板式表面振动器

如图 3-6 (c) 所示，实际上是外部振动器的一种变形，它是将振动器安装在一块平板上，工作时将平板放在混凝土表面上，并沿混凝土构件表面缓慢滑移。振动从混凝土表面传入。

4) 振动平台

如图 3-6 (d) 所示，这是一种产生低频振动的大面积工作平台，整个混凝土预制构件能在它上面进行振动密实。

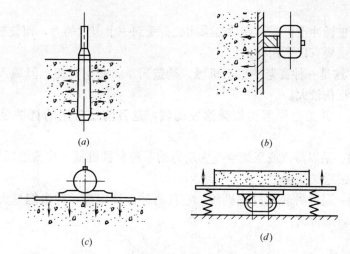

图 3-6 混凝土振动密实机械示意图
(a) 插入式内部振动器；(b) 附着式外部振捣器；(c) 表面振动器；(d) 振动平台

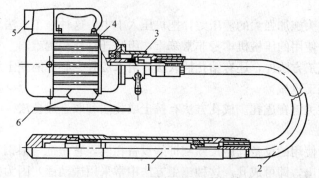

图 3-7 电动软轴行星式插入振动器
1—振动棒；2—软轴；3—防逆装置；4—电动机；5—电器开关；6—电机支座

图 3-7 所示为我国目前用量较大的一种软轴行星式插入振动器。它是由可更换的振动棒 1、软轴 2、防逆装置 3 和电机 4 等组成。电动机安装在支座 6 上，便于在现场浇筑放置或移动。工作时，电动机通过软轴驱动振动棒。

图 3-8 所示为附着式外部振动器的构造，其外形如同一台电动机。实际构造是电动机两侧伸出的悬臂轴上都安装着偏心块，电机回转时偏心块产生的离心力和振动通过轴承基座传给模板。振动器的基座上开有螺栓孔，以便将整个振动器固定在模板上。

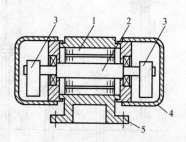

图 3-8 附着式外部振动器
1—电动机；2—电机轴；3—偏心块；4—护罩；5—固定基座

2. 桩工机械

根据施工方法不同，把桩工机械分成预制桩施工机械和灌注桩施工机械两大类。

(1) 预制桩施工机械

预制桩施工主要有三种方法：打入法、振动法和压入法。

1）打入法

打入法是用桩锤冲击桩头，在冲击瞬间桩头受到一个很大的力，而使桩贯入土中。打入法使用的设备主要有以下四种：

（A）落锤：这是一种古老的桩工机械，构造简单，使用方便。但贯入能力低，生产效率低。对桩的损伤较大。

（B）柴油锤：其工作原理类似柴油发动机，是目前最常用的打桩设备，但公害较严重。

（C）蒸汽锤：是以蒸汽或压缩空气为动力的一种打桩机械。在柴油锤发展起来以后，被逐渐淘汰，但最近又获新生。

（D）液压锤：是一种新型打桩机械，它具有冲击频率高，冲击能量大，公害少等优点，但构造复杂，造价高。

2）振动法

振动法是使桩身产生高频振动，使桩尖处和桩身周围的阻力大大减小，桩在自重或稍加压力的作用下贯入土中。振动法所采用的设备是振动锤。

3）压入法

压入法是给桩头施加强大的静压力，把桩压入土中。这种施工方法噪声极小，桩头不受损坏。但压入法使用的压桩机本身非常笨重，组装迁移都较困难。

除上述几种施工方法外，还有钻孔插入法，射水法和空心桩的挖土沉桩法。

（2）灌注桩施工机械

灌注桩的施工关键在成孔。成孔方法有挤土成孔法和取土成孔法。

1）挤土成孔法

挤土成孔法所使用的设备与施工预制桩的设备相同，它是把一根钢管打入土中，至设计深度后将钢管拔出，即可成孔。这种施工方法中常采用振动锤，因为振动锤既可将钢管打入，还可将钢管拔出。

图3-9是振动灌注成孔桩的示意图。在振动锤2的下部装上一根与桩径相同的桩管4，桩管上部有一混凝土的加料口3，桩管下部为二活瓣桩尖5。桩管就位后开动振动锤，使桩管沉入土中。这时活瓣桩尖由于受到端部土压力的作用，紧紧闭合。一般桩管较轻，所以常常要加压使桩管下沉到设计标高。达到设计标高以后，用上料斗6将混凝土从加料口注入桩管内。这时再启动振动锤，并逐渐将桩管拔出。这时活瓣桩尖在混凝土重力的作用下开启，混凝土落入孔内。由于是一面拔管一面振动，所以孔内的混凝土可以浇筑得很密实。

2）取土成孔法

取土成孔法采用了许多成孔机械，其中

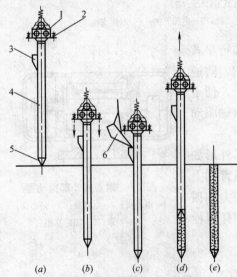

图3-9 振动灌注桩工艺过程

1—振动锤；2—减振弹簧；3—加料口；4—桩管；
5—活瓣桩尖；6—上料斗

主要的有以下几种。

（A）全套管钻孔机：这是一种大直径桩孔的成孔设备。它利用冲抓锥挖土、取土。为了防止孔壁坍落，在冲抓的同时将一套管压入。全套管钻孔机的主要工作装置是一个冲抓斗，其构造如图3-10所示。全套管施工法，设备较复杂，成孔速度慢，而且不能施工小直径的桩，所以应用较少。

（B）回转斗钻孔机：其挖土、取土装置是一个钻斗。钻斗下有切土刀，斗内可以装土。可以施工直径在1.2m以下的桩孔。由于受钻杆长度的限制，钻深一般只能达到30m左右。

（C）反循环钻机：这种钻机的钻头只进行切土作业，构造很简单。而取土的方法是把土制成泥浆，用空气提升法或喷水提升法将其取出。适合于地下水位高的软土地区。我国在采用反循环法时推广采用的设备是潜水工程钻。

（D）螺旋钻孔机：其工作原理类似麻花钻，边钻边排屑。是目前我国施工小直径桩孔的主要设备。螺旋钻孔机又分为长螺旋和短螺旋两种。图3-11是一种装在履带底盘上的长螺旋钻机。其钻具是由电动机1，减速器2，钻杆3和钻头4这四部分组成。整套钻具悬挂在钻架5上。钻具的就位，起落均由履带底盘控制。图3-12是一种装在汽车底盘上的液压短螺旋钻机。钻杆以护套1罩住，使其不被泥土污染，能顺利地升降。钻杆下部有一段前部装有切削刃，周围焊有螺旋叶片的钻头5，钻头长1.5m左右。液压马达4通过变速箱3驱动钻杆旋转，钻杆的钻进转速和甩土转速分别为45和198r/min。钻杆由卷扬机带动升降，另有加压油缸2。

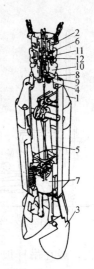

图3-10 冲抓斗

1—斗体；2—上帽；3—抓片；4—弹簧；5—钢绳；6—套管；7—配重；8—爪；9—挡；10—爪座；11—配重；12—爪

3. 挖掘、起重机械

（1）几种常用的履带式起重机

在厂房吊装工程中常用的履带式起重机的型号有W-501、W-1001、W-2001、W-2002和一些进口履带吊车。

（A）W-501型起重机的最大起重量为10t，液压操纵，吊杆一般可接长到18m，该起重机车身小、自重轻、速度快，可在较狭窄的地方工作，适用于吊装跨度在18m以下，安装高度在10m左右的小型车间和做一

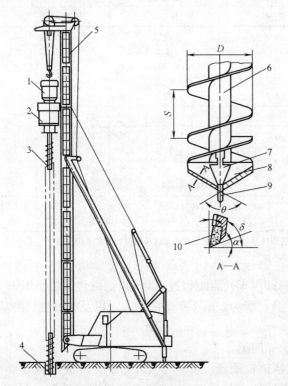

图3-11 长螺钻孔机

1—电动机；2—减速器；3—钻杆；4—钻头；5—钻架；6—无缝钢管；7—钻头接头；8—刀板；9—定心尖；10—切削刃

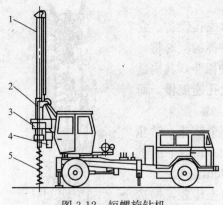

图 3-12 短螺旋钻机

些辅助工作（如装卸构件）。

（B）W-1001 型起重机的最大起重量为 15t，液压操纵，和 W-501 型起重机相比较，该型起重机车身较大，速度较慢；但由于它有较大的起重量和可接长的吊杆，因此，可用于吊装 18～24m 跨度的厂房。

（C）W-2001 型和 W-2002 型起重机，其最大起重量为 50t。吊杆可接长至 40m，主要机构用气压操纵，辅助机构用杠杆和按钮操纵，可以全回转，适用于大型厂房的吊装工程。

起重机为扩大使用范围，常将起重机的吊杆接长，或在吊杆顶上装鸟嘴。起重机接长吊杆和装鸟嘴后，机身稳定性有所降低，所以应增加配重，行驶道路应更加平整坚实，并且工作前应经过试吊。

W-501 型起重机加装鸟嘴后，鸟嘴的起重量为 2t，外伸距 2m，自重 450kg。加装鸟嘴的吊车在工作时，一般用主吊钩吊装较重的构件，用副吊钩吊装较轻的构件。

履带式起重机的技术性能见表 3-1 所列。

常用履带式起重机的技术参数　　　　表 3-1

项　目		起重机型号							
		W-501		W-1001			W-2001（W-2002）		
操纵形式		液压		液压			气压		
行走速度（km/h）		1.5～3		1.5			1.43		
最大爬坡能力（°）		25		20			20		
回转角度（°）		360		360			360		
起重机总重（t）		21.32		39.4			79.14		
吊杆长度（m）		10	18	18+2①	13	23	30	15	30	40
回转半径	最大（m）	10	17	10	12.5	17	14	15.5	22.5	30
	最小（m）	3.7	4.3	6	4.5	6.5	8.5	4.5	8	10
起重量	最大回转半径时（t）	2.6	1	1	3.5	1.7	1.5	8.2	4.3	1.5
	最小回转半径时（t）	10	7.5	2	15	8	4	50	20	8
起重高度	最大回转半径时（t）	3.7	7.6	14	5.8	16	24	3	19	25
	最小回转半径时（t）	9.2	17	17.2	11	19	26	12	26.5	36

注：① 18+2 表示在 18m 吊杆再加 2m 鸟嘴。相应的回转半径、起重量、起重高度各数值均为副吊钩性能。

(2) 单斗挖掘机

单斗挖掘机适用于配合运输工具（自卸汽车）运距超过 800m 以上的含水量小于 30％ 的Ⅰ～Ⅳ类土的挖方工程；大型基槽（坑）、管沟、地下室等的挖方，以及就地填筑路基、修筑堤坝的挖方工程。

单斗挖掘机的铲斗分为正、反、拉、抓四类。

（A）正铲挖掘机　正铲作业设备包括正铲动臂、正铲斗及斗杆、开斗底结构及联结开斗底的油缸管路、推压机构及中间涨紧装置（包括链条）、主卷扬机右端卷筒（φ680）、左端链轮、铲斗及动臂提升钢丝绳。正铲一般用于挖掘机底平面以上，工作面高度不小于 1.5m 的Ⅰ～Ⅳ类土。开挖方法有正向开挖、侧向开挖、中心开挖等。

(B) 反铲挖掘机 反铲作业设备包括卷筒（左 φ540，右 φ855）、动臂、斗杆及 1.2m³ 带齿铲斗、前支架及动臂和铲斗钢丝绳。反铲挖掘停机面以下的土壤，适宜Ⅰ～Ⅲ类土中开挖基坑和沟渠。开挖方法有正向开挖、侧向开挖。如图 3-13 所示为反铲挖掘机。

(C) 抓铲挖掘机 抓斗作业设备包括 1.5m³ 抓斗（分带齿与平口两种）、抓斗设备卷筒（左右卷筒都为 φ540）、稳定器、钢丝绳。抓铲主要用于开挖土质松软、施工面狭窄而深的基坑、沟槽、水井、河泥等土方工程，或用于装卸碎石、矿石等材料。

(D) 拉铲挖掘机 拉铲作业设备包括拉铲铲斗、拉斗悬挂装置、牵引钢绳导向滑轮装置、主卷扬机卷筒装置（左端为牵引卷筒 φ540，右端为提升卷筒 φ855）及牵引绳索保护装置。拉铲使用范围同反铲，可用于开挖较大的基坑、沟渠、挖取水中泥土，以及填筑路基、修筑堤坝等。

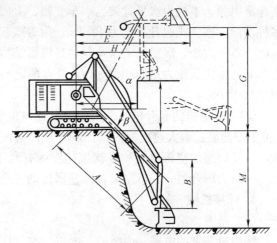

图 3-13 反铲挖掘机工作尺寸

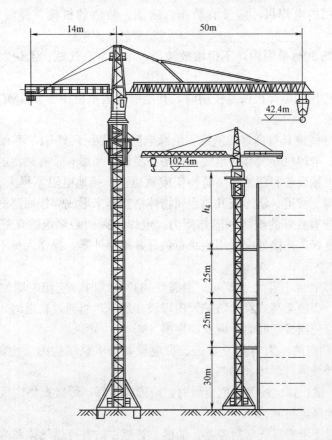

图 3-14 QTZ63 塔式起重机外形图

(3) QTZ63 塔式起重机

QTZ63 塔式起重机是按最新颁布的塔机标准《塔式起重机型式基本参数》设计的新型起重机械。本机为水平臂架、小车变幅、上回转自升式塔机，具有固定、附着、内爬等多种功能。独立式起升高度为 42.4m，附着式起升高度达 102.4m，能满足 32 层以下高层饭店、办公大楼、居民住宅以及其他高塔形结构物的建筑安装施工。本塔机最大工作臂长达 50m，额定起重力矩 630kN·m，最大额定起重量为 6t，作业范围大，工作效率高，如图 3-14 所示。

QTZ63 塔机的起升机械采用变极三速电机驱动，通过滑轮系统可变换倍率，可获得 6 种工作速度：最大速度为 80m/min，最慢速度 6m/min，从而实现了高速轻载，低速重载，以及理想的空钩速度和慢就位速度，有利于提高塔机的效率。回转机构采用双速电机——液力耦合器——行星齿轮减速器传动方案，结构紧凑，起制动平稳可靠。

4. 焊接机械

(1) 基本要求

铆焊设备上的电器、内燃机、电机、空气压缩机等的使用应执行《焊接设备安全操作规程》相应条款的规定，并应有完整的防护外壳，一、二次接线柱处应有保护罩。

（A）焊接操作及配合人员必须按规定穿戴劳动防护用品，并必须采取防止触电、高空坠落、瓦斯中毒和火灾等事故的安全措施。

（B）现场使用的电焊机，应设有防雨、防潮、防晒的机棚，并应装设相应的消防器材。

（C）施焊现场 30m 范围内，不得堆放油类、木材、氧气瓶、乙炔发生器等易燃、易爆物品。

（D）当长期停用的电焊机恢复使用时，其绝缘电阻不得小于 $0.5M\Omega$，接线部分不得有腐蚀和受潮现象。

（E）电焊机导线应具有良好的绝缘，绝缘电阻不得小于 $1M\Omega$，不得将电焊机导线放在高温物体附近。电焊机导线和接地线不得搭在易燃、易爆和带有热源的物品上，接地线不得接在管道、机械设备和建筑物金属构架或轨道上，接地电阻不得大于 4Ω。严禁利用建筑物的金属结构、管道、轨道或其他金属物体搭接起来形成焊接回路。

（F）电焊钳应有良好的绝缘和隔热能力。电焊钳握柄必须绝缘良好，握柄与导线连接应牢靠，接触良好，连接处应采用绝缘布包好并不得外露。操作人员不得用胳膊夹持电焊钳。

（G）电焊导线长度不宜大于 30m。当需要加长导线时，应相应增加导线的截面。当导线通过道路时，必须架高或穿入防护管内埋设在地下；当通过轨道时，必须从轨道下面通过。当导线绝缘受损或断股时，应立即更换。

（H）对承压状态的压力容器及管道、带电设备、承载结构的受力部位和装有易燃、易爆物品的容器严禁进行焊接和切割。

（I）焊接铜、铝、锌、锡等有色金属时，应通风良好，焊接人员应戴防毒面罩、呼吸滤清器或采取其他防毒措施。

（J）当需施焊受压容器、密封容器、油桶、管道、沾有可燃气体和溶液的工件时，应先消除容器及管道内压力，消除可燃气体和溶液，然后冲洗有毒、有害、易燃物质；对存有残余油脂的容器，应先用蒸汽、碱水冲洗，并打开盖口，确认容器清洗干净后，再灌满清水方可进行焊接。在容器内焊接应采取防止触电、中毒和窒息的措施。焊、割密封容器应留出气孔，必要时在进、出气口处装设通风设备；容器内照明电压不得超过12V，焊工与焊件间应绝缘；容器外应设专人监护。严禁在已喷涂过油漆和塑料的容器内焊接。

(K) 当焊接预热焊件温度达150～700℃时，应设挡板隔离焊件发出的辐射热，焊接人员应穿戴隔热的石棉服装和鞋、帽等。

(L) 高空焊接或切割时，必须系好安全带，焊接周围和下方应采取防火措施，并应有专人监护。

(M) 雨天不得在露天电焊。在潮湿地带作业时，操作人员应站在铺有绝缘物品的地方，并应穿绝缘鞋。

(N) 应按电焊机额定焊接电流和暂载率操作，严禁过载。在载荷运行中，应经常检查电焊机的温升，当A级温升超过60℃、B级80℃时，必须停止运转并采取降温措施。

(O) 当清除焊缝焊渣时，应戴防护眼镜，头部应避开敲击焊渣飞溅方向。

(2) 交流电焊机

(A) 使用前，应检查并确认初、次级线路接线正确，输入电压符合电焊机的铭牌规定。接通电源后，严禁接触初级线路的带电部分。

(B) 次级抽头联结铜板应压紧，接线柱应有垫圈。合闸前，应详细检查接线螺帽、螺栓及其他部件并确认完好齐全、无松动或损坏。

(C) 多台电焊机集中使用时，应分接在三相电源网络上，使三相负载平衡。多台焊机的接地装置，应分别由接地极处引接，不得串联。

(D) 移动电焊机时，应切断电源，不得用拖拉电缆的方法移动焊机。当焊接中突然停电时，应立即切断电源。

(3) 竖向钢筋电渣压力焊机

(A) 应根据施焊钢筋直径选择具有足够输出电流的电焊机。电源电缆和控制电缆联接应正确、牢固。控制箱的外壳应牢靠接地。

(B) 施焊前，应检查供电电压并确认正常，当一次电压降大于8%时，不宜焊接。焊接导线长度不得大于30m，截面面积不得小于50mm^2。

(C) 施焊前应检查并确认电源及控制电路正常，定时准确，误差不大于5%，机具的传动系统、夹装系统及焊钳的转动部分灵活自如，焊剂干燥，所需附件齐全。

(D) 施焊前，应按所焊钢筋的直径，根据参数表，标定好所需的电源和时间。一般情况下，时间（s）可为钢筋的直径数（mm），电流（A）可为钢筋直径数（mm）的20倍。

(E) 起弧前，上、下钢筋应对齐，钢筋端头应接触良好。对锈蚀、粘有水泥的钢筋，应采用钢丝刷清除，并保证导电良好。

(F) 施焊过程中，应随时检查焊接质量，当发现倾斜、偏心、未熔合、有气孔等现象时，应重新施焊。

(G) 每个接头焊完后，应停留5～6min保温；寒冷季节应适当延长。当拆下机具时，应扶住钢筋，过热的接头不得过于受力。焊渣应待完全冷却后清除。

(4) 对焊机

(A) 对焊机应安置在室内,并应有可靠的接地或接零。当多台对焊机并列安装时,相互间距不得小于3m,应分别接在不同相位的电网上,并应分别有各自的刀型开关。导线的截面不应小于表3-2的规定。

导线截面　　　　　　　　　　　　　　表3-2

对焊机的额定功率(kVA)	25	50	75	100	150	200	500
一次电压为220V时导线截面(mm²)	10	25	35	45	—	—	—
一次电压为380V时导线截面(mm²)	6	16	25	35	50	70	150

(B) 焊接前,应检查并确认对焊机的压力机构灵活,夹具牢固,气压、液压系统无泄漏,一切正常后,方可施焊。

(C) 焊接前,应根据所焊接钢筋截面,调整二次电压,不得焊接超过对焊机规定直径的钢筋。

(D) 断路器的接触点、电极应定期磨光,二次电路全部连接螺栓应定期紧固。冷却水温度不得超过40℃;排水量应根据温度调节。

(E) 焊接较长钢筋时,应设置托架,配合搬运钢筋的操作人员,在焊接时应防止火花烫伤。

(F) 闪光区应设挡板,与焊接无关的人员不得入内。

(G) 冬季施焊时,室内温度不应低于8℃。作业后,应放尽机内冷却水。

(5) 气焊设备

(A) 一次加电石10kg或每小时产生5m³乙炔气的乙炔发生器应采用固定式,并应建立乙炔站(房),由专人操作。乙炔站与厂房及其他建筑物的距离应符合现行国家标准《乙炔站设计规范》(GB 50031)及《建筑设计防火规范》(GBJ 16)的有关规定。

(B) 乙炔发生器(站)、氧气瓶及软管、阀、表均应齐全有效,紧固牢靠,不得松动、破损和漏气。氧气瓶及其附件、胶管、工具不得沾染油污。软管接头不得采用铜质材料制作。

(C) 乙炔发生器、氧气瓶和焊炬相互间的距离不得小于10m。当不满足上述要求时,应采取隔离措施。同一地点有两个以上乙炔发生器时,其相互间距不得小于10m。

(D) 电石的贮存地点应干燥,通风良好,室内不得有明火或敷设水管、水箱。电石桶应密封,桶上应标明"电石捅"和"严禁用水消火"等字样。电石有轻微的受潮时,应轻轻取出电石,不得倾倒。

(E) 搬运电石桶时,应打开桶上小盖。严禁用金属工具敲击桶盖。取装电石和砸碎电石时,操作人员应戴手套、口罩和眼镜。

(F) 电石起火时必须用干砂或二氧化碳灭火器,严禁用泡沫、四氯化碳灭火器或水灭火。电石粒末应在露天销毁。

(G) 使用新品种电石前,应作温水浸试,在确认无爆炸危险时,方可使用。

(H) 乙炔发生器的压力应保持正常,压力超过147kPa时应停用。乙炔发生器的用水应为饮用水。发气室内壁不得用含铜或含银材料制作,温度不得超过80℃。对水入式发生器,其冷却水温不得超过50℃;对浮桶式发生器,其冷却水温不得超过60℃。当温度超过规定时应停止作业,并采用冷水喷射降温和加入低温的冷却水。不得以金属棒等硬物敲击乙炔发生器的金属部分。

（I）使用浮筒式乙炔发生器时，应装设回火防止器。在内筒顶部中间，应设有防爆球或胶皮薄膜，球壁或膜壁厚度不得大于10m，其面积应为内筒底面积的60%以上。

（J）乙炔发生器应放在操作地点的上风处，并应有良好的散热条件，不得放在供电电线的下方，亦不得放在强烈日光下曝晒。四周应设围栏，并应悬挂"严禁烟火"标志。

（K）碎电石应在掺入小块电石后装入乙炔发生器中使用，不得完全使用碎电石。夜间添加电石时不得采用明火照明。

（L）氧气橡胶软管应为红色，工作压力应为1500kPa；乙炔橡胶软管应为黑色，工作压力应为300kPa。新橡胶软管应经压力试验。未经压力试验或代用品及变质、老化、脆裂、漏气及沾上油脂的胶管均不得使用。

（M）不得将橡胶软管放在高温管道和电线上，或将重物及热的物件压在软管上，且不得将软管与电焊用的导线敷设在一起。软管经过车行道时，应加护套或盖板。

（N）氧气瓶应与其他易燃气瓶、油脂和其他易燃、易爆物品分别存放，且不得同车运输。氧气瓶应有防震圈和安全帽；不得倒置；不得在强烈日光下曝晒。不得用行车或吊车吊运氧气瓶。

（O）开启氧气瓶阀门时，应采用专用工具，动作应缓慢，不得面对减压器，压力表指针应灵敏正常。氧气瓶中的氧气不得全部用尽，应留49kPa以上的剩余压力。

（P）未安装减压器的氧气瓶严禁使用。

（Q）安装减压器时，应先检查氧气瓶阀门接头，不得有油脂，并略开氧气瓶阀门吹除污垢，然后安装减压器，操作者不得正对氧气瓶阀门出气口，关闭氧气瓶阀门时，应先松开减压器的活门螺丝。

（R）点燃焊（割）炬时，应先开乙炔阀点火，再开氧气阀调整火焰。关闭时，应先关闭乙炔阀，再关闭氧气阀。

（S）在作业中，发现氧气瓶阀门失灵或损坏不能关闭时，应让瓶内的氧气自动放尽后，再进行拆卸修理。

（T）当乙炔发生器因漏气着火燃烧时，应立即将乙炔发生器朝安全方向推倒，并用黄砂扑灭火种，不得堵塞或拔出浮筒。

（U）乙炔软管、氧气软管不得错装。使用中，当氧气软管着火时，不得折弯软管断气，应迅速关闭氧气阀门，停止供氧。

当乙炔软管着火时，应先关熄炬火，可弯折前面一段软管将火熄灭。

（V）冬季在露天施工，当软管和回火防止器冻结时，可用热水或在暖气设备下化冻。严禁用火焰烘烤。

（W）不得将橡胶软管背在背上操作。当焊枪内带有乙炔、氧气时不得放在金属管、槽、缸、箱内。

（X）氢、氧并用时，应先开乙炔气，再开氢气，最后开氧气，再点燃。熄灭时，应先关氧气，再关氢气，最后关乙炔气。

（Y）作业后，应卸下减压器，拧上气瓶安全帽，将软管卷起捆好，挂在室内干燥处，并将乙炔发生器卸压，放水后取出电石篮。剩余电石和电石渣，应分别放在指定的地方。

（二）施工机具

1. 木结构施工机具

木结构施工常用手工工具为：尺、锯、刨、凿、斧、锤、钻等。常用小型电动工具有以下几种。

（1）电动圆锯

用于切割木夹板、木方条、装饰板。常用规格有 7 英寸、8 英寸、9 英寸、10 英寸、12 英寸、14 英寸几种。其中 9 英寸圆锯功率为 1750W，转速 4000r/min。12 英寸功率为 1900W，转速为 3200r/min。

使用时双手握稳电锯，开动手柄上的电钮，让其空转至正常速度，再进行锯切工件。操作者应戴防护眼镜或把头偏离开径向范围，以免木屑飞击伤眼、脸。在施工时常把电动圆锯反装在木制工作台面下，并使圆锯片从工作台面的开槽处伸出台面，以便切割木夹板和木方。

（2）电动线锯机

线锯机亦称直锯机，其齿形切削刀刃向上，工作时作直线往复运动，冲程长度 26mm，冲程速度每分钟 0～3200 次左右，功率 350W 左右，锯条规格有 60mm×8mm、80mm×8mm、100mm×8mm 三种，锯齿也分粗、中、细三种，最大锯切厚度为 50mm 左右。

电动线锯，也作直线或曲线锯割，可在木板中开孔、开槽，其导板可作一定角度的倾斜，便于在工作上锯出斜面。操作时要双手握稳机器，匀速前进，不可左右晃动，否则会折断锯条，损坏工件。

（3）电动刨

手提式电动刨简称为手电刨，类似倒置小型平刨机。刀轴上装两把刀片，转速为 16000r/min，功率为 580W 左右，刨削宽度为 60～90mm。电刨上部的调节旋钮，可调节刨削量。操作时双手前后握刨，推刨时平稳地匀速向前移动，刨到工件尽头时应将刨身提起，以免损坏刨好的工作表面。电动刨的底板经改装，还可以加出一定的凹凸弧面。刨刀片用钝后可卸下来重磨刀刃。

（4）电动压刨

电动压刨又称双面刨床，刀轴上装两把刀片，上下刨轴转速为 5000～6000r/min，功率为 3kW 左右，刨削宽度为 400～600mm。刨削厚度范围 5～180mm。压刨上有调节旋柄，可调节刨削量。刨刀片用钝后可卸下来重磨刀刃。

（5）电动木工雕刻机

电动木工雕刻机，工作时是对工件进行铣削加工，硬质合金的平直刀头，其直径 8～12mm。功率有 500～1500W 几种，转速 23000r/min。

电动木工雕刻机可加工条形工件，对工件边缘加工。也可在工件的平面上开槽、雕刻、还能镂空工件。将其固定安装在台板上可作为小型立铣机使用。

（6）木工修边机

用于对工件的侧边或接口处进行修边、整形。功率 500W 左右，转速 27000r/min。最大加工厚度为 25mm。

（7）轻型手电钻

用在工件上打孔、铣孔。轻型手电钻的质量为1.3kg左右，功率为350W左右，高转速为2300r/min，低转速为950r/min；钻木孔直径最大为22mm，钻钢材最大直径为10mm。操作时，注意钻头垂直平稳进给，防止跳动和摇晃，要经常提出钻头去除木渣，以免钻头扭断在工件中。

（8）充电手电钻（电池钻）

充电手电钻又称电池钻，用在工件上打孔、铣孔、上螺钉。经常用于无电源地方的施工、电压7.2V，无负载转速600r/min，全长209mm，质量1.1kg。

2. 金属结构施工机具

室内装饰工程金属施工包括铜结构施工，铝合金结构施工。常用手工工具有钢尺、游标卡尺、钢角尺、水平仪、钢脚圆规、手工钢锯、铁锤、铁錾等。常用电动工具有以下几种。

（1）小型钢材切断机

用于切割角铁、钢筋、钢管、轻钢龙骨等；常用规格有12英寸、14英寸、16英寸几种。功率为1450W左右，转速为2300～3800r/min。切割刀具为砂轮片，最大切断厚度为100mm。

操作时用锯板上夹具夹紧工件，按下手柄使砂轮片轻轻接触工件，平稳地匀速进行切割。因切割时有大量火星，需注意远离木器、油漆等易燃物品。调整夹具的夹紧板角度可对工件进行有角度切割。当砂轮片磨损到一半时应该更换新片。

（2）手提电动砂轮机

用于打磨金属工件的边角。常用规格有5英寸、6英寸、7英寸，功率为500～1000W，转速为10000r/min左右。

操作时用双手平握住机身，再按下开关。以砂轮片的侧边轻触工件，并平稳地向前移动，磨到工件尽头时应提起机身，不可在工件上来回推磨，以免损坏砂轮片。该机转速快，振动大，操作时应注意安全。

（3）轻型手提电焊机

轻型电焊机有体积小、功率大、搬运方便等特点，功率6.5kW，电压220V，最大工作电流120A，可用焊条直径2～3.2mm。

操作时注意电源接线，因电焊时电流较大，电源前后的电线都需2.5mm^{2}以上的铜芯电线。

（4）电动铝合金切割锯

铝合金切割锯是切割铝合金构件的应用机具。该机的工作台是可调节角度的转台，可切出各种角度的切口。锯片是合金刀头，可使切口平稳光滑。常用规格有10英寸、12英寸、14英寸，功率1400W，转速3000r/min，其外形同铜材切割机相似。使用时按下手柄，将合金锯片轻轻与铝合金工件接触，然后再用力把工件割下。

3. 安装施工机具

安装施工手工工具有手钳、一字螺钉旋具、十字螺钉旋具、手锤、钢錾、墨斗、画签、线坠、水平尺、铁角尺、钢卷尺等。常用电动机具有以下几种。

（1）电锤

电锤又称冲击电钻，用于混凝土结构、砖结构、花岗石面、大理石面的钻孔，以便安装膨胀螺栓或木楔。常用规格为钻头直径6～25mm，冲击次数3300次/min，功率500W，转速800r/min。电锤振动较大，操作时用双手握紧钻把，使钻头与地面、墙面垂直，并经常拔出钻头排屑，防止钻头扭断或崩头。

(2) 冲击电钻

冲击电钻是一种可调节式旋转带冲击的特种电钻。当利用其冲击功能，装上硬质合金冲击钻头时，可以对混凝土、砖墙等进行打孔、开槽作业；若利用其纯旋转功能，可以当作普通电钻使用。因此，冲击电钻广泛地用于建筑装饰工程以及水、电等安装工程方面。充电式冲击电钻使用更为方便。

(3) 射钉枪

射钉枪是利用射钉弹内火药燃烧释放出能量，将射钉直接钉入钢铁、混凝土或砖结构的基体中。因射钉枪需与射钉配套使用，而各厂家生产的规格各异，使用时应根据说明书操作。射钉种类主要有一般射钉，螺纹射钉、带孔射钉三种。射弹一般分为威力大的黑弹，中等威力红弹，弱等威力的黄弹。

(4) 电动、气动打钉枪

用于在木龙骨上钉木夹板、纤维板、刨花板、石膏板等板材和各种装饰木线条。配有专用枪钉，常用规格有10mm、15mm、20mm、25mm、50mm五种。电动打钉枪插入220V电源插座就可直接使用。气动打钉枪需与气泵连接。使用要求的最低压力为0.3MPa。操作时用钉枪嘴压在需钉接处，再按下开关。效率高，劳动强度低，高级装饰板材可以最大充分利用。是建筑装饰常用机具。

(5) 电动自攻螺钉钻

该钻是上自攻螺钉的专用机具，用于在轻钢龙骨或铝合金龙骨安装饰面板，以及各种龙骨本身的安装。功率为200~300W，转速为1200r/min。

(6) 手提式电动石材切割机

用于安装地面、墙面石材时切割花岗石等石料板材。功率为850W，转速为11000r/min。因该机分干湿两种切割片，故用湿型刀片切割时需用水作冷却液，故在切割石材前，先将小塑料软管接在切割机的给水口上，双手握住机柄，通水后再按下开关，并匀速推进切割。

(7) 手提式磨石机

用于磨光花岗石、大理石和人造石材表面或侧边。该机净重52kg，便于手提操作，功率为1000W，转速4200r/min，磨砂轮尺寸为125mm。

(8) 电动抛光机

用于花岗石、大理石、人造石材和金属装饰表面，常用规格有5英寸、6英寸、7英寸，功率400~500W，转速4500~20000r/min。

4. 油漆、涂料施工机具

油漆、涂料的基本工具为油刷、排笔、滚子油灰刀、牛角翘等。常用机具为以下几种。

(1) 空气压缩机

用于喷油漆和喷涂料。要求压力为0.5~0.8MPa，供气量为0.8m³/min，并可自动调压，电动机功率为2.5kW。

(2) 电动喷枪

常用喷枪为吸上式 PQ-2 型，工作压力 0.4～0.8MPa，喷嘴口径 1.8mm。施工时，先将耐压皮管与气动喷枪连接，再开动空气压缩机。在喷枪的储漆罐中加入油漆或涂料，用手扣压板机开关，喷嘴就可喷出雾状油漆。油漆喷出量可用调节螺钉控制。

(3) 打砂纸机

打砂纸机用于对高级木装饰表面进行磨光作业，使工作表面平整光滑便于油漆。由电力和压缩空气作动力，由马达带动砂布转动，使工件表面达到磨削效果。具有粉尘收集袋。

(4) 电动修整磨光机

用于砂磨工件表面，使工作表面平整光滑便于油漆。功率 130～600W，转速 700～5500r/min。在操作时，手握机柄在工件上边推边施加压力，切忌原地不动，以免在工件上磨出凹坑，或磨穿工件表面的打底层。

(5) 涂料搅拌器

涂料搅拌器是通过搅拌头的高速转动，使涂料（或油漆）拌合均匀，满足涂料使用时稠度和颜色的一致。搅拌器构造简单，单相电机通过减速机构，带动长柄搅拌头。使用时，开动电机，将搅拌工作头插入涂料桶内，几分钟内就可达到搅拌均匀效果。

（三）周 转 材 料

建筑施工中涉及的周转材料很多，常用的有脚手架钢管、扣件、脚手片、模板等，这里重点介绍脚手架钢管和扣件。

1. 脚手架的分类

脚手架是建筑施工中必不可少的临时设施，可供工人操作、堆放材料、构件安装等，随着建筑施工技术的不断发展，脚手架的种类也愈来愈多：

(A) 按搭设部位不同：外脚手架、内脚手架。

(B) 按搭设材质的不同：钢管脚手架、竹脚手架，《施工现场安全检查标准》（JGJ 59—99）中已强调毛竹脚手架将逐步淘汰。

(C) 按用途不同：砌筑脚手架、装饰脚手架。

(D) 按搭设形式不同：普通脚手架、特殊脚手架。

(E) 按立杆排数不同：单排脚手架、双排脚手架、满堂脚手架。

2. 脚手架钢管的技术要求、抽检、试验与判定方法

(1) 技术要求

(A) 脚手架钢管应按《建筑施工扣件式钢管脚手架安全技术规范》（JGJ 130—2001）规定，采用现行国家标准《低压流体输送用焊接钢管》（GB/T 3091）或《直缝电焊钢管》（CB/T 13793）中规定的 3 号普通钢管，其质量应符合表 3-3 的规定。

脚手架钢管力学性能　　　　　表 3-3

牌 号	钢 管 类 型			抗拉强度（N/mm²）	伸长率 A（%）
Q235-A	新钢管	低压流体输送用焊接钢管		≥375	≥15
		直缝电焊钢管	软状态钢管 R	≥375	≥20
			低硬状态钢管 DY	≥390	≥9
	旧钢管			≥375	≥15
				≥390	≥9

(B) 脚手架钢管截面尺寸、锈蚀深度及允许偏差应符合表3-4的要求。

脚手架钢管截面尺寸、锈蚀深度及允许偏差　　　　表3-4

截面尺寸(mm)				锈蚀深度(mm)
外径 ϕ, d	允许偏差 A	壁厚 t	允许偏差 Δ	允许偏差 Δ
48	0.5	3.5	0.5	≤0.50
51	0.5	3.0	0.45	≤0.50

(2) 抽检方法

1) 检验批的构成

钢管应按批抽检。新钢管每批数量由同一牌号、同一规格的钢管组成。低压流体输送用焊接钢管每批数量不超过750根，直缝电焊钢管每批数量不超过100根。旧钢管每批数量不超过40t，40～100t为2批，100t以上，每100t增加1批。

2) 抽样数量

随机在某批钢管中抽取2组试件（每组4根，每根钢管去掉端部10cm后再截取40cm长一段，共4段为一组试件，见表3-5所列），其中一组为备样。新钢管不检测锈蚀深度。

脚手架钢管检验数量　　　　表3-5

拉 伸 试 验	截 面 尺 寸	锈 蚀 深 度
1根/组	3根/组	

(3) 合格判定

脚手架钢管抗拉强度、伸长率、外径、壁厚、锈蚀深度中如有一项指标不符合表3-3、3-4的要求，则判定该批钢管不合格。

(4) 脚手架钢管质量检测方法

1) 钢管力学性能检测

试件取样可以采用下列方法之一：

(A) 纵向弧型试样：采用线切割加工钢管试件具体要求详见GB/T 228—2002。

(B) 管段试样：管段试样具体要求详见GB/T 228—2002。拉伸试验时钢管两端应加塞头，塞头形状应不妨碍标距内的变形。

检测仪器：1级或优于1级准确度万能材料试验机。

2) 钢管截面尺寸检测

(A) 钢管外径检测　在每段钢管试样任一位置用铁砂布磨去表面油漆，不应损伤钢管。在磨去油漆的位置上用游标卡尺垂直方向各测试一次，取平均值作为该段钢管的实测值。取三段钢管的最小值作为该组钢管外径的评定值。

(B) 钢管壁厚检测　沿钢管管壁用游标卡尺测试三处，三处位置应均匀分布，取平均值作为该段钢管的实测值，取三段钢管中的最小值作为该组钢管壁厚的评定值。

3) 钢管锈蚀深度检测

在锈蚀严重的钢管部位横向截断，用游标卡尺测试锈蚀深度，详见JGJ 130—2001。取三段钢管的最大值作为该组钢管锈蚀深度的评定值。

3. 脚手架扣件的技术要求，抽检、试验与判定方法

(1) 抽样

1) 抽样对象

抽样对象中的扣件是同厂家、同型号、同生产周期生产的产品,或是不同厂家、不同型号、不同生产周期生产的产品,包括新旧扣件。

2) 抽样地点

生产厂的成品仓库、销售部门的仓库,租赁站的仓库和施工现场。

3) 抽样数量

新旧扣件的抽样数量及判定方法见表3-6及表3-7所列。

新扣件抽样表(GB 15831) 表3-6

项目类别	批量范围	样本	样本大小	累计样本大小	Ac	Re
主要项目	281～500	第一	8	8	0	2
		第二	8	16	1	2
	501～1200	第一	13	13	0	3
		第二	13	26	3	4
	1201～10000	第一	20	20	1	3
		第二	20	40	4	5
一般项目	281～500	第一	8	8	1	3
		第二	8	16	4	5
	501～1200	第一	13	13	2	5
		第二	13	26	6	7
	1201～10000	第一	20	20	3	6
		第二	20	40	9	10
备注	1. 批量>10000的按下一批抽样; 2. 直角、旋转、对接扣件分别抽样; 3. Ac—合格判定数,Re—不合格判定数					

旧扣件抽样表 表3-7

项目类别	批量范围	样本大小	Ac	Re
主要项目	501～1200	26	3	4
一般项目	501～1200	26	6	7
备注	1. 直角、旋转、对接扣件分别抽样; 2. Ac—合格判定数 Re—不合格判定数			

4) 抽样方法

新扣件抽样按批采用随机抽样。旧扣件抽样可将不同类型生产厂家、使用时间等扣件分成不同批,当无法区分时,也可以作为同一批,采用随机抽样。

5) 抽样要求

标明样品新旧状态、抽样基数、抽样地点、抽样日期、抽样单位和抽样人。新扣件应标明产地、生产企业名称及生产日期。

(2) 技术要求和检验方法

技术要求按GB 15831第5条,检验方法按GB 15831第6条(见表3-8)。

(3) 判定方法

技术要求及检验方法 表 3-8

类别	序号	检验项目	标准条款	技术要求	检验方法	量检具
主要项目	1	裂纹	5.6.1	扣件各部位不许有裂纹	目测	精度为±0.01%的百分表 WE 300 万能材料试验机 精度为±5%的定力式扭力扳手。$\phi48(51)\pm0.5$mm 钢管
	2	盖板开启	5.6.2	盖板与座的张开距不得小于 49(52)mm	$\phi48(51)$mm 钢管可自由放入	
	3	抗滑试验	5.4 表 2	1. 直角扣件： $P=7.0$kN 时，$\Delta_1 \leqslant 7.0$mm $P=10.0$kN 时，$\Delta_2 \leqslant 0.5$mm 2. 旋转扣件： $P=7.0$kN 时，$\Delta_1 \leqslant 7.0$mm $P=10.0$kN 时，$\Delta_2 \leqslant 0.5$mm	1. 万能机上试验，测量位移值 Δ_1、Δ_2； 2. 直角扣件做两个圆弧面试验； 3. 旋转扣件做一个圆弧面试验	
	4	抗破坏试验	5.4 表 2	1. 直角扣件：$P=25.0$kN 时，各部位不得破坏； 2. 旋转扣件：$P=17.0$kN 时，扣件各部位有无破坏	1. 试验做一个圆弧面； 2. 目测扣件各部位有无破坏	
	5	抗拉试验	5.4 表 2	对接扣件承受均匀增加的轴向拉力，当 $P=4.0$kN 时，$\Delta \leqslant 2.0$mm	在万能机上作试验，测量位移 Δ	
	6	扭力矩试压	5.6 表 2	65N·m 扭力矩试压不得破坏	扭力扳手	
	7	扭转刚度试验	5.4 表 2	直角扣件在横管距中心 1000m 处加载力矩为 900N·m 时，旋转角 $\theta<4°$	1. 试验做一个圆弧面； 2. 在距中心 1000mm 处测量位移值换算成角	
一般项目	8	砂眼	5.6.4	表面≥10mm 的砂眼不应超过三处，且累计不应大于 50mm	目测、测量	精度为±1mm 的钢直尺，0.02mm 卡尺
	9	粘砂	5.6.5	表面粘砂面积累计不应大于 150mm²	目测、测量	
	10	凹凸缺陷	5.6.7	表面凹（或凸）的高度（或深度）不应大于 1mm	测量	
	11	氧化皮	5.6.8	扣件与钢管接触部位不允许有氧化皮，其他部位氧化皮面积累计不应大于 150mm²	目测、测量	
	12	铆接	5.6.9	铆钉应符合 G8867 的要求，铆接处应牢固，铆接头应大于铆孔直径 1mm，且应完好，不应有裂纹存在	目测、测量	
	13	螺栓螺母垫圈	5.6.10	符合国家相关标准的要求 螺栓长 (72 ± 0.5)mm 螺母对边宽 (22 ± 0.5)mm 螺母厚 (14 ± 0.6)mm	目测	
	14	活动部位	5.6.11	活动部位应能灵活转动，旋转扣件两旋转面间隙小于 1mm	目测、测量	
	15	规格商标	5.6.12	产品的规格和商标应在醒目处铸出，字迹图案要清晰，完整	目测	
	16	油漆	5.6.13	扣件表面应进行防锈处理（红丹漆），油漆应均匀美观，不应有堆漆和露铁	目测	
备注				直角扣件的抗滑、抗破坏试验和扭转刚度试验分别在两组样品上进行，两组需全部符合标准的合格判定要求；如：26 只直角扣件，13 只作抗滑、抗破坏试验，另外 13 只作扭转刚度试验，单件共有 4 只不合格，判该批次直角扣件不合格		

1) 单件判定

根据样品试验结果，按表 3-8 规定进行判定，主要项目应全部达到要求，一般项目六项或六项以上达到要求，则判定该件样品合格。

2) 综合判定

根据单件样品检查结果，对于新扣件，按规范规定表 3-6 进行综合判定；对于旧扣件，按表 3-7 进行综合判定。

4. 脚手架钢管、扣件使用管理

（A）脚手架钢管必须采用现行国家标准《直缝电焊钢管》（GB/T 13793）或《低压流体输送用焊接钢管》（GB/T 3092）中规定的 3 号普通钢，质量必须符合现行国家标准《碳素结构钢》（GB/T 700）中 Q235-A 级钢的规定。扣件必须采用可锻铸铁制作，其材质必须符合现行国家标准《钢管脚手架扣件》（GB 15831）的规定。

（B）施工单位采购或租赁的钢管、扣件必须有产品合格证和法定检测单位的检测检验报告，生产厂家必须具有技术质量监督部门颁发的生产许可证。没有质量证明材料或质量证明材料不齐全的钢管、扣件不得进入施工现场。

（C）施工现场的钢管、扣件每次使用前，施工单位必须按照现行国家标准《金属拉伸试验方法》（GB/T 228）、《钢管脚手架扣件》（GB 15831）和《建筑施工扣件式钢管脚手架安全技术规范》（JGJ 130—2001）对钢管、扣件质量进行抽样检测，合格后方可使用。

（D）施工现场应建立钢管、扣件使用台账，详细记录钢管、扣件的来源、数量、使用次数、使用部位和质量检验等情况，防止未经检测或检测不合格的钢管、扣件在施工中使用。

（E）钢管脚手架拆除作业时，应将钢管、扣件在同一操作层集中收集，统一搬运。严禁将钢管、扣件由高处抛掷至地面。

（F）施工现场要落实专人，加强钢管、扣件的维修保养工作。钢管、扣件应按品种、规格分类堆放，堆放场地不得有积水。每次使用回收后，应及时清理检查，剔除报废的钢管、扣件，进行防锈处理后存放。

（G）要严格钢管、扣件的报废制度。施工企业必须设立专门部门和相关专业人员，加强对钢管、扣件的管理和检测。凡有裂缝、结疤、分层、错位、硬弯、毛刺、深的划道和外径、壁厚、端面偏差超过规范要求的钢管，有裂缝、变形、螺栓出现滑丝的扣件必须作报废处理，严禁再度使用。

5. 模板

模板及其支架应根据工程结构形式、荷载大小、地基土类别、施工设备和材料供应等条件进行设计。模板及其支架应具有足够的承载能力、刚度和稳定性，能可靠地承受浇筑混凝土的重力、侧压力以及施工荷载。

（1）组合钢模板

组合钢模板是定型模板中的一种，为工具式模板，由少数具有一定模数的几种类型的平面模板、角模、支承件和连接件等组成，可用以组成各种形状和尺寸的适合建筑物施工用的模板。组合钢模板的拼装，主要是通过模板肋上的孔用 U 形卡和 L 形插销进行拼装。拼成大块模板后，为了增加其刚度和承载能力，在模板背面可按计算要求用矩形钢管、圆钢管、内卷边槽钢、槽钢和钢桁架等予以加强，并用钩头螺栓和扣件加以连接构成整体模板。

混凝土结构和构件的转角部位则用角模拼接，角模可按要求做成不同的角度。由于结构施工的需要，组合钢模板也可以拼装成各种空间模板体系。因此还要有支撑系统，支撑系统可以是钢管架、钢管脚手支架或门式脚手架等。钢模板和支撑系统用连接件连接。

钢模板中的平面机械模板主要规格有：长450mm、600mm、750mm、900mm、1200mm、1500mm，宽100mm、150mm、200mm、250mm、300mm等。阴、阳角模及连接角模宽可小至50mm，因此钢模板可以以50mm为模数。

钢模中尚有一些如倒模模板、梁腋模板等异形模板。

组合模板的板块平面模板和配件轻便灵活、拆装方便，适宜于人工操作。模板板块质量轻、体积小、刚度大，不但广泛用于一般工业与民用建筑中，而且也适用于高层建筑的现浇混凝土工程。

(2) 竹、木胶合模板

竹、木胶合模板主要是指竹胶合板和九夹板，本身并非制作用于模板使用。但由于其工艺成熟，市场供应充足，拼装方便，能通过简单加工切割即可用以组成各种形状和尺寸的适合建筑物施工用的模板。竹、木胶合模板的拼装相对组合钢模板容易，由于相邻胶合板之间并没有合适的连接件，组合钢模板中的连接件和支承件的功能在此均由支承件独立完成。竹、木胶合模板拼接成型后，为了保证其刚度和承载能力，在模板背面可按计算要求用矩形钢管、圆钢管、内卷边槽钢、槽钢和钢桁架等予以加强。在组成柱、墙、梁等侧向模板时，还应使用对拉螺栓予以固定。

竹、木胶合模板同样可以拼装成各种空间模板体系。其组成空间侧向模板体系时，由支承系统予以固定；其组成平板体系时，使用可调升降式钢管架、钢管脚手支架或门式脚手架等支撑系统，竹、木胶合模板是搁置在支撑系统上的，支撑系统顶部垫以枕木作肋。

木胶合模板拼装速度较组合钢模板快捷，甚至可以固定横肋后组成大模板就位，使支撑系统牢固，表面平整度较钢模板好。由于没有规定模数，可以切割加工，转折节点处拼接质量好，但是如小构件类型多，加工拼接较复杂，损耗也大。且损坏后无法像钢模可以修复后重新投入使用。

实际施工中，单独使用组合钢模板或单独使用竹、木胶合模板的工程均有。也有将组合钢模板和竹、木胶合模板配合使用的，具体来说，梁、柱、墙以组合钢模板为主，楼板则使用竹、木胶合模板。

(3) 几种特殊模板

建筑物形式的多样化，使现浇混凝土结构构件的形状也日趋多样，为了适合使用需要，出现了一些特殊的模板。

1) 圆柱模板

因为建筑处理的需要，近年来，设计中圆柱也多了起来，且设计师要求采用清水混凝土面，如用小规格钢模拼装圆柱模板，会造成变形，且混凝土表面外观不易达到设计要求。一般来说，应专门制作圆柱模板，现场制作圆柱模板的方法一般采用薄钢板弯成与圆柱吻合的半圆，用纵横木方作衬肋，根据圆柱高度分成一段或数段不等，几片拼合可成。横向木方应定出中心点，切出槽口以便复核。如工程中圆柱数量较多，可预制玻璃钢圆柱模板或定型钢模板，能更好地保证工程质量。

2）提升模板（滑模、爬模）

滑动模板工艺（滑模）是用专门的液压千斤顶，使建筑物的垂直构件（墙、柱）模板不断向上滑动提升，在模板运动状态下，连续浇筑混凝土，使成型的结构构件符合设计要求。

爬模结合了大模板和滑模的某些特点，在大模板形成轮廓的范围内，浇混凝土完毕后，再采用机械进行提升。这两种模板对保证建筑物的垂直度、上下构件的一致与连续、提高效率有着积极的意义，可以使建筑工程的机械化程度大大提高。

3）艺术混凝土模板

艺术混凝土模板所使用的模板根据不同设计要求，可以是经过处理的大模板，也可用纹理清晰美观的木材或特制的铸铝模板。装饰混凝土所使用的模板要求较高，为了达到装饰效果，必须要有挺拔的线型、精致的外形，严格使各部位外形尺寸准确，大面平整，线条规矩，支撑系统具有足够的刚度和稳定性。模板拼接应是企口缝且要密封，不得有轻微漏浆。对拉螺栓应有规律排列，并使其具有艺术效果。

四、建筑施工基础知识

（一）土方和地基工程施工

1. 场地平整

场地平整为施工中的一项重要内容，施工程序一般为：现场勘察→清理地面障碍物→标定整平范围→设置水准基点→设置方格网，测量标高→计算土方挖填工程量→平整土方→场地碾压→验收。

2. 土方开挖

开挖基坑（槽）应按规定的尺寸合理确定开挖顺序和分层开挖深度，连续地进行施工，尽快地完成。为防止边坡发生塌方或滑坡，根据土质情况及坑（槽）深度，一般距基坑上部边缘 2m 以内不得堆放土方和建筑材料，或沿坑边移动运输工具和机械，在此距离外堆置，高度不应超过 1.5m，否则，应验算边坡的稳定性。

挖土应自上而下水平分段分层进行，每 3m 左右修整一次边坡，到达设计标高后，再统一进行一次修坡清底，检查底宽和标高，要求坑底凹凸不超过 2.0cm。深基坑一般采用"分层开挖，先撑后挖"的开挖原则。

为了防止基底土（特别是软土）受到浸水或其他原因的扰动，基坑（槽）挖好后，应立即验槽做垫层，否则，应在基底标高以上预留 15～30cm 厚的土层，待下道工序开始时再行挖去。如采用机械挖土，为防止超挖，破坏地基土，应根据机械种类，在基底标高以上预留一层土进行人工清槽。

3. 基坑排水与井点降水

在开挖基坑、地槽、管沟或其他土方时，土的含水层常被切断，地下水将会不断地渗入坑内。雨季施工时，地面水也会流入坑内。为了保证施工的正常进行，防止边坡塌方和地基承载能力的下降，必须做好基坑降水工作。降水方法分明排水法和人工降低地下水位法两类。

（1）明排水法

在基坑或沟槽开挖时，采用截、疏、抽的方法来进行排水。开挖时，沿坑底周围或中央开挖排水沟，再在沟底设集水井，使基坑内的水经排水沟流向集水井，然后用水泵抽走。

基坑四周的排水沟及集水井应设置在基础范围以外，地下水流的上游。

（2）井点降水法

井点降水就是在基坑开挖前，预先在基坑四周埋设一定数量的滤水管（井），利用抽水设备，在基坑开挖前和开挖过程中不断地抽出地下水，使地下水位降低到坑底以下，直至基础工程施工完毕为止。

井点降水的方法有：轻型井点、喷射井点、电渗井点、管井井点及深井井点等。施工时可根据土的渗透系数、要求降低水位的深度、工程特点、设备条件及经济性等具体条件参考选用。

4. 深基坑边坡支护

深基坑开挖，采用放坡无法保证施工安全或现场无放坡条件时，一般采用支护结构临时支挡，以保证基坑的土壁稳定。深基坑支护结构既要确保坑壁稳定、坑底稳定、临近建筑物与构筑物和地下管线、道路的安全，又要考虑支护结构技术先进、受力可靠、施工方便、经济合理、有利于土方开挖和地下室的建造。

支护结构分挡土（挡水）及支撑拉结两部分，而挡土部分因地质水文情况不同又分透水部分及止水部分。透水部分的挡土结构需在基坑内外设排水降水井，以降低地下水位。止水部分的挡土结构主要是防止基坑外地下水进坑内，如做防水帷幕、地下连续墙等，只在坑内外设降水井。

5. 地下连续墙和锚杆施工

（1）地下连续墙

地下连续墙是在地面上采用专门的挖槽机械，沿着新开挖工程的周边轴线，在泥浆护壁条件下，开挖一条狭长的深槽，清槽后在槽内吊放钢筋笼，然后用导管法浇筑水下混凝土，筑成一个单元槽段，如此逐段进行，在地下筑成一道连续的钢筋混凝土墙壁，作为截水、防渗、承重和挡土结构。

（2）锚杆

土层锚杆简称土锚杆，是在地面或深开挖的地下室墙面（挡土墙或地下连续墙）或基坑立壁未开挖的土层钻孔或掏孔，达到一定深度后，或在扩大孔的端部，形成球状或其他形状，在孔内放入钢筋、钢管或钢丝束、钢绞线或其他抗拉材料，灌入水泥浆或化学浆液，使其与土层结合成为抗拉（拔）力强的锚杆。

6. 土方回填

建筑工程的填土，主要有地基填土、基坑（槽）或管沟回填、室内地坪回填、室外场地回填平整等。对地下设施工程（如地下结构物、沟渠、管线沟等）的两侧或四周及上部的回填土，应先对地下工程进行各项检查，办理验收手续后方可回填。

（1）人工填土方法

（2）机械填土方法　一般有推土机填土；铲运机填土；汽车填土三种。

（3）压实方法　一般有碾压法、夯实法和振动压实法以及利用运土工具压实。对于大面积填土工程，多采用碾压和利用运土工具压实。较小面积的填土工程，则宜用夯实工具进行压实。

（二）基础工程施工

1. 砖石基础施工

（1）砖基础施工

砖基础砌筑前，应先检查垫层施工是否符合质量要求，然后清扫垫层表面，将浮土及垃圾清除干净。砌基础时可依皮数杆先砌几皮转角及交接处部分的砖，然后在其间拉准线砌中间部分。若砖基础不在同一深度，则应先由底往上砌筑。在砖基础高低台阶接头处，下台面台阶要砌一定长度（一般不小于500mm）实砌体，砌到上面后和上面的砖一起退台。

（2）毛石基础施工

毛石基础的顶面宽度应比墙厚大 200mm，即每边宽出 100mm。每阶高度一般为 300～400mm，并至少砌二皮毛石。上级阶梯的石坡应至少压砌下级阶梯的 1/2，相邻阶梯的毛石应相互错缝搭砌。

2. 钢筋混凝土基础施工

（1）独立基础

1）在混凝土浇筑前，基坑（槽）应进行验槽，轴线、基坑（槽）尺寸和土质应符合设计规定。基坑（槽）内浮土、积水、淤泥、垃圾、杂物应清除干净。局部软弱土层应挖去，用灰土或砂砾分层回填夯实至与基底相平。

2）验槽后应立即浇筑垫层混凝土，以免地基土被扰动。混凝土宜用表面振动器进行振捣，要求表面平整。当垫层达到一定强度后，在其上弹线、支模、铺放钢筋网片，注意钢筋保护层厚度，保证位置正确。

3）在浇筑基础混凝土前，应清除干净模板和钢筋上的垃圾、泥土和油污等杂物，并浇水湿润模板，对模板和钢筋按规范规定进行检查验收。

4）基础混凝土宜分层连续浇筑完成。阶梯形基础的每一台阶高度内应整段分层浇捣，每浇完一台阶应停 0.5～1.0h，待其获得初步沉实后，再浇筑上层，台阶表面应基本抹平。

5）锥形基础应注意锥体斜面坡度的正确，斜面部分的模板应随混凝土浇捣分段支设并顶压紧，以防模板上浮变形，边角处的混凝土必须注意捣实。

6）基础上有插筋时，要加以固定，保证插筋位置的正确，防止浇捣混凝土时发生移位。

7）混凝土浇筑完毕，外露表面应覆盖浇水养护。

（2）条形基础

1）、2）、3）点同独立基础。

4）混凝土自高处倾落时，其自由倾落高度不宜超过 2m。

5）混凝土宜分段分层浇筑。各段各层间应互相衔接，使逐段逐层呈阶梯形推进，并注意先使混凝土充满模板边角，然后浇筑中间部分。

6）混凝土应连续浇筑，以保证结构良好的整体性。

7）混凝土浇筑完毕，外露表面应覆盖浇水养护。

（3）筏形基础

1）施工前，如地下水位较高，可采用人工降低地下水位法使地下水位降至基坑底不少于 500mm，以保证在无水情况下进行基坑开挖和基础施工。

2）筏形基础浇筑前，应清扫基坑、支设模板、铺设钢筋。

3）混凝土浇筑方向应顺次梁长度方向，对于平板式筏形基础则应平行于基础短边方向。

4）施工时，可采用先在垫层上绑扎底板、梁的钢筋和柱子锚固插筋，浇筑底板混凝土，待达到 25% 设计强度后，再在底板上支梁模板，继续浇筑完梁部分混凝土；也可采用底板和梁模板一次同时支好，混凝土一次连续浇筑完成，梁侧模板采用支架支承并固定牢固。

5）混凝土浇筑应一次浇筑完成，一般不留施工缝，必须留设时，应按施工缝留设要求进行留置和处理，并应设置止水带。

6) 基础浇筑完毕，表面应覆盖和洒水养护不少于7d，并防止地基被水浸泡。

7) 当混凝土强度达到设计强度的30%时，应进行基坑回填。

3. 桩基础施工

(1) 钢筋混凝土预制桩施工

混凝土预制桩的混凝土强度达到设计强度的70%方可起吊；达到100%方可运输。如提前起吊，必须采取措施并经验算合格方可进行。

堆放桩的地面必须平整、坚实，垫木间距应与吊点位置相同，各层垫木应上下对齐，并位于同一垂直线上，堆放层数不宜超过4层。不同规格的桩，应分别堆放。

打桩时宜用"重锤低击"，"低提重打"，可取得良好效果。开始打桩时，地层软、沉降量较大，锤的落距宜较低，一般为0.6~0.8m，使桩能正常沉入土中。待桩入土一定深度（约1~2m），桩尖不易产生偏移时，可适当增大落距，逐渐提高到规定的数值，并控制锤击应力连续锤击。

桩的入土深度的控制，对于承受轴向荷载的摩擦桩，以标高为主，贯入度作为参考；端承桩则以贯入度为主，以标高作为参考。

施工时，贯入度的记录，对于落锤、单动汽锤和柴油锤取最后10击的入土深度；对于双动汽锤，则取最后一分钟内桩的入土深度。

打桩最后阶段，沉入太小时，要避免硬打，如难沉下，要检查桩垫、桩帽是否适宜，需要时可更换或补充软垫。

预制桩施工中，由于受到场地、运输及桩机设备等的限制，一般先将长桩分节预制后，再在沉桩过程中接长。目前预制桩的接桩工艺主要有硫磺胶泥浆锚法接桩、焊接法接桩和法兰螺栓接桩法等三种。前一种适用于软弱土层，后两种适用于各类土层。

(2) 混凝土灌注桩施工

1) 确定成孔施工顺序　钻孔灌注桩和机械扩孔对土没有挤密作用，一般可按钻机行走最方便等现场条件确定成孔施工顺序。沉管灌注桩和爆扩灌注桩对土有挤密、振动影响，可结合现场施工条件确定施工顺序：间隔1个或2个桩位成孔；在邻桩混凝土初凝前或终凝后成孔；5根以上单桩组成的群桩基础，中间的桩先成孔，外围的桩后成孔；同一个桩基础的爆扩灌注桩，可采用单爆或联爆法成孔。

2) 成孔深度的控制　摩擦型桩：摩擦桩以设计桩长控制成孔深度；端承摩擦桩必须保证设计桩长及桩端进入持力层深度；当采用锤击沉管法成孔时，桩管入土深度以标高控制为主，以贯入度控制为辅。端承型桩：当采用锤击法成孔时，沉管深度控制以贯入度为主，设计持力层标高控制为辅。

3) 钢筋笼的制作　制作钢筋笼时，要求主筋环向均匀布置，箍筋的直径及间距、主筋的保护层、加劲箍的间距等均应符合设计规定。箍筋和主筋之间一般采用点焊。分段制作的钢筋笼，其接头宜采用焊接并应遵守《混凝土结构工程施工质量验收规范》。

钢筋笼吊放入孔时，不得碰撞孔壁。灌注混凝土时应采取措施固定钢筋笼的位置，避免钢筋笼受混凝土上浮力的影响而上浮。

泥浆护壁成孔灌注桩的施工工艺流程：

测定桩位→埋设护筒→制备泥浆→成孔→清孔→下钢筋笼，浇混凝土。

(3) 桩承台施工

桩基承台施工一般应按先深后浅顺序。承台埋置较深时，应对临近建筑物、市政设施，采取必要的保护措施，在施工期间应进行监测。

承台钢筋在绑扎前必须将灌注桩桩头浮浆部分或锤击面破坏部分（预制混凝土桩、钢桩）去除，并应确保桩体埋入承台长度符合设计要求，钢管桩尚应装好桩顶连接件。

承台混凝土应一次浇注完成，混凝土入槽宜用平铺法。大体积承台混凝土施工，应采取有效措施防止温度应力引起裂缝。

（三）砌体工程施工

1. 砖墙的砌筑施工

砌砖施工通常包括抄平、放线、摆砖样、立皮数杆、挂准线、铺灰、砌砖等工序。如是清水墙，则还要进行勾缝。

(1) 抄平

砌砖墙前，先在基础面或楼面上按标准水准点定出各层标高，并用水泥砂浆或C10细石混凝土找平。

(2) 放线

建筑物底层墙身可按龙门板上轴线定位钉为准拉麻线，沿麻线挂下线锤，将墙身中心轴线放到基础面上，并据此墙身中心轴线为准弹出纵横墙身边线，并定出门窗洞口位置。轴线的引测是放线的关键，必须按图纸要求尺寸用钢皮尺进行校核。

(3) 摆砖样

按选定的组砌方法，在墙基顶面放线位置试摆砖样（生摆，即不铺灰），尽量使门窗垛符合砖的模数，偏差小时可通过竖缝调整，以减小斩砖数量，并保证砖及砖缝排列整齐、均匀，以提高砌砖效率。

(4) 立皮数杆

立皮数杆可以控制每皮砖砌筑的竖向尺寸，并使铺灰、砌砖的厚度均匀，保证砖面水平。皮数杆一般立于墙的转角处，其基准标高用水准仪校正。

(5) 铺灰砌砖

常用的有满刀灰砌筑法（也称提刀灰），夹灰器、大铲铺灰及单手挤浆法，铺灰器、灰瓢铺灰及双手挤浆法。砌砖宜采用"三一砌筑法"，即一铲灰、一块砖、一揉浆的砌筑方法。当采用铺浆法砌筑时，铺浆长度不得超过750mm；施工期间气温超过30℃时，铺浆长度不得超过500mm。实心砖砌体大都采用一顺一丁，三顺一丁或梅花顶的组砌方法。

砖砌体组砌方法应正确。上、下错缝，内外搭砌。240mm厚承重墙的每层墙最上一皮砖或梁、梁垫下面，或砖砌体的台阶水平面上及挑出层，应整砖丁砌。多孔砖的孔洞应垂直于受压面砌筑。

构造柱混凝土可分段浇灌，每段高度不宜大于2m。在施工条件较好并能确保浇灌密实时，亦可每层浇灌一次。振捣时，振捣器应避免触碰砖墙，严禁通过砖墙传递振动。

填充墙、隔墙必须把预埋在柱中的拉结钢筋砌入墙内。拉结钢筋的规格、数量、间距、长度应符合设计要求。填充墙砌体留置的拉结钢筋或网片的位置应与块体皮数相符合。拉结钢筋或网片应置于灰缝中，竖向位置偏差不应超过一皮高度。

填充墙砌至接近梁、板底时，应留一定空隙，待填充墙砌筑完并应至少间隔 7d 后，再采用侧砖、立砖、砌块斜砌挤紧，其倾斜度宜为 60°左右。

2. 砖柱的砌筑施工

砖柱的组砌，应使柱面上下皮的竖缝相互错开 1/2 砖长或 1/4 砖长，在柱心无通天缝，少砍砖，并尽量利用二分头砖（即 1/4 砖）。柱子每天砌筑高度不能超过 2.4m，太高了会由于砂浆受压缩后产生变形，可能使柱发生偏斜。严禁用包心组砌法。

（四）钢筋混凝土结构工程施工

1. 钢筋的绑扎和焊接

（1）钢筋的绑扎

钢筋绑扎时，钢筋交叉点用铁丝扎牢；梁和柱的箍筋应与受力钢筋垂直设置，弯钩叠合处应沿受力钢筋方向错开设置。受拉钢筋和受压钢筋接头的搭接长度及接头位置应符合施工及验收规范的规定。

（2）钢筋的焊接

钢筋焊接分为压焊和熔焊两种形式。压焊包括闪光对焊、电阻点焊和气压焊；熔焊包括电弧焊和电渣压力焊。

2. 钢筋的下料长度

为使钢筋满足设计要求的形状和尺寸，需要对钢筋进行弯折，而弯折后钢筋各段的长度总和并不等于其在直线状态下的长度，所以就需要对钢筋的剪切下料长度加以计算。各种钢筋的下料长度可按下式进行计算。

钢筋下料长度 L＝外包尺寸＋钢筋末端弯钩或弯折增长值－钢筋中间部位弯折的量度差值

（1）钢筋下料长度 L

钢筋在直线状态下剪切下料，剪切前量得的直线状态下长度。

（2）外包尺寸

钢筋外缘之间的长度，结构施工图中所指钢筋长度和施工中量度钢筋所得的长度均视为钢筋的外包尺寸。

（3）弯钩增长值

光圆钢筋一般将其两端做成 180°弯钩。因其韧性较好，圆弧弯曲直径（d）应大于或等于钢筋直径（d）的 2.5 倍，平直段部分长度不小于钢筋直径的 3 倍；用于轻骨料混凝土结构时，其弯曲直径（d）不应小于钢筋直径的 3.5 倍。带肋钢筋一般不做弯钩；为了满足锚固长度的要求，末端常作 90°或 135°弯折。弯钩增长值的计算值：180°弯钩为 6.25d，90°弯折为 3.5d，135°弯折为 4.9d。

（4）钢筋中间部位弯折处的量度差值

钢筋弯折后，外边缘伸长，内边缘缩短，而中心线既不伸长也不缩短。但钢筋长度的度量方法是指外包尺寸，因此钢筋弯曲后，存在一个量度差值，计算下料长度时必须加以扣除。钢筋弯曲量度差值列于表 4-1 中。

钢筋弯曲量度差值　　　　表 4-1

钢筋弯曲角度	30°	45°	60°	90°	135°
钢筋弯曲量度差值	0.35d	0.5d	0.85d	2d	2.5d

（5）箍筋弯钩增长值

用 HPB235 级钢筋或冷拔低碳钢丝制作的箍筋，其弯钩的弯曲直径应大于受力钢筋直径，且不小于箍筋直径的 2.5 倍；弯钩平直部分的长度，对一般结构，不宜小于箍筋直径的 5 倍，对有抗震要求的结构，不应小于箍筋直径的 10 倍。箍筋调整值见表 4-2 所列。

箍筋调整值　　　　　　　　　　　　　　　表 4-2

箍筋量度方法	箍筋直径(mm)			
	4～5	6	8	10～12
量外包尺寸	40	50	60	70
量内皮尺寸	80	100	120	150～170

注：本表为非抗震箍筋的下料长度，计算弯钩平直段按 5d 考虑。若抗震，箍筋下料长度应再增加 10d，且平直段长度不小于 75mm。

3. 柱、梁、板中钢筋的绑扎

钢筋的绑扎应符合以下要求：

1）钢筋的交叉点采用钢丝扎牢。

2）板和墙的钢筋网，除靠近外围两行钢筋的相交点全部扎牢外，中间部分交叉点可间隔交错扎牢，以免网片歪斜变形；双向受力的钢筋，必须全部扎牢。配有双排钢筋的构件，两排钢筋之间应垫以大于 $\phi25$ 的钢筋头或绑扎 $\phi6～\phi8$ 钢筋制成的撑钩，以保持双排钢筋间距正确，支架间距 0.8～1.5m。

3）梁和柱的箍筋，除设计有特殊要求外，应与受力钢筋垂直设置。箍筋弯钩叠合处应沿受力钢筋方向错开设置。

4）在柱中竖向钢筋搭接时，角部钢筋的弯钩平面与模板面的夹角，对矩形柱为 45°角，对多边形柱为模板内角的平分角；对圆形柱钢筋的弯钩平面与模板的切平面垂直。

5）板、次梁与主梁交叉处，板的钢筋在上，次梁的钢筋居中，主梁的钢筋在下，当有圈梁或垫梁时，主梁的钢筋应放在圈梁上。

4. 柱、梁、板的支模与拆除

（1）模板的安装

模板与混凝土的接触面应清理干净并涂刷隔离剂，但不得采用影响结构性能或妨碍装饰工程施工的隔离剂。模板安装应做到接缝严密，对木模板在浇筑混凝土前，应浇水湿润，但模板内不应有积水。固定在模板上的预埋件，预留孔和预留洞均不得遗漏，且应安装牢固。对整体式多层房屋，分层支模时，上层支撑应对准下层支撑，并铺设垫板。

梁跨度在 4m 或 4m 以上时，底模板应起拱，如设计无具体规定，一般可取结构跨度的 1/1000～3/1000，木模板可取偏大值，钢模板可取偏小值。

（2）模板的拆除

1）模板拆除时的混凝土强度

现浇整体式结构的模板及其支架拆除时的混凝土强度，应符合设计要求，当无设计要求时，应符合下列规定：侧面模板在混凝土强度能保证其表面及棱角不因拆除模板而受损坏后，方可拆除；底面模板对混凝土的强度要求较严格，在混凝土强度符合表 4-3 规定后，方可拆除。

现浇结构拆模时所需混凝土强度　　　　　　　　表 4-3

构件类型	构件跨度(m)	达到设计的混凝土立方体抗压强度标准值的百分率(%)
板	≤2	≥50
板	>2,≤8	≥75
板	>8	≥100
梁、拱、壳	≤8	≥75
梁、拱、壳	>8	≥100
悬臂构件	—	≥100

2) 模板的拆除顺序

一般是后支先拆，先支后拆。先拆除非承重部分，后拆除承重部分，顺序进行。重大复杂模板的拆除，事先应制订拆除方案。

框架结构模板的拆除顺序一般是柱→楼板→梁侧板→梁底板。

拆模时不要过急，不可用力过猛，拆下来的模板要及时清运。定型模板，拆除后应逐块传递下来，不得抛掷，拆下后，要清理干净，板面刷油，分类堆放整齐。

5. 混凝土拌制、浇捣、养护

(1) 混凝土的拌制

1) 加料顺序

搅拌时加料顺序普遍采用一次投料法，将砂、石、水泥和水一起加入搅拌筒内进行搅拌，搅拌混凝土前，先在料斗中装入石子，再装水泥及砂；水泥夹在石子和砂中间，上料时减少水泥飞扬，同时水泥及砂子不致粘住斗底。料斗将砂、石、水泥倾入搅拌机的同时加水。

2) 搅拌时间

从砂、石、水泥和水等全部材料装入搅拌筒开始到开始卸料止所经历的时间称为混凝土的搅拌时间。混凝土搅拌的最短时间与搅拌机的类型和容量、骨料的品种、对混凝土流动性的要求等因素有关，应符合规范的规定。

3) 一次投料量

施工配合比换算是以每立方米混凝土为计算单位的，搅拌时要根据搅拌机的出料容量（即一次可搅拌出的混凝土量）来确定一次投料量。

(2) 混凝土浇捣

将混凝土浇筑到模板内并振捣密实是保证混凝土工程质量的关键。

1) 混凝土浇筑

(A) 混凝土分层浇筑　为了使混凝土能够振捣密实，浇筑时应分层浇筑、振捣，并在先浇混凝土初凝之前，将后浇混凝土浇筑并振捣完毕。

(B) 竖向结构混凝土浇筑　竖向结构（墙、柱等）浇筑混凝土前，底部应先填50～100mm厚与混凝土内砂浆成分相同的水泥砂浆。砂浆应用铁铲入模，不应用料斗直接倒入模内。浇筑墙体洞口时，要使洞口两侧混凝土高度大体一致。振捣时，振动棒应距洞边300mm以上，并从两侧同时振捣，以防止洞口变形。

(C) 梁和板混凝土的浇筑　在一般情况下，梁和板的混凝土应同时浇筑。较大尺寸的梁（梁的高度大于1m）、拱和类似的结构，可单独浇筑。在浇筑与柱和墙连成整体的梁和板时，应在柱和墙浇筑完毕后停歇1～1.5h，使其获得初步沉实后，再继续浇筑梁和板。

（D）施工缝 施工缝的位置应在混凝土浇筑之前确定，宜留在结构受剪力较小且便于施工的部位。柱应留水平缝，梁、板应留垂直缝。

柱宜留置在基础的顶面、梁或吊车梁牛腿的下面、吊车梁的上面、无梁楼板柱帽的下面；和板连成整体的大截面梁，留置在板底面以下20～30mm处。单向板，留置在平行于板的短边的任何位置。有主次梁的楼板，宜顺着次梁方向浇筑，施工缝宜留置在次梁跨中1/3的范围内。墙留置在门洞口过梁跨中1/3范围内，也可留在纵横墙的交接处。

双向受力楼板、大体积混凝土结构、拱、薄壳、蓄水池、斗仓、多层钢架及其他结构复杂的工程，施工缝的位置应按设计要求留置。

在留置施工缝处继续浇筑混凝土时，已浇筑的混凝土，其抗压强度应不小于1.2MPa。在已硬化的混凝土表面上，应清除水泥薄膜和松动石子以及软弱混凝土层，并加以充分湿润和冲洗干净，不得积水。在浇筑混凝土前，施工缝处宜先铺水泥浆或与混凝土成分相同的水泥砂浆一层。

2）混凝土的振捣

混凝土捣实的方法有人工振捣和机械振捣。机械振捣在施工现场主要用振动法。

采用插入式振动器捣实混凝土时，振动棒宜垂直插入混凝土中，为使上下层混凝土结合成整体，振动棒应插入下层混凝土50mm。振动器移动间距不宜大于作用半径的1.5倍；振动器距离模板，不应大于振动器作用半径的1/2；并应避免碰撞钢筋、模板、芯管、吊环或预埋件。

表面振动器又称平板式振动器，使用时振动器底板与混凝土接触，每一个位置振捣到混凝土不再下沉，表面返出水泥浆时为止，再移动到下一个位置。

（3）混凝土养护

混凝土的养护方法很多，最常用的是对混凝土试块的标准条件下的养护，对预制构件的蒸汽养护，对一般现浇钢筋混凝土结构的自然养护等。

1）自然养护

自然养护是在常温下（平均气温不低于5℃）用适当的材料（如草帘）覆盖混凝土，并适当浇水，使混凝土在规定的时间内保持足够的湿润状态。混凝土的自然养护应符合下列规定：

（A）在混凝土浇筑完毕后，应在12h以内加以覆盖和浇水；

（B）混凝土的浇水养护日期：硅酸盐水泥、普通硅酸盐水泥和矿渣硅酸盐水泥拌制的混凝土，不得少于7d；掺用缓凝型外加剂或有抗渗性要求的混凝土，不得少于14d；

（C）浇水次数应能保持混凝土具有足够的润湿状态为准，养护初期，水泥水化作用进行较快，需水也较多，浇水次数要多；气温高时，也应增加浇水次数；

（D）养护用水的水质与拌制用水相同。

2）蒸汽养护

蒸汽养护是将构件放在充有饱和蒸汽或蒸汽、空气混合物的养护室内，在较高的温度和相对湿度的环境中进行养护，以加快混凝土的硬化。

常压蒸汽养护过程分为四个阶段：静停阶段、升温阶段、恒温阶段及降温阶段。

（五）防水工程施工

1. 屋面防水工程

（1）卷材防水屋面施工

1）基本规定

（A）基层处理　屋面的结构层为装配式混凝土板时，应采用细石混凝土灌缝；找平层表面应压实平整，排水坡度应符合设计要求；基层与突出屋面结构的转角处应做成半径不小于50mm的圆弧或钝角；铺设隔汽层前，基层必须干净干燥；涂刷基层处理剂不得露底，待干燥后方可铺贴卷材。

（B）铺贴方法　卷材的铺设方向按照屋面的坡度确定：当坡度小于3%时，宜平行屋脊铺贴；坡度在3%～15%之间时，可平行或垂直屋脊铺贴。坡度大于15%或屋面有受振动情况，沥青防水卷材应垂直屋脊铺贴；高聚物改性沥青防水卷材和合成高分子防水卷材可平行或垂直屋脊铺贴。坡度大于25%时，应采取防止卷材下滑的固定措施。不论采用何种卷材，叠层卷材防水层的上下层卷材不得相互垂直铺贴。铺贴卷材应采用搭接法，相邻两幅卷材和上下层卷材的搭接缝应错开。平行于屋脊的搭接缝应顺流水方向搭接；垂直于屋脊的搭接缝应顺年最大频率风向搭接。对同一坡面，则应先铺好落水漏斗、天沟、女儿墙、沉降缝部位，特别应先做好泛水，然后顺序铺设大屋面的防水层。

（C）保护层　为延长防水卷材的使用年限，各类卷材防水层的表面均应做保护层。

2）沥青防水卷材施工

使用热玛琋脂铺贴沥青防水卷材的工艺流程如下：

清理基层→喷、涂基层处理剂（冷底子油）→细部构造（节点）附加层增强处理→定位弹基准线→铺贴卷材→收头处理、细部构造（节点）密封→检查、修整→做保护层

在有保温层的屋面，当保温层和找平层干燥有困难时，宜采用排汽屋面。在铺贴卷材防水层前，排汽道应纵横贯通，不得堵塞；铺贴卷材时应避免玛琋脂流入排汽道。

3）高聚物改性沥青防水卷材施工

根据高聚物改性沥青防水卷材的特性，其施工方法有热熔法、冷粘法和自粘法三种。目前，使用最多的是热熔法。

4）合成高分子防水卷材施工

合成高分子防水卷材的铺贴方法有：冷粘法、自粘法和热风焊接法。目前国内采用最多的是冷粘法。

（2）涂膜防水屋面施工

1）基本规定

涂膜防水屋面施工的工艺流程如下：

表面基层清理、修理→喷涂基层处理剂→节点部位附加增强处理→涂布防水涂料及铺贴胎体增强材料→清理及检查修理→保护层施工

为避免基层变形导致涂膜防水层开裂，涂膜层应加铺胎体增强材料，如玻纤网布、化纤或聚酯无纺布等，与涂料形成一布两涂、两布三涂或多布多涂的防水层。

防水涂膜施工应分层分遍涂布。待先涂的涂层干燥成膜后，方可涂布后一遍涂料。胎

体的搭接宽度,长边不得小于50mm;短边不得小于70mm。采用两层或以上胎体增强材料时,上下层不得互相垂直铺设,搭接缝应错开,其间距不应小于幅宽的1/3。涂膜防水层的收头应用防水涂料多遍涂刷或用密封材料封严。

防水涂膜严禁在雨天、雪天施工;五级风及其以上时或预计涂膜固化前有雨时不得施工;气温低于5℃或高于35℃时不宜施工。

2) 合成高分子防水涂膜施工

合成高分子防水涂料是现有各类防水涂料中综合性能指标最好、质量较为可靠、值得提倡推广应用的一类防水涂料。

合成高分子防水涂膜的厚度不应小于2mm,在Ⅲ级防水屋面上复合使用时,不宜小于1mm。可采用刮涂或喷涂施工。当采用刮涂施工时,每遍刮涂的推进方向宜与前一遍相互垂直。多组分涂料应按配合比准确计量,搅拌均匀,及时使用。配料时可加入适量的缓凝剂或促凝剂调节固化时间,但不得混入已固化的涂料。

在涂层中夹铺胎体增强材料时,位于胎体下面的涂层厚度不宜小于1mm;涂刮最上层的涂层不应少于两遍。

(3) 刚性防水屋面施工

刚性防水屋面的结构层宜为整体现浇钢筋混凝土。刚性防水层与山墙、女儿墙以及与突出屋面结构的交接处,均应作柔性密封处理。

细石混凝土防水层与基层之间宜设置隔离层,隔离层可采用纸筋灰、麻刀灰、低强度等级砂浆、干铺卷材等。

防水层的细石混凝土宜用普通硅酸盐水泥或硅酸盐水泥;当采用矿渣硅酸盐水泥时应采取减小泌水性的措施;水泥强度等级不宜低于32.5级,并不得使用火山灰质水泥。防水层的细石混凝土宜掺膨胀剂、减水剂、防水剂等外加剂,并应用机械搅拌,机械振捣。防水层内严禁埋设管线。普通细石混凝土和补偿收缩混凝土防水层应设置分格缝,其纵横间距不宜大于6m,分格缝内应嵌填密封材料。分格缝截面宜做成上宽下窄,分格条在起条时不得损坏分格缝边缘处的混凝土。

细石混凝土防水层的厚度不应小于40mm,并应配置直径为$\phi 4 \sim \phi 6$,间距为$100 \sim 200$mm 的双向钢筋网片(宜采用冷拔低碳钢丝)。钢筋网片应放置在混凝土中的上部,在分格缝处应断开,其保护层厚度不应小于10mm。

混凝土水灰比不应大于0.55;每立方米混凝土的水泥最小用量不应小于330kg。

2. 卫生间的防水施工

卫生间是建筑物中不可忽视的防水工程部位。传统的卷材防水做法已不适应卫生间防水施工的特殊性,即施工面积小,穿墙管道多,设备多,阴阳转角复杂,房间长期处于潮湿受水状态等不利条件。为此,通过大量的实验和实践证明,以涂膜防水代替各种卷材防水,尤其是选用高弹性的聚氨酯涂膜防水或选用弹塑性的氯丁胶乳沥青涂料防水等新材料和新工艺,可以使卫生间的地面和墙面形成一个没有接缝、封闭严密的整体防水层,从而提高卫生间的防水工程质量。

3. 地下防水施工

地下工程的防水方案主要有以下几种:

(1) 采用防水混凝土结构　调整混凝土配合比或掺外加剂等方法,来提高混凝土本身的密实度抗渗性，使其成为具有一定防水能力（能满足抗渗等级要求）的整体式混凝土或钢筋混凝土结构，既能防水又能承重。

（2）在地下结构表面另加防水层　如抹水泥砂浆防水层、贴卷材防水层或涂料防水层等；

（3）采用防水加排水措施，即"防排结合"方案　排水通常可用盲沟排水、渗排水与内排法排水等方法把地下水排走，以达到防水的目的。

（六）楼地面工程施工

1. 水泥砂浆地面施工

面层施工前，先按设计要求测定地坪面层标高，校正门框，将垫层清扫干净洒水湿润，表面比较光滑的基层，应进行凿毛，并用清水冲洗干净。铺抹砂浆前，应在四周墙上弹出一道水平基准线，作为确定水泥砂浆面层标高的依据。面积较大的房间，应根据水平基准线在四周墙角处每隔1.5~2m用1∶2水泥砂浆抹标志块，以标志块的高度做出纵横方向通长的标筋来控制面层厚度。面层铺抹前，先刷一道含4‰~5‰的108胶素水泥浆，随即铺抹水泥砂浆，用刮尺赶平，并用木抹子压实，在砂浆初凝后终凝前，用铁抹子反复压光三遍。砂浆终凝后铺盖草袋、锯末等浇水养护。当施工大面积的水泥砂浆面层时，应按设计要求留分格缝，防止砂浆面层产生不规则裂缝。水泥砂浆面层强度小于5MPa之前，不准上人行走或进行其他作业。

2. 细石混凝土地面施工

铺细石混凝土时，应由里向门口方向进行铺设，按标志筋厚度刮平拍实后，稍待收水，即用钢抹子预压一遍，待进一步收水，即用铁滚筒滚压3~5遍或用表面振动器振捣密实，直到表面泛浆为止，然后进行抹平压光。细石混凝土面层与水泥砂浆基本相同，必须在水泥初凝前完成抹平工作，终凝前完成压光工作，要求其表面色泽一致，光滑无抹子印迹。

钢筋混凝土现浇楼板或强度等级不低于C15的混凝土垫层兼面层时，可用随捣随抹的方法施工，在混凝土楼地面浇捣完毕，表面略有吸水后即进行抹平压光。混凝土面层的压光和养护时间和方法与水泥砂浆面层同。

3. 块材地面施工

（1）施工准备

铺贴前，应先挂线检查地面垫层的平整度，弹出房间中心"十"字线，然后由中央向四周弹出分块线，同时在四周墙壁上弹出水平控制线。按照设计要求进行试拼试排，在块材背面编号，以便安装时对号入座，根据试排结果，在房间的主要部位弹上互相垂直的控制线并引至墙上，用以检查和控制板块的位置。

（2）大理石板、花岗石板及预制水磨石板地面铺贴

大理石板、花岗石板及预制水磨石板地面铺贴施工的工艺流程如下：

板材浸水→摊铺结合层→铺贴→灌缝→上蜡磨亮

（3）墙地砖面层施工

铺贴前应先将地砖浸水湿润后阴干备用，阴干时间一般3~5d，以地砖表面有潮湿感但手按无水迹为准。墙地砖面层施工的工艺流程如下：

铺结合层砂浆→弹线定位→铺贴地砖→擦缝

（七）门窗工程施工

1. 木门窗安装

施工现场一般以安装木门窗框及内扇为主要施工内容。安装前应按设计图纸检查核对好型号，按图纸对号分发到位。安门框前，要用对角线相等的方法复核其兜方程度。

木门窗的安装一般有立框安装和塞框安装两种方法。

（1）立框安装

在墙砌到地面时立门樘，砌到窗台时立窗樘。立框时应先在地面（或墙面）划出门（窗）框的中线及边线，而后按线将门窗框立上，用临时支撑撑牢，并校正门窗框的垂直度及上、下槛水平。在砌两旁墙时，墙内应砌经防腐处理的木砖。垂直间隔 0.5～0.7m 一块，木砖大小为 115mm×115mm×53mm。

（2）塞框安装

塞框安装是在砌墙时先留出门窗洞口，然后塞入门窗框，尺寸要比门窗框尺寸每边大 20mm。门窗框塞入后，先用木楔临时塞住，要求横平竖直。校正无误后，将门窗框钉牢在砌于墙内的木砖上。

（3）门窗扇的安装

安装前要先测量门窗樘洞口净尺寸，根据测得的准确尺寸来修刨门窗扇。扇的两边要同时修刨。门窗冒头的修刨是，先刨平下冒头，以此为准再修刨上冒头。门窗扇安装时，应保持冒头、窗芯水平，双扇门窗的冒头要对齐，开关灵活，但不准出现自开或自关的现象。

（4）玻璃安装

清理门窗裁口，在玻璃底面与门窗裁口之间，沿裁口的全长均匀涂抹 1～3mm 的底灰，用手将玻璃摊铺平正，轻压玻璃使部分底灰挤出槽口，待油灰初凝后，顺裁口刮平底灰，然后用 1/2～1/3 寸的小圆钉沿玻璃四周固定玻璃，钉距 200mm，最后抹表面油灰即可。油灰与玻璃、裁口接触的边缘平齐，四角成规则的八字形。

2. 铝合金门窗安装

铝合金门窗是用经过表面处理的型材，通过下料、打孔、铣槽、攻丝和制窗等加工过程而制成的门窗框料构件，再与连接件、密封件和五金配件一起组装而成。

（1）弹线

铝合金门、窗框一般是用后塞口方法安装。弹线时应注意：

（A）同一立面的门窗在水平与垂直方向应做到整齐一致。

（B）在洞口弹出门、窗位置线。

（C）门的安装，须注意室内地面的标高。

（2）门窗框就位和固定

按弹线确定的位置将门窗框就位，先用木楔临时固定，待检查立面垂直度、左右间隙、上下位置等符合要求后，将铝合金门窗框上的铁脚与结构固定。

（3）填缝

铝合金门窗安装固定后，应按设计要求及时处理窗框与墙体缝隙。若设计未规定具体堵塞材料时，应采用矿棉或玻璃棉毡分层填塞缝隙，外表面留 5～8mm 深槽口，槽内填嵌缝油膏或在门窗两侧作防腐处理后填 1∶2 水泥砂浆。

(4) 门、窗扇安装

门窗扇的安装，需在土建施工基本完成后进行，框装上扇后应保证框扇的立面在同一平面内，窗扇就位准确，启闭灵活。平开窗的窗扇安装前应先固定窗，然后再将窗扇与窗铰固定在一起；推拉式门窗扇，应先装室内侧门窗扇，后装室外侧门窗扇；固定扇应装在室外侧，并固定牢固，确保使用安全。

(5) 安装玻璃

平开窗的小块玻璃用双手操作就位。若单块玻璃尺寸较大，可使用玻璃吸盘就位。玻璃就位后，即以橡胶条固定。型材凹槽内装饰玻璃，可用橡胶条挤紧，然后再在橡胶条上注入密封胶；也可以直接用橡胶衬条封缝、挤紧，表面不再注胶。

(6) 清理

铝合金门窗交工前，将型材表面的保护胶纸撕掉，如有胶迹，可用香蕉水清理干净。擦净玻璃。

3. 塑料门窗

塑料门窗进场后应存放在有靠架的室内并与热源隔开，以免受热变形。塑料门窗在安装前，先装五金配件及固定件。应先用手电钻钻孔，后用自攻螺钉拧入。钻头直径应比所选用自攻螺钉直径小 0.5～1.0mm。

与墙体连接的固定件应用自攻螺钉等紧固于门窗框上。将五金配件及固定件安装完工并检查合格的塑料门窗框，放入洞口内，调整至横平竖直后，用木楔将塑料框料四角塞牢作临时固定，但不宜塞得过紧以免外框变形。然后用尼龙胀管螺栓将固定件与墙体连接牢固。塑料门窗框与洞口墙体的缝隙，用软质保温材料填充饱满，如泡沫塑料条、泡沫聚氨酯条、油毡卷条等。但不得填塞过紧，因过紧会使框架受压发生变形；但也不能填塞过松，否则会使缝隙密封不严，在门窗周围形成冷热交换区发生结露现象，影响门窗防寒、防风的正常功能和墙体寿命。最后将门窗框四周的内外接缝用密封材料嵌缝严密。

（八）抹灰工程施工

抹灰一般分三层，即底层、中层和面层（或罩面）。底层主要起与基层粘结的作用，中层起找平的作用，面层起装饰作用。各层砂浆的强度要求为底层＞中层＞面层，并不得将水泥砂浆抹在石灰砂浆或混合砂浆上。

涂抹水泥砂浆每遍厚度宜为 5～7mm；涂抹石灰砂浆和水泥混合砂浆每遍厚度宜为 7～9mm。面层抹灰经赶平压实后的厚度，麻刀石灰不得大于 3mm；纸筋石灰、石膏灰不得大于 2mm。

1. 墙面抹灰

待标筋砂浆有七至八成干后，就可以进行底层砂浆抹灰。抹底层灰可用托灰板（大板）盛砂浆，用力将砂浆推抹到墙面上，一般应从上而下进行，在两标筋之间的墙面砂浆抹满后，用长刮尺两头靠着标筋，从下而上进行刮灰，使抹上的底层灰与标筋面相平。再用木抹来回抹压，去高补低，最后再用铁抹压平一遍。

中层砂浆抹灰应待水泥砂浆（或水泥混合砂浆）底层凝结后或石灰砂浆底层灰七、八成干后，方可进行。中层砂浆抹灰时，应先在底层灰上洒水，待其收水后，将中层砂浆抹上去，一般应从上而下，自左向右涂抹，不用再做标志及标筋，整个墙面抹满后，用木抹来回搓抹，去高补低，再用铁抹压抹一遍，使抹灰层平整、厚度一致。

面层抹灰应待中层凝固后才能进行。先在中层灰上洒水湿润，将面层砂浆（或灰浆）均匀地抹上去，一般应从上而下，自左向右涂抹整个墙面，抹满后，用铁抹分遍压抹，使面层灰平整、光滑，厚度一致。

2. 顶棚抹灰

钢筋混凝土楼板下的顶棚抹灰，应待上层楼板地面面层完成后才能进行。板条、金属网顶棚抹灰，应待板条、金属网装钉完成，并经检查合格后，方可进行。顶棚抹灰宜从房间里面开始，向门口进行，最后从门口退出。顶棚抹灰应搭设满堂脚手架。脚手板面至顶棚的距离以操作方便为准。抹底层灰前，应扫尽钢筋混凝土楼板底的浮灰、砂浆残渣，去除油污及表面隔离剂，并喷水湿润楼板底。

在钢筋混凝土楼板底抹底层灰，铁抹抹压方向应与模板纹路或预制板拼缝相垂直；在板条、金属网顶棚上抹底层灰，铁抹抹压方向应与板条长度方向相垂直，在板条缝处要用力压抹，使底层灰压入板条缝或网眼内，形成转角以使结合牢固。

抹中层灰时，高级顶棚抹灰，应加钉长 350～450mm 的麻束，间距为 400mm，并交错布置，分遍按放射状梳理抹进中层灰内，所以中层灰应抹得平整、光洁。

抹面层灰时，铁抹抹压方向宜平行于房间进光方向。

顶棚面积较小时，整个顶棚抹上灰后再进行压平、压光；顶棚面积较大时，可分段分块进行抹灰、压平、压光，但接合处必须理顺；底层灰全部抹压后，才能抹中层灰，中层灰全部抹压后，才能抹面层灰。

（九）涂饰工程施工

1. 水性涂料涂饰工程施工

水溶型涂料（也称水性涂料）包括水溶性涂料、乳液性涂料及无机涂料等，一般在墙面腻子硬结打磨后，用排笔漆刷或长毛绒辊子涂刷。要求集中对料，色泽一致，涂刷一般两遍成活，第一遍要稠些盖底，干后用砂纸打磨，第二遍要注意上下接茬处要一致，一面墙一次成活。水性涂料涂饰工程施工的环境温度应在 5～35℃ 之间。

2. 溶剂性涂料涂饰工程施工

溶剂型涂料施工包括基层准备、打底子、抹腻子和涂刷等工序。

基体如为木材时应清除钉子、油污等，除去松动节疤及脂囊，裂缝和凹陷处均应用腻子填补；用砂纸磨光。金属表面应清除一切鳞皮、锈斑和油渍等。基体如为抹灰层，含水率不得大于 8%。腻子由是涂料、填料（石膏粉、大白粉）、水或松香水等拌制成的膏状物，对于高级涂饰需在基层上全面抹一层腻子，待其干后用砂纸打磨，然后再满抹腻子，再打磨，磨至表面平整光滑为止。所用腻子，应按基层、底漆和面漆的性质配套选用。

涂刷按操作工序和质量要求分为普通、高级涂饰。涂刷方法有刷涂、喷涂、擦涂、挡涂及滚涂等。涂刷时，后一遍涂料必须在前一遍涂料干燥后进行。每遍油漆都应涂刷均匀。

一般溶剂型涂料施工的环境温度不宜低于 10℃，相对湿度不宜大于 60%。当遇大雨、有雾情况时，不可施工。

清漆的涂饰施工要求较高，如系高级涂饰，一般需要 2 遍满刮腻子、5 遍清漆涂饰。

（十）建筑工程施工组织设计

1. 建筑工程施工组织的概念

现代化建筑施工是一项多工种、多专业的复杂的系统工程，要使施工全过程顺利进行，以期达到预定的目标，就必须用科学的方法进行施工管理。施工组织是施工管理的重要组成部分。

施工组织是针对项目施工的复杂性，研究工程建设的统筹安排与系统管理客观规律的一门学科，它研究如何组织、计划施工项目的全部施工，寻求最合理的组织管理方法。

2. 施工组织设计的分类

（1）按编制时间的不同分类

施工组织设计按编制时间不同可分为投标前编制的施工组织设计（简称标前设计）和签订工程承包合同后编制的施工组织设计（简称标后设计）两种。

（2）按编制对象范围的不同分类

施工组织设计按编制对象范围不同可分为施工组织总设计、单位工程施工组织设计、分部分项工程施工组织设计（专项施工方案）三种。

1）施工组织总设计（施工组织大纲）

施工组织总设计是以一个建设项目或建筑群为编制对象，用以规划整个拟建工程施工活动的技术经济文件。它是整个建设项目施工任务总的战略性的部署安排，涉及范围较广，内容比较概括。

施工组织总设计的主要内容包括：工程概况、施工部署与施工方案、施工总进度计划、施工准备工作及各项资源需要量计划、施工总平面图、主要技术组织措施及主要技术经济指标等。对于大、中型建设项目需要根据变化的情况，编制年度施工组织设计，用以指导当年的施工部署并组织施工。

2）单位工程施工组织设计

单位工程施工组织设计是以一个单位工程或一个不复杂的单项工程（如一个厂房、仓库、构筑物或一幢公共建筑、宿舍等）为对象而编制的。它是根据施工组织总设计的要求和具体条件对拟建的工程对象的施工所作的战术性部署，内容比较具体、详细。在全套施工图设计完成并交底、会审后，根据有关资料，由工程项目技术负责人组织编制。

3）分部（分项）工程施工组织设计（专项施工方案）

分部（分项）工程施工组织设计是以某些新结构、技术复杂的或缺乏施工经验的分部（分项）工程为对象而编制的。用以指导和安排该分部（分项）工程施工作业完成。《建设工程安全生产管理条例》规定，施工单位应当在施工组织设计中编制安全技术措施和施工现场临时用电方案，对基坑支护与降水工程、土方开挖工程、模板工程、起重吊装工程、脚手架工程、拆除、爆破工程等达到一定规模的危险性较大的分部分项工程编制专项施工方案，并附具安全验收结果，经施工单位技术负责人、总监理工程师签字后实施。对工程中涉及深基坑、地下暗挖工程、高大模板工程的专项施工方案，施工单位还应当组织专家进行论证、审查。

分部（分项）工程施工组织设计的主要内容包括：施工方法、技术组织措施、主要施工机具、配合要求、劳动力安排、平面布置、施工进度等。它是编制月、旬作业计划的依据。

3. 单位工程施工组织设计的编制

（1）编制程序

所谓编制程序，是指单位工程施工组织设计的内容及其各个组成部分形成的先后顺序以及相互之间的制约关系的处理。单位工程施工组织设计的编制程序，如图 4-1 所示，从中可知道单位工程施工组织设计的有关内容和步骤。

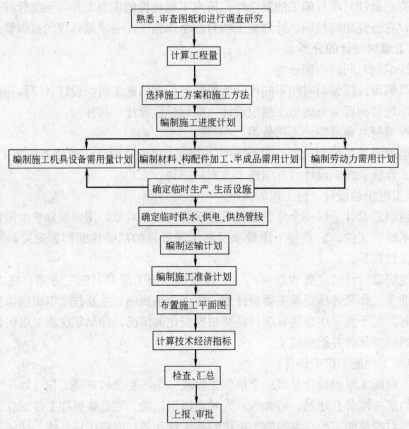

图 4-1 单位工程施工组织设计编制程序图

（2）编制内容

1) 工程概况

主要包括工程特点、当地自然状况和施工条件。

2) 施工方案和施工方法

主要包括施工方案的选择、主导施工过程施工方法的选择和技术组织措施的制订等。施工方案是单位工程施工组织设计的核心。

施工方案的选择一般包括：确定施工程序和施工流程，确定施工顺序，合理选择施工机械和施工方法，制定技术组织措施等。

（A）施工程序 指单位工程中各分部工程或施工阶段的先后次序及其制约关系。

(B) 施工流程　指单位工程在平面或空间上施工的开始部位及其展开方向，它着重强调单位工程粗线条的施工流程，但这粗线条却决定了整个单位工程施工的方法步骤。

(C) 施工顺序　指分项工程或工序之间施工的先后次序。它的确定既是为了按照客观的施工规律组织施工，也是为了解决工种之间在时间上的搭接和在空间上的利用问题。在保证质量与安全施工的前提下，充分利用空间，争取时间，实现缩短工期的目的。合理地确定施工顺序是编制施工进度计划的需要。

(D) 选择施工方法和施工机械　是施工方案中的关键问题，它直接影响施工进度、质量、安全及工程成本。

(a) 选择施工方法。选择施工方法时，应重点考虑影响整个单位工程施工的分部分项工程的施工方法。主要是选择工程量大且在单位工程中占有重要地位的分部分项工程、施工技术复杂或采用新技术、新工艺及对工程质量起关键作用的分部分项工程、不熟悉的特殊结构工程或由专业施工单位施工的特殊专业工程的施工方法，要求详细而具体。

(b) 选择施工机械。选择施工方法必须涉及施工机械的选择问题。机械化施工是改变建筑工业生产落后面貌、实现建筑工业化的基础。因此，施工机械的选择是施工方法选择的中心环节。

3) 施工进度计划表

主要是确定各施工项目工程量、劳动量或机械台班量；确定各分部分项工程的施工顺序和施工时间；编制施工进度计划表。

(A) 施工进度计划的分类　单位工程施工进度计划根据施工项目划分的粗细程度，可分为控制性与指导性施工进度计划两类。

(B) 施工进度计划的表示方法　施工进度计划一般用图表来表示，通常有两种形式的图表：横道图和网络图。

(C) 施工进度计划的编制步骤　根据施工进度计划的编制程序，编制的主要步骤如下：

(a) 划分施工项目；

(b) 计算工程量；

(c) 套用施工定额；

(d) 确定劳动量和机械台班数量；

(e) 确定各项目的施工持续时间；

(f) 编制施工进度计划的初始方案；

(g) 施工进度计划的检查与调整。

4) 施工准备工作及各项资源需要量计划

主要包括施工准备工作计划及劳动力、技术物资资源的需要量及加工供应计划。

5) 施工平面图

主要包括各种主要材料、构件、半成品堆放安排、施工机具布置、各种必须的临时设施及道路、水电等安排与布置。一般单位工程施工平面图的绘制比例为 $1:200\sim1:500$。

单位工程施工平面图的设计内容：

(A) 已建和拟建的地上地下的一切建筑物、构筑物及其他设施（道路和各种管线等）的位置和尺寸。

(B) 测量放线标桩位置、地形等高线和土方取弃场地。
(C) 自行式起重机的开行路线、轨道式起重机的轨道布置和固定式垂直运输设备位置。
(D) 各种搅拌站、加工厂以及材料、构件、机具的仓库或堆场。
(E) 生产和生活用临时设施的布置。
(F) 一切安全及防火设施的位置。

6) 主要技术组织措施

技术组织措施是指在技术和组织方面对保证工程质量、安全、节约和文明施工所采用的方法。制定这些方法是施工组织设计编制者带有创造性的工作。主要包括各项技术措施、质量措施、安全措施、降低成本措施和现场文明施工措施等。

7) 主要技术经济指标

主要包括工期指标、质量和安全指标、降低成本和节约材料指标等。

对于较简单的一般工业与民用建筑，其单位工程施工组织设计的内容可以简化，只包括主要施工方法、施工进度计划和施工平面图。

（十一）建设工程项目管理概述

建设工程项目管理是指运用系统的理论和方法对建设工程项目进行的计划、组织、指挥、协调和控制等专业化活动。

1. 项目合同管理

项目合同管理是对项目合同的编制、签订、实施、变更、索赔和终止等的管理活动。是项目管理中各参与方之间活动的规范和保障。组织应建立合同管理制度，并设立专门机构，对于工程量较小的项目组织也应设立专职人员负责合同管理工作。

2. 项目采购管理

项目采购管理是对项目的勘察、设计、施工、资源供应、咨询服务等采购工作进行的计划、组织、指挥、协调和控制等活动。是要求通过采购过程，确保采购的产品和服务符合规定的要求。企业应设置采购部门，制定采购管理制度、工作程序和采购计划。项目采购工作应符合有关合同、设计文件所规定的数量、技术要求和质量标准，符合工期、安全、环境和成本管理等要求。

编制采购文件应明确：采购产品的品种、规格、等级和数量；有部件编号及标识；采购的技术标准和专业标准；有毒有害产品说明；有特殊采购要求的图纸、检验规程的名称及版本；技术协议、检验原则和质量要求；代码、标准要求的文件。产品供应和服务单位必须通过合格评定。对供应单位的调查应包括：营业执照、管理体系认证、产品认证、产品加工制造能力、检验能力、技术力量、履约能力、售后服务、经营业绩等。采购过程中应按规定对产品或服务进行检验，对不符合或不合格品必须按规定处置。应按采购合同、采购文件及有关标准规范进行验收、移交，并办理完备的交验手续。应根据采购合同检查交付的产品和质量证明资料，填写产品交验记录。发现不合格品时，必须对其进行记录和标识。并按合同和相关技术标准区分不同情况，采用返工、返修、让步接收、降级使用、拒收等方式进行处置。

采购资料必须真实、有效、完整，具有可追溯性。应加强项目采购管理资料和产品质量见证资料的管理。产品见证资料应包括装箱清单、说明书、合格证、质量检验证明、检验试验报告、试车记录等。产品质量证明资料必须真实、有效、完整且具有可追溯性。经验证合格后方可作为产品入库验收和使用的依据，并妥善登记保管。剩余的产品退库时，应附有原产品的合格证或质保资料。完成采购过程，应分析、总结项目采购管理工作，编制项目采购报告，并将采购产品的资料归档保存。

采购管理应遵循下列程序：

（A）明确采购产品或服务的基本要求、采购分工及有关责任；

（B）进行采购策划，编制采购计划；

（C）进行市场调查、选择合格的产品供应或服务单位，建立名录；

（D）通过招标或协商等方式，确定供应或服务单位，并通过评审；

（E）签订采购合同；

（F）运输、验收、移交采购产品或服务；

（G）处置不合格产品或不符合的服务；

（H）采购资料归档。

采购合同的签订应符合合同的有关规定。双方的权利、义务以及合同执行过程中的补充、修改、索赔和终止等事宜的规定应明确具体。产品采购合同应规定采购产品的具体内容和要求、质量保证和验证方法。对产品涉及的知识产权和保密信息，应严格执行双方签订的合同或协议。采购谈判会议纪要及双方书面确认的事项应作为采购合同附件或直接纳入采购合同。

3. 项目进度管理

项目进度管理是为实现预定的进度目标而进行的计划、组织、指挥、协调和控制等活动。

企业应建立项目进度管理制度，制订进度管理目标。项目进度管理制度是企业管理体系的一部分，以工程管理部门，物资管理部门，人力资源管理部门及其他相应业务部门为相关部门，通过任务分工表和职能分工表明确各自的职责。项目进度管理目标应按项目实施过程、专业、阶段或实施周期进行分解。包括项目进度总目标、分阶段目标，也可根据需要确定年、季、月、旬（周）目标，里程碑事件目标（指关键工作的开始时刻或完成时刻）等。

4. 项目质量管理

项目质量管理是为确保工程项目的固有特性达到满足要求的程度而进行的计划、组织、指挥、协调和控制等活动。企业应遵照《建设工程质量管理条例》和《GB/T 19000 质量管理体系》族标准的要求，建立持续改进质量管理体系，设立专职管理部门或专职人员。质量管理应坚持预防为主的原则，按照策划、实施、检查、处置的循环方式进行系统运作，持续改进，并需要从增值的角度考虑过程。质量管理应满足发包人及其他相关方的要求以及建设工程技术标准和产品的质量要求。组织应通过对人员、机具、设备、材料、方法、环境等要素的过程管理，实现过程、产品和服务的质量目标。

5. 项目职业健康安全管理

项目职业健康安全管理是为使项目实施人员和相关人员规避损害或影响健康风险而进行的计划、组织、指挥、协调和控制等活动。组织应遵照《建设工程安全生产管理条例》和《GB/T 28000 职业健康安全管理体系》标准，坚持安全第一、预防为主和防治结合的方针，建立并持续改进职业健康安全管理体系。项目经理应负责现场的职业健康安全全面管理工作。项目负责人、专职安全生产管理人员应持证上岗。

6. 项目环境管理

项目环境管理是为合理使用现场、保护现场及周边环境，而进行的计划、组织、指挥、协调和控制等活动。组织应遵照《GB/T 24000 环境管理体系》标准的要求，建立环境管理体系。根据批准的建设项目环境影响报告，通过对环境因素的识别和评估，确定管理目标及主要指标，并在各个阶段贯彻实施。

文明施工是环境管理的一部分，文明施工管理应与当地的社区文化、民族特点及风土人情有机结合，树立项目管理良好的社会影响。

施工项目现场管理是对施工项目现场内的活动及空间所进行的管理。

施工现场周边应按当地有关要求设置围挡。危险品仓库附近应有明显标志及围挡设施。施工现场应设置畅通的排水沟渠系统，保持场地道路的干燥坚实。施工现场的泥浆和污水未经处理不得直接排放。地面宜做硬化处理。有条件时，可对施工现场进行绿化布置。

7. 项目成本管理

项目成本管理是为实现项目成本目标所进行的预测、计划、控制、核算、分析和考核等活动。组织应建立、健全项目全面成本管理责任体系，明确业务分工和职责关系，把管理目标分解到各项技术工作、管理工作中。项目经理部的成本管理应包括成本计划、成本控制、成本核算、成本分析和成本考核。项目成本管理应按照成本管理的理论与方法，开展项目全过程的成本管理活动。

8. 项目资源管理

项目资源管理是对项目所需人力、材料、机具、设备、技术和资金所进行的计划、组织、指挥、协调和控制等活动。组织应建立并持续改进项目资源管理体系，完善管理制度、明确管理责任、规范管理程序。建立和完善项目资源管理体系的目的就是节约资源。资源管理包括人力资源管理、材料管理、机械设备管理、技术管理和资金管理。项目资源管理的全过程应包括项目资源的计划、配置、控制和处置。

资源管理计划应包括建立资源管理制度，编制资源使用计划、供应计划和处置计划，并规定控制程序和责任体系。项目材料管理的目的是贯彻节约原则，降低项目成本。由于材料费用所占比重较大，因此，加强材料管理是提高企业经济效益的最主要途径。材料管理的关键环节在于材料管理计划的制定。材料管理计划应包括材料需求计划、材料使用计划和分阶段材料计划。项目经理部材料管理的主要任务应集中于提出需用量，控制材料使用，加强现场管理，完善材料节约措施，组织材料的结算和回收。机械管理计划应包括机械需求计划、机械使用计划、机械保养计划。材料管理控制应包括材料供应单位的选择、订立采购供应合同、出厂或进场验收、储存管理、使用管理及不合格品处置等。材料储存应满足下列要求：

(A) 入库的材料应按型号、品种、分区堆放，并分别编号、标识；

(B) 易燃易爆的材料应专门存放、专人负责保管，并有严格的防火、防爆措施；

(C) 有防湿、防潮要求的材料，应采取防湿、防潮措施，并做好标识；

(D) 有保质期的库存材料应定期检查，防止过期，并做好标识；

(E) 易损坏的材料应保护好外包装，防止损坏。

机械设备管理控制应包括机械设备购置与租赁管理、使用管理、操作人员管理、报废和出场管理等。材料管理考核工作应对材料计划、使用、回收以及相关制度进行的效果评价。材料管理考核应坚持计划管理、跟踪检查、总量控制、节超奖罚的原则。机械设备管理考核应对项目机械设备的配置、使用、维护以及技术安全措施、设备使用效率和使用成本等进行分析和评价。

9. 项目信息管理

项目信息管理是对项目信息进行的收集、整理、分析、处置、储存和使用等活动。组织应建立信息管理体系，及时、准确地获得和高效、安全、可靠地使用所需的信息。建立信息管理体系的目的是为了及时、准确、安全地获得项目所需要的信息。进行项目管理体系设计时，应同时考虑项目组织和项目启动的需要，包括信息的准备、收集、标识、分类、分发、编目、更新、归档和检索。

10. 项目风险管理

项目风险管理是对项目的风险所进行的识别、评估、响应和控制等活动。组织应建立风险管理体系，明确各层次管理人员的风险管理责任，减少项目实施过程中的不确定因素对项目的影响。风险管理体系应与安全管理体系及项目规划管理体系相配合，以安全管理部门为主管部门，以技术管理部门为强相关部门，其他部门均为相关部门，通过编制项目管理规划、项目安全技术措施计划及环境管理计划进行风险识别、风险评估、风险转移和风险控制分工，各部门按专业分工进行风险控制。项目风险管理过程应包括项目实施全过程的风险识别、风险评估、风险响应和风险控制。这既是风险管理的内容，也是风险管理的程序和主要环节。

常用的风险对策有风险规避、风险减轻、风险自留、风险转移及其组合策略。风险规避即采取措施避开风险。方法有主动放弃或拒绝实施可能导致风险损失的方案、制定制度禁止可能导致风险的行为或事件发生等。风险减轻可采用损失预防和损失抑制方法。风险自留即承担风险，需要投入财力才能承担得起。风险转移指采用合同的方法确定由对方承担风险；采用保险的方法把风险转移给保险组织；采用担保的方法把风险转移给担保组织等。

11. 项目沟通管理

项目沟通管理是对项目内、外部关系的协调及信息交流所进行的策划、组织和控制等活动。组织应建立项目沟通管理体系，健全管理制度，采用适当的方法和手段与相关各方进行有效沟通。项目沟通与协调管理体系分为沟通计划的编制、信息分发与沟通计划的实施、检查评价与调整和沟通管理计划结果四大部分。

项目沟通与协调的对象应是项目所涉及的内部和外部有关组织及个人，包括建设单位和勘察设计、施工、监理、咨询服务等单位以及其他相关组织。

12. 项目收尾管理

项目收尾管理是对项目的收尾、试运行、竣工验收、竣工结算、竣工决算、考核评价、回访保修等进行的计划、组织、协调和控制等活动。项目收尾阶段应是项目管理全过程的最后阶段，包括竣工收尾、验收、结算、决算、回访保修、考核评价等方面的管理。

项目竣工收尾是项目结束阶段管理工作的关键环节，项目经理部应编制详细的竣工收尾工作计划，采取有效措施逐项落实，保证按期完成任务。

主要参考文献

[1] 陈志源，李启令. 土木工程材料（第 2 版）. 武汉：武汉理工大学出版社，2003.
[2] 田原，杨冬丹. 装饰材料设计与应用. 北京：中国建筑工业出版社，2006.
[3] 潘全祥. 机械员（第二版）. 北京：中国建筑工业出版社，2005.
[4] 潘全祥. 材料员（第二版）. 北京：中国建筑工业出版社，2005.
[5] 上海市建筑材料质量监督站等. 材料员必读. 北京：中国建筑工业出版社，2005.
[6] 浙江省安装行业协会. 浙江省房屋建筑安装工程现场管理人员培训教材. 基础知识，2005.
[7] 浙江省安装行业协会. 浙江省房屋建筑安装工程现场管理人员培训教材. 材料管理实务，2005.
[8] 严捍东，钱晴倩. 新型建筑材料教程. 北京：中国建材工业出版社，2005.